全国高职高专计算机教育"十三五"规划教材

计算机应用基础任务教程

（Windows 7+Office 2010）

粘新育　周垂云　鹿莉霞　主　编

朱海宁　陈　冲　王　勇　副主编

中国铁道出版社有限公司

CHINA RAILWAY PUBLISHING HOUSE CO., LTD.

内 容 简 介

本书是全国高职高专计算机教育"十三五"规划教材，由具有丰富教学和实践经验的一线教师编写而成。全书共分 6 个单元。主要内容包括：计算机基础、Windows 7 操作系统、Word 2010 基本应用、Excel 2010 基本应用、PowerPoint 2010 基本应用、计算机网络基础。

本书配有《计算机应用基础实训教程（Windows 7+Office 2010）》，其中安排了大量实训和习题并附有参考答案，可供学习者自测使用。

本书适合作为高职高专院校计算机公共基础课程的教材，也可作为计算机培训和各类考试的参考用书。

图书在版编目（CIP）数据

计算机应用基础任务教程：Windows 7+Office 2010/粘新育，周垂云，鹿莉霞主编.—北京：中国铁道出版社，2017.9（2023.9重印）

全国高职高专计算机教育"十三五"规划教材

ISBN 978-7-113-23370-9

Ⅰ.①计… Ⅱ.①粘… ②周… ③鹿… Ⅲ.①Windows 操作系统-高等职业教育-教材②办公自动化-应用软件-高等职业教育-教材 Ⅳ.①TP316.7②TP317.1

中国版本图书馆 CIP 数据核字(2017)第 206454 号

书　　名：计算机应用基础任务教程（Windows 7+Office 2010）
作　　者：粘新育　周垂云　鹿莉霞

策　　划：祁　云　潘晨曦　　　　　　　　编辑部电话：(010) 63549458
责任编辑：祁　云　冯彩茹
封面设计：付　巍
封面制作：刘　颖
责任校对：张玉华
责任印制：樊启鹏

出版发行：中国铁道出版社有限公司（10005，北京市西城区右安门西街 8 号）
网　　址：http://www.tdpress.com/51eds/
印　　刷：三河市宏盛印务有限公司
版　　次：2017 年 9 月第 1 版　　2023 年 9 月第 9 次印刷
开　　本：787 mm×1 092 mm　1/16　印张：20.5　字数：510 千
印　　数：14 701～16 200 册
书　　号：ISBN 978-7-113-23370-9
定　　价：46.00 元

前　言

　　本书是全国高职高专计算机教育"十三五"规划教材，从高职高专学生将来所必须具备的综合职业能力出发，应用先进的教学理论和教学方法，整合和优化教学内容，以真实的工作任务为载体，使学生在做中学，老师在做中教，达到以工作任务为导向的"教、学、做一体"的教学目标。

　　本书采用任务驱动的编写方法，每个任务包括：

　　🔘 **任务要求**，首先提出工作任务的要求，明确学习目标。

　　🔘 **任务分析**，根据任务要求分析工作任务，将工作任务分解成几个具体的工作。

　　🔘 **任务实现**，根据任务分析的情况，介绍任务实现的具体方法与操作步骤及涉及的相关概念。

　　🔘 **拓展与提高**，补充介绍任务中没有讲到的不太常用但比较重要的知识与技能。

　　🔘 **思考与练习**，对上述所学知识的思考与检验。

　　每个单元以一个实训结束，包括实训描述、实训要求、实训提示、实训评价。实训是对所学知识的总结和实际应用，要求学生根据提示实地调研、独立完成。

　　本书共分 6 个单元。主要内容包括：计算机基础、Windows 7 操作系统、Word 2010 基本应用、Excel 2010 基本应用、PowerPoint 2010 基本应用、计算机网络基础。本书既精辟地讲解了计算机的基础知识，又突出了计算机的实际应用和操作。

　　全书概念清楚，逻辑清晰，语言简练，通俗易懂，内容全面、系统；为了加强学生对本书内容的理解，还编写了《计算机应用基础实训教程（Windows 7+Office 2010）》与本书配套使用。本套教材由具有丰富教学和实践经验的一线双师型教师编写而成，适合作为高职高专院校计算机公共基础课程的教材，也可作为计算机培训和各类考试的参考用书。本书的电子素材及课件等教学资源，可在中国铁道出版社网站（www.tdpress.com/51eds）上下载。

　　本书由粘新育、周垂云、鹿莉霞任主编，朱海宁、陈冲、王勇任副主编，其中，粘新育负责整体结构的设计和全书的统稿，王勇和周垂云参与了部分统稿工作。具体编写分工如下：单元一由鹿莉霞编写，单元二由陈冲编写，单元三由粘新育编写，单元四由朱海宁编写，单元五由王勇编写，单元六由周垂云编写。

　　由于编者水平有限，加之时间仓促，书中难免存在疏漏和不足之处，恳请读者批评指正。

编　者

2017 年 6 月

目录

单元 一
计算机基础

21世纪是信息化的时代，计算机在各行各业都有着广泛的应用，特别是微机的发展和普及应用对人类社会的影响更加深刻，熟练运用微机是高职院校各专业学生必须具备的能力。熟练使用微机的前提是要了解所使用的微机，而要了解微机必须掌握微机的硬件结构和软件的安装与配置。对于这些知识的深刻掌握，需要从微机的选购开始。

学习目标：
- 了解计算机的起源、发展、应用及分类。
- 掌握计算机的硬件系统和软件系统的组成。
- 理解计算机的工作原理。
- 具备一定的微机硬件选购调试和软件系统安装能力。

任务一　微型计算机的选购

任务要求

尽管在购买微机时通常都由商家负责组装与调试，不过对于用户而言，具备一定的计算机组装和调试能力，不仅有助于更好地识别和了解计算机各功能部件，而且方便日后计算机的使用和维护，以及解决使用过程中出现的一些问题。小明今年上大学了，父母想给他购买一台微机，以用于其日常学习、文字处理、图像处理、看视频、听音乐、上网等，预算为3 000～4 000元，现请你帮助小明完成计算机硬件系统的配置。

要完成一台微机硬件系统的配置，首先需要了解组成微机硬件系统的功能部件，根据用户的应用需求和预算范围选购相关部件设备。

任务分析

在实施过程中，将任务分解为以下几个步骤，逐一解决：
- 认识微机的硬件设备。
- 微机的选购原则。
- 微机的配件选购。

任务实现

1. 认识微型机的硬件设备

在计算机的发展过程中，20 世纪 70 年代出现了微型计算机。微型计算机简称微机，它与其他类型的计算机没有本质上的区别，但由于其功能齐全、可靠性高、集成度高、体积小、价格低廉、使用方便，得到了迅速的发展和广泛的应用。一般微型计算机系统的组成如图 1-1 所示。

微型计算机系统								
软件系统				硬件系统				
	系统软件				主机		外围设备	
应用软件	操作系统	语言处理程序	支撑软件	数据库管理系统	中央处理器		内存储器	输入设备	输出设备
					运算器	控制器			

图 1-1　微型计算机系统的组成

微型计算机硬件系统由中央处理器、内存储器和输入/输出设备组成。其中，核心部件是中央处理器，中央处理器通过总线连接内存储器构成计算机的主机。主机通过接口电路配上输入/输出设备构成微型计算机的基本硬件结构，通常它们按照一定的方式连接在主机板上，通过总线交换信息。

如图 1-2 所示，从外在的物理结构来看，微型计算机最基本的部件包括主机、显示器、键盘、鼠标、音箱等。主机是微型计算机的主要组成部分，其中主要部件有主板、中央处理器、内存储器、接口板卡、硬盘（外存储器）、光驱以及电源等。

图 1-2　微型计算机

1. 主机：计算机的主体；2. 显示器：输出设备；

3. 键盘：输入设备；4. 鼠标：输入设备；

5. 音箱：播放声音的设备。

（1）CPU

CPU（Central Processing Unit）又称微处理器（Microprocessor），由运算器和控制器组成，是构成微型计算机系统的核心部件，其重要性好比大脑对于人一样。目前市面上主流的微处理器产品主要有两个品牌——Intel 和 AMD，如图 1-3 所示。

运算器（Arithmetic and Logic Unit，ALU）是计算机处理数据形成信息的加工厂，它的主要功能是对二进制数码进行算术运算或逻辑运算。控制器（Control Unit，CU）是计算机的心脏，由它指挥计算机各个部件自动、协调地工作。

图 1-3　Intel 和 AMD 的 CPU

运算器和控制器通常集成在一块电路板上，合成 CPU。影响 CPU 性能的主要指标有以下几个：

① 主频。主频是指 CPU 的时钟频率，或者说是 CPU 的工作频率，以赫兹（Hz）为单位。一般来说，主频越高，运算速度越快。用类比的方法来讲，CPU 的主频就像人走路时步伐节奏的快慢。

② 外频。外频是指系统的时钟频率，或者说是系统总线的工作频率，CPU 与外围设备传输数据的频率，具体是指 CPU 到芯片组之间的总线频率。

③ 前端总线。前端总线是 CPU 与北桥芯片之间的总线，是 CPU 和外界数据交换的唯一通道。前端总线的数据传输能力对计算机整体性能影响很大，如果没有足够快的前端总线，性能再好的 CPU 也不能明显提高计算机的整体性能。

④ 字长和位数。在计算机中，作为一个整体参与运算、处理和传送的一串二进制数称为一个字，组成"字"的二进制位数称为字长，字长等于通用寄存器的位数。

⑤ 高速缓存。随着 CPU 主频的不断提高，CPU 的速度越来越快，内存存取数据的速度无法与 CPU 主频速度相匹配，使得 CPU 与内存之间交换数据时不得不等待，从而影响系统整体的性能与数据处理吞吐量。为了解决内存速度与 CPU 速度不匹配的这一矛盾，现代计算机在 CPU 与内存之间设计了一个容量较小（相对主存）但速度较快（接近于 CPU 速度）的高速缓冲存储器，简称高速缓存（Cache）。计算机在运行时将内存的部分内容复制到 Cache 中，当 CPU 读写数据时，首先访问 Cache，如果 CPU 所要读取的目标内容在 Cache 中，CPU 则直接从 Cache 中读取。当 Cache 中没有所需的数据时，CPU 才去访问内存。Cache 的存取速度较快，缩短了 CPU 与其交换数据的等待时间，可以提高数据的存取速度。

⑥ 核心数。自从 1971 年 Intel 公司推出 Intel 4004 以来，CPU 一直通过不断提高主频来提高性能，但如今主频之路已经走到拐点，因为 CPU 的频率越高，所需要的电能就越多，所产生的热量也就越大，从而导致各种问题的出现。为此，工程师们开发了多核心芯片，即在单一芯片上集成多个功能相同的处理器核心，以提高 CPU 的性能。

⑦ 制造工艺。制造工艺是指 CPU 内晶体管门电路的尺寸或集成电路与电路之间的距离，单位是微米（μm）和纳米（nm）。制作工艺技术的不断提高，使得 CPU 中所集成的晶体管数量越来越多，从而使 CPU 的功能与性能得到大幅提高。

（2）主板

主板（Main Board）也叫母板（Mother Board），是计算机中最大的一块集成电路板，也是其他部件和各种外围设备的连接载体。如图 1-4 所示，CPU、内存条、显卡等部件通过相应的插槽安装在主板上，硬盘、光驱等外围设备在主板上也有各自的接口，有些主板还集成了声卡、显卡、网卡等部件，以降低成本。主板的性能和稳定性直接影响到计算机的性能和稳定性。目前常见的主板品牌有华硕、技嘉、微星、昂达等。

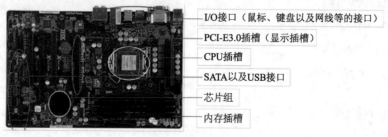

图 1-4 微型机主板

主板主要由下列两部分组成：

① 芯片。主要有芯片组（北桥芯片和南桥芯片）、BIOS 芯片、若干集成芯片（如声卡、显卡和网卡等）等。

北桥芯片是主板芯片组中起主导作用、最重要的组成部分，负责与 CPU 的联系，并控制内存、AGP、PCI 数据在北桥内部传输；南桥芯片主要负责 I/O 接口控制、SATA 设备（硬盘等）控制，以及高级电源管理等。

② 插槽/接口。主要有 CPU 插槽、内存插槽、PCI 插槽、AGP 插槽、PCI-E 插槽、IDE 接口、SATA 接口、键盘/鼠标接口、USB 接口、并行口、串行口等。

（3）内存储器

内存储器可分为 3 种类型：随机存储器（RAM）、只读存储器（ROM）和高速缓冲存储器（Cache）。

RAM 的主要特点是数据存取速度较快，存入的内容可以随时读出或写入，但断电后 RAM 中的数据将会丢失。RAM 的主要性能指标有存储容量和存储速度。内存容量越大，"记忆"能力越强；存储速度越快，程序运行的速度也越快。人们通常所说的内存是指 RAM，如图 1-5 所示，常见的内存品牌有金士顿、金泰克、威刚、海盗船等。

图 1-5　主板上的内存插槽和内存条

ROM 中的信息一般由计算机制造厂商写入并经过固化处理，用户是无法修改的。即使断电，ROM 中的信息也不会丢失。因此，ROM 中一般存放计算机系统管理程序，如监控程序、基本输入/输出系统（BIOS）模块等。

高速缓冲存储器（Cache）主要是为解决 CPU 和内存 RAM 速度不匹配、提高存储速度而设计的。

说明： 存储器容量是指存储器中最多可存放二进制数据的总和，其基本单位是字节（Byte，缩写为 B），每个字节包含 8 个二进制位（bit，缩写为 b）。为方便描述，存储器容量通常用千字节（KB）、兆字节（MB）、吉字节（GB）、太字节（TB）、拍字节（PB）、艾字节（EB）等单位表示。它们之间的关系如下：

1 B=8 bit

1 KB=1 024 B=2^{10} B

1 MB=1 024 KB=2^{10} KB

1 GB=1 024 MB=2^{10} MB

1 TB=1 024 GB=2^{10} GB

1 PB=1 024 TB=2^{10} TB

1 EB=1 024 PB=2^{10} PB

（4）外存储器

随着信息技术的发展，信息处理的数据量越来越大，但内存容量毕竟有限，这就需要配置另一类存储器——外存。外存可以存放大量信息，且断电后数据不会丢失。一般外存储器的容量相对于内存储器的容量要大得多，但存取数据的速度较慢。常见的外存储器有软盘、硬盘、光盘和U盘等，但软盘已经被淘汰。

① 硬盘。硬盘是计算机主要的存储媒介之一，由一个或者多个铝制或者玻璃制的碟片组成。因其具有存储容量大、存储速度快且经济实惠等特点，绝大部分微型计算机及数字设备都要配置硬盘。硬盘的正面和背面示意图如图1-6所示。

（a）正面　　　　（b）背面

图1-6　硬盘

硬盘的接口主要有IDE（并口）和SATA（串口）两种。SATA接口的硬盘是目前通用的硬盘，数据传输速率比IDE接口的硬盘更快，可靠性高，结构简单并且支持热插拔。

决定硬盘性能最主要的因素有以下两个：

a. 存储容量。存储容量是硬盘最主要的参数。硬盘的容量通常以吉字节（GB）或太字节（TB）为单位来表示。

b. 转速。转速是硬盘内电动机主轴的旋转速度，也就是硬盘盘片在1 min内所能完成的最大转数。硬盘的转速越快，硬盘寻找文件的速度也就越快，相应的硬盘数据传输速率也越高。硬盘转速以"r/min"为单位来表示，普通硬盘的转速一般为5 400 r/min、7 200 r/min；服务器硬盘的转速通常为10 000 r/min。

② 光盘。光盘即高密度光盘（Compact Disc），是一种光学存储介质，又称激光光盘。光盘的种类繁多，常见的光盘如图1-7所示。

a. CD（Compact-Disc）。是最普通的光盘，一张CD的容量一般是650 MB。

b. CD-R（Compact-Disc-Recordable）。是在普通光盘上加一层可一次性记录的染色层，可进行刻录写入一次数据。

（a）CD-R　　　　　（b）DVD　　　　　（c）BD

图1-7　常见的光盘

c. CD-RW（CD-ReWritable）。是在光盘上加一层可改写的染色层，通过激光可在光盘上反复多次写入数据。

d. DVD（Digital-Versatile-Disk）。是数字多用光盘，以MPEG-2为标准，拥有4.7 GB的大容量，可储存133 min的高分辨率全动态影视节目，包括杜比数字环绕声音轨道，图像和声音质量是CD所不及的。

e. BD（Blu-ray Disc）。是DVD之后的下一代光盘格式之一，用以存储高品质的影音以及高容量的数据，可称为蓝光光盘。一个单层的蓝光光盘存储容量可以达到 25 GB，多层的蓝光光盘可以达到 200 GB 的超大存储容量。

③ 移动存储设备。目前常用的移动存储设备主要有移动硬盘、U 盘、SD 卡等，如图 1-8 所示。

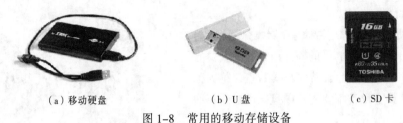

（a）移动硬盘　　　　　　　　　　（b）U 盘　　　　　　　　　　（c）SD 卡

图 1-8　常用的移动存储设备

a. 移动硬盘。是以硬盘为存储介质，在计算机之间交换大容量数据，强调便携性的存储产品。移动硬盘以高速、大容量、轻巧便捷等优点赢得许多用户的青睐，而更大的优点还在于其存储数据的安全可靠性。移动硬盘多采用 USB、IEEE 1394 等数据传输速率较快的接口，可以较高的速率与系统进行数据传输。目前常用移动硬盘的容量主要有 500 GB、1 TB 和 2 TB 等。

b. U 盘（USB Flash Disk，USB 闪存驱动器）。是一种使用 USB 接口的无须物理驱动器的微型高容量移动存储产品，通过 USB 接口与计算机连接，实现即插即用。相对于移动硬盘，U 盘体积更小，携带方便，使用灵活，容量相对要小。目前常用 U 盘的容量主要有 8 GB、16 GB 和 32 GB 等。

c. SD 卡（Secure Digital Memory Card，安全数码卡）。是一种基于半导体快闪记忆器的新一代记忆设备，它被广泛应用于便携式装置上，例如数码照相机、个人数字助理（PDA）和多媒体播放器等。犹如一张邮票大小的 SD 记忆卡，质量只有 2 g，但却拥有高记忆容量、高数据传输速率、极大的移动灵活性以及很好的安全性。目前常用 SD 卡容量为 4 GB、8 GB、16 GB 或 32 GB 等。

（5）总线与接口

① 总线。在计算机系统中，总线（Bus）是各部件（设备）之间传输数据的公用通道，各部件通过总线连接并通过总线传递数据和控制信号。

按照数据传输方式，总线可分为串行总线和并行总线。在串行总线中，二进制数据逐位通过一根数据线发送到目的部件（或设备），常见的串行总线有 RS-232、PS/2、USB 等；在并行总线中，数据线有许多根，故一次能发送多个二进制位，常见的并行总线有 FSB 总线等。从表面上看，并行总线似乎比串行总线快，其实在高频率的情况下串行总线比并行总线更好，因此将来串行总线大有逐渐取代并行总线的趋势。

按照信号的性质，总线一般分为 3 类：数据总线是用来在存储器、运算器、控制器和 I/O 部件之间传输数据信号的公共通道；地址总线是 CPU 向主存储器和 I/O 接口传送地址信息的公共通道；控制总线用来在存储器、运算器和 I/O 部件之间传输控制信号。

常见的系统总线有 ISA 总线、PCI 总线、AGP 总线和 EISA 总线等。

② 接口。各种外围设备通过各种适配器或主板上的接口与计算机主机相连。通过接口可以将打印机、扫描仪、U 盘、数码照相机、数码摄像机、移动硬盘、手机等外围设备连接到计算机上。

主板上常见的接口有 PS/2 接口、串行接口、并行接口、USB 接口、IEEE 1394 接口、音频接口和显示接口等。

（6）输入/输出设备

输入/输出设备（又称"外围设备"）是计算机系统的重要组成部分。各种类型的信息通过输入设备输入到计算机，计算机处理的结果又由输出设备输出。微型计算机常见的输入/输出设备有鼠标、键盘、触摸屏、手写笔、传声器（俗称"麦克风"）、显示器、打印机、数码照相机、数码摄像机、投影仪、条形码扫描器、指纹识别器等。下面仅简要地介绍微型计算机的一些基本输入/输出设备。

① 键盘。键盘是最常见的计算机输入设备，它广泛应用于微型计算机和各种终端设备上。通过键盘，可以将英文字母、数字和标点符号等输入到计算机中，从而向计算机发出指令、输入数据等。如图 1-9 所示，键盘接口主要有 PS/2 接口和 USB 接口。

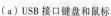
（a）USB 接口键盘和鼠标　　（b）PS/2 接口键盘和鼠标　　　　（c）无线键盘和鼠标
图 1-9　键盘和鼠标

② 鼠标。鼠标是微型计算机的基本输入设备，也是计算机显示系统纵横坐标定位的指示器，因形似老鼠而得名"鼠标"。鼠标的使用是为了使计算机的操作更加简便，如图 1-9 所示，鼠标接口主要有 PS/2 接口和 USB 接口。

近年来，无线键盘和无线鼠标也越来越多，利用无线技术与计算机通信，从而省去了线的束缚。无线键盘和鼠标由电池负责供电，USB 接口的接收器插入计算机主机接收无线信号。

③ 显示器。显示器是计算机必备的输出设备，是用户与计算机交流的桥梁。显示器按其工作原理可分为 CRT（阴极射线管）显示器、LCD（液晶）显示器、LED（发光二极管）显示器 3 种。LCD 和 LED 显示器具有体积小、质量小、能耗低等特点，逐渐取代了 CRT 显示器。

显示器的主要技术指标有分辨率、扫描频率以及 CRT 显示器的刷新率。

a. 分辨率：指显示器上像素的数量。分辨率越高，显示器上的对象就显得越小，但可显示的工作区域就越大。常见的分辨率有 800×600 像素、1 024×768 像素、1 280×1 024 像素、1 600×1 200 像素、1 920×1 200 像素、1 920×1 080 像素等。

b. 扫描频率：指显示器每秒扫描的行数，单位为千赫兹（kHz）。它决定着最大逐行扫描清晰度和刷新速度。

c. 刷新率：指每秒出现新图像的数量，单位为赫兹（Hz）。刷新率越高，图像的质量就越好，闪烁越不明显，人的感觉就越舒适。一般认为，70～72 Hz 的刷新率即可保证图像的稳定。

④ 打印机。打印机是微型计算机最基本的输出设备之一。打印机主要的性能指标有打印速度和分辨率。打印速度是指每分钟可以打印的页数，单位是 ppm。分辨率是指每英寸的点数，分辨率越高，打印质量越好，其单位是 dpi。

目前使用的打印机主要有以下几种：

a. 针式打印机。通过打印针对色带的撞击在打印纸上留下小点，由小点组成打印图像，其打印速度慢、噪声大、打印质量差，现在一般用于票据打印，如图 1-10（a）所示。

b. 喷墨打印机。将墨水通过精制的喷头喷到纸面上形成文字与图像，其打印速度较慢，墨盒喷头容易堵塞，如图 1-10（b）所示。

c. 激光打印机。利用激光扫描主机送来的信息，将要输出的信息在磁鼓上形成静电潜像，并转换成磁信号，使碳粉吸附在纸上，经加热定影后输出。目前激光打印机以其打印速度快、打印质量高得到了广泛的应用，如图 1-10（c）所示。

d. 多功能一体机。是一种集打印、复印、扫描多种功能于一体的机器，拥有较高的性价比。

（a）针式打印机　　　　　（b）喷墨打印机　　　　　（c）激光打印机

图 1-10　打印机

⑤ 绘图仪。绘图仪是一种优良的输出设备。打印机是用来打印文字和简单的图形的设备。要想精确地绘图，如绘制工程中的各种图纸，就不能用打印机，只能用专业的绘图设备——绘图仪。

在计算机辅助设计（CAD）与计算机辅助制造（CAM）中，绘图仪是必不可少的，它能将图形准确地绘制在图纸上输出，供工程技术人员参考。如果把绘图仪中使用的绘图笔换为刀具或激光束发射器等切割工具，就能精确地加工机械零件。

2. 微型机的选购原则

根据英特尔（Intel）创始人之一戈登·摩尔（Gordon Moore）提出的摩尔定律，当价格不变时，集成电路上可容纳的元器件的数目，每隔 18～24 个月便会增加一倍，性能也将提升一倍。因此，CPU、主板等主要配件每隔 18 个月就要更新换代，并带来性能的明显提升。一般认为微型机的最佳使用时间为 3～5 年，远在寿命终结前，微机的性能就已经不能满足新的软件需要。因此，在经济条件允许下，微机的报废时间为 5 年。

在购买和组装微机时，对微机配件的选购应该遵循以下原则：

（1）明确用户需求

以办公或学习、娱乐等家用为主的微机，性能往往不需要太高，主要用途是处理文档、上网等，能满足日常应用即可，可考虑选择集成显卡、声卡、网卡的主板，以降低成本，而不必考虑3D 性能等因素，参照市场主流配置，能运行主流的操作系统和常用的办公软件即可。以视频制作、软件开发为主的微型机，需要高性能的 CPU，高配置的显卡，大容量的内存和硬盘。

（2）确定购买品牌机还是组装机

品牌机指由具有一定规模和技术的微机厂商生产并注册商标，有独立品牌的微机，如联想、戴尔等。品牌机出厂前经过了严格的性能测试，相对组装机而言，其稳定性、可靠性都较高，但价格也相对要高。

组装机是指将配件（包括 CPU、主板、内存、硬盘、显卡等）组装到一起的微型机。与品牌机不同的是，组装机可以根据需要自行购买硬件，也可以到配件市场组装，根据用户要求，随意搭配，性价比高。

组装机与品牌机相比具有以下优势：

① 组装机搭配随意，可根据用户要求随意搭配。

② DIY 配件市场淘汰速度比较快，品牌机很难跟上其更新的速度，比如说有些在散件市场已经淘汰了的配件，还出现在品牌机上。

③ 价格优势。计算机散件市场的环节少，利润也低，价格和品牌机有一定差距，品牌机流通环节多，利润相比之下要高，所以没有价格优势。值得注意的是，品牌机往往会降低主板和显卡的成本，由于大部分计算机使用者，主要看硬盘大小和 CPU 主频高低，而忽略了主板和显卡的重要性。

④ 售后上来说，组装机与品牌机相同，主要部件提供了 3 年质保，甚至部分配件的质保期超过了品牌机，对于品牌机来说这是致命的。

组装机与品牌机相比也存在以下劣势：在一些竞争比较激烈的大中城市，组装机配件的价格已经接近透明，利润空间很小，这也是以后业内面临的一个问题。

3．微型机配件选购

（1）CPU 选购

CPU 的选购主要考虑搭配要合理，如果用高端 CPU 配低端主板，由于主板先天不足，CPU 就不能发挥应有的功能。选购 CPU 应注意以下几点：

① 架构。所谓架构，就是 CPU 厂商给属于同一系列的 CPU 产品定的一个规范，架构越新肯定性能会越优，比如酷睿比奔腾好，奔腾比赛扬要好。

② 主频。一般来说主频越高，CPU 的速度也就越快；然后看缓存，一般来说二级缓存越大越好；还有一个指标是工艺，现在很多都是 28 nm、22 nm 的 CPU，工艺是数字越小越好，在发热和稳定性上都要强很多；还有就是核心数，核心越多越好，但是要考虑耗电量和发热量的问题，核心数越大发热量和耗电量也就越大。

（2）主板选购

一般在选购主板之前，多数已经确定了计算机的档次，也可以说确定了所使用的 CPU。选购主板可以从以下几方面考虑：

① 性能和速度，简单地说是"快不快"，一般都是用专门的一些测试软件来评估主板在实际应用环境下的速度。

② 是否与 CPU 接口匹配，可提供哪种内存插槽，是否集成声卡、显卡和网卡，是否支持大容量硬盘，主机板的接口如 Power、HD 工作指示灯、Reset、扬声器等是否正常工作，BIOS 的种类，系统实时时钟是否正常，是否可以升级独立显卡等。

③ 是否稳定和可靠。

④ 兼容性。对于自己动手组装计算机的用户（DIY）来说，兼容性是必须考虑的因素。

⑤ 能否升级和扩充，购买主板时都需要考虑计算机和主板将来升级扩展的能力，尤其扩充内存和增加扩展卡最为常见，还有升级 CPU，一般主板插槽越多，扩展能力就越好，不过价格也更高。

（3）显卡选购

显卡是计算机的一个关键配件，一块好的显卡可以提升主机 30%的性能，但并不是显卡越好就越适合，如何挑选一块适合自己的显卡？首先要知道计算机主机的定位，显卡分为独立显卡和集成显卡，如果只是上网、文字处理、看电影，集成显卡就足够了；其次显卡性能在于架构核心、流处理器数量、显存容量、显存位宽、频率、光栅处理单元，一般来说，除了制作工艺越小越好，其他参数越大性能就越强。

说明： 独立显卡的显存是独立使用的，而集成显卡的显存要占用物理内存。如果物理内存较小，又要分一部分给集成显卡，势必对系统性能和运行速度产生影响。

（4）内存选购

选购内存需要注意以下几点：首先平台是否支持该内存，目前桌面平台所采用的内存主要为 DDR1、DDR2 和 DDR3、DDR4 四种，其中 DDR1、DDR2 内存已经基本上被淘汰，而 DDR3 和 DDR4 内存是目前的主流产品；其次选择合适的内存容量和频率，内存的容量影响整机系统性能，由于 64 位系统开始普及，内存容量至少要达到 2 GB 才能保证操作的流畅；内存主频越高，在一定程度上代表着内存所能达到的速度越快，目前最为主流的内存频率为 DDR3-1600 和 DDR4-2133；最后内存做工要精良，内存的做工水平直接影响到其性能。

（5）硬盘选购

硬盘是计算机中的重要部件之一，不仅价格昂贵，存储的信息更是无价之宝，因此，每个购买计算机的用户都希望选择一个性价比高、性能稳定的好硬盘，并且在一段时间内能够满足自己的存储需要。速度、容量、安全性一直是衡量硬盘的最主要的三大因素。更大、更快、更安全、更廉价永远是硬盘发展的方向。

🌐 拓展与提高

1. 计算机的起源与发展

（1）计算机的起源

人类很早就希望使用工具来帮助自己计数和计算，现代计算机是从古老的计算工具一步步发展而来的。早在原始社会，人类就用结绳、垒石或枝条作为辅助进行计数和计算，计算工具的源头可以上溯至 2 000 多年前的春秋战国时代，古代中国人发明的算筹是世界上最早的计算工具。大约六七百年前，中国人发明了更为方便的算盘，许多人认为算盘是最早的数字计算机，而珠算口诀则是最早的体系化的算法。19 世纪中期，英国数学家巴贝奇（Chares Babbage，1792—1871）最先提出通用数字计算机的基本设计思想，在现代电子计算机诞生 100 多年前，他已经提出了几乎是完整的计算机设计方案，被称为计算机之父。

20 世纪 40 年代初，为完成美国军方工作量巨大的火力表的计算，宾夕法尼亚大学莫尔学院的物理学家莫希利，于 1942 年提出了试制第一台电子计算机的设想。1946 年 2 月 10 日，世界上第一台电子计算机 ENIAC（Electronic Numerical Integrator And Computer）研制成功，从此揭开了电子计算机发展和应用的序幕。

如图 1-11 所示，ENIAC 的主要电子元件是电子管，重 30 t，占地 170 m^2，使用了 17 468 个真空电子管，70 000 个电阻器，有 500 万个焊接点，耗电 174 kW，用十进制计算，每秒运算 5 000 次，也没有今天的键盘、

图 1-11　第一台电子计算机 ENIAC

鼠标等输入设备，人们只能通过扳动庞大面板上的无数开关向计算机输入信息。虽然以现在的眼光来看，它的功能微不足道，存储容量太小（仅 1 000～4 000 B），基本上不能存储程序，造价昂贵；并且此台计算机不具备计算机主要的工作原理特征——存储程序和程序控制。但在当时，它的运算速度是最快的，是很了不起的成就！更重要的是，ENIAC 的诞生奠定了电子计算机的发展基础，开辟了一个信息时代的新纪元，它是人类第三次产业革命开始的标志，具有划时代的伟大意义。

第一台电子计算机出现后，美籍匈牙利数学家冯·诺依曼（von Neumann）针对 ENIAC 在存储程序方面的弱点，提出了"存储程序控制"的通用计算机方案，该方案在两个方面进行了突出和关键性的改进，即采用了二进制和存储器，由此原理设计的第一台计算机名叫 EDVAC（Electronic Discrete Variable Automatic Computer）。

从计算机的诞生至今已经历了半个多世纪，但其基本体系结构和基本的工作原理仍然沿用冯·诺依曼的最初构想，所以现代计算机也称冯·诺依曼型计算机。

世界上第一台投入运行的存储程序式电子计算机是 EDSAC（The Electronic Delay Storage Automatic Calculator），它是由英国剑桥大学的维尔克斯教授在接受了冯·诺依曼的存储程序思想后于 1947 年开始领导设计的，该机于 1949 年 5 月制成并投入运行。

（2）计算机的发展

计算机自诞生以后一直迅猛发展，更新换代十分快。按照计算机所使用的电子逻辑器件的更替和发展来描述计算机的发展过程，并将其分为 4 个时代，如表 1-1 所示。

表 1-1　计算机发展的 4 个阶段

代次	起止年份	所用电子元件	数据处理方式	运算速度	应用领域
第一代	1946—1957 年	电子管	汇编语言、代码程序	5 000/秒～30 000/秒	国防及高科技
第二代	1958—1964 年	晶体管	高级程序设计语言	数十万次/秒～几百万次/秒	工程设计、数据处理
第三代	1965—1970 年	中小规模集成电路	结构化、模块化程序设计，实时处理	数百万次/秒～几千万次/秒	工业控制、数据处理
第四代	1970 年至今	大规模、超大规模集成电路	分时、实时数据处理，计算机网络	上亿条指令/秒	工农业、生活、学习各方面

第四代计算机期间，计算机外围设备和软件种类越来越丰富，功能越来越强大。计算机主要在以下几个方面不断发展：

① 微型化。指计算机的体积更小、功能更强、可靠性更高、价格更低。

② 巨型化。指运算速度更快（每秒千万亿次以上）、存储量更大的巨型计算机。

③ 智能化。指模拟人的感觉和思维的能力，例如，语音识别、指纹识别等。

④ 网络化。将计算机技术和现代通信技术相结合，有非常广泛的发展前景。

我国从 1956 年开始研制计算机，1958 年研制出第一台电子管计算机；1964 年研制成功晶体管计算机；1971 年研制成功集成电路计算机；1983 年研制成功每秒运算 1 亿次的"银河 I"巨型机，这是我国高速计算机研制的一个重要里程碑。

（3）微型计算机的发展

随着 20 世纪 70 年代大规模集成电路的发展及微处理器 Intel4004 和 Intel8008 的出现，诞生了微型计算机。微型计算机是以微处理器为核心的，是随着微处理器的发展而发展的，从第一代个人微型计算机问世到现在，微处理器芯片已经发展到第六代产品。

第一代微处理器（1971—1973 年），是 4 位和 8 位低档微处理器时代，其典型产品是 Intel 4004 和 Intel 8008 微处理器和分别由它们组成的 MCS-4 和 MCS-8 微机。主要采用机器语言或简单的汇编语言，用于简单的控制场合。

第二代微处理器（1974—1977 年），是 8 位中高档微处理器时代，其典型产品是 Intel 8080/8085、Motorola 公司的 M6800、Zilog 公司的 Z80 等。采用汇编语言、BASIC、Fortran 编程，使用单用户操作系统。

第三代微处理器（1978—1984 年），是 16 位微处理器时代，其典型产品是 Intel 公司的 8086/8088，Motorola 公司的 M68000，Zilog 公司的 Z8000 等微处理器。其特点是采用 HMOS 工艺，集成度和运算速度都比第 2 代提高了一个数量级。指令系统更加丰富、完善，并配置了软件系统。

第四代微处理器（1985—1992 年）是 32 位微处理器时代，其典型产品是 Intel 公司的 80386/80486，Motorola 公司的 M69030/68040 等。其特点是采用 HMOS 或 CMOS 工艺，集成度高达 100 万个晶体管/片，具有 32 位地址线和 32 位数据总线。每秒钟可完成 600 万条指令（Million Instructions Per Second，MIPS）。微型计算机的功能已经达到甚至超过小型计算机的功能，完全可以胜任多任务、多用户的作业。

第五代微处理器（1993—2005 年）是奔腾（Pentium）系列微处理器时代，典型产品是 Intel 公司的奔腾系列芯片及与之兼容的 AMD 的 K6 系列微处理器芯片。内部采用了超标量指令流水线结构，并具有相互独立的指令和数据高速缓存。随着 MMX（MultiMediaeXtended）微处理器的出现，使微机的发展在网络化、多媒体化和智能化等方面跨上了更高的台阶。

第六代微处理器（2005 年至今）是酷睿（Core）系列微处理器时代，"酷睿"是一款领先节能的新型微架构，面向服务器、台式机和笔记本电脑等多种处理器进行了多核优化，其创新特性可带来更出色的性能、更强大的多任务处理性能和更高的能效水平，各种平台均可从中获得巨大优势。

（4）未来新型计算机

硅芯片技术高速发展的同时也意味着硅技术越来越接近其物理极限，为此，世界各国的研究人员正在加紧研究开发新型计算机，人们正试图用光电子元件、超导电子元件、生物电子元件等来代替传统的电子元件，计算机从体系结构的变革到元件与技术革命都要产生一次量的乃至质的飞跃。生物计算机、神经元计算机、模糊计算机、光子计算机、纳米计算机等具有模仿人的学习、记忆、联想和推理等功能的新一代计算机将会在 21 世纪走进人们的生活，遍布各个领域。

① 生物计算机。生物计算机也称仿生计算机，是全球高科技领域最具活力和发展潜力的一门学科，该种计算机涉及多种学科领域，包括计算机科学、脑科学、分子生物学、生物物理、生物工程、电子工程等有关学科。它的主要原材料是生物工程技术产生的蛋白质分子，并以此作为生物芯片。生物计算机芯片本身还具有并行处理的功能，其运算速度要比当今最新一代的计算机快 10 万倍，能量消耗仅相当于普通计算机的十亿分之一，存储信息的空间仅占百亿亿分之一。

② 神经元计算机。神经元计算机又称神经网络计算机，它能像人脑那样进行判断和预测。它不需要输入程序，可以直观地做出答案，也就是说它"看"到什么就能自行做出反应。

神经元计算机将会广泛应用于各领域。它能识别文字、符号、图形、语言以及声纳和雷达收到的信号，判读支票，对市场进行估计，分析新产品，进行医学诊断，控制智能机器人，实现汽车自动驾驶和飞行器的自动驾驶，发现、识别军事目标，进行智能决策和智能指挥等。

③ 模糊计算机。1956 年，英国人查德创立了模糊信息理论。依照模糊理论，判断问题不是以是、非两种绝对的值或 0 与 1 两种数码来表示，而是取许多值，如接近、几乎、差不多及差得远等模糊值来表示。用这种模糊的、不确切的判断进行工程处理的计算机就是模糊计算机，或称模糊电脑。模糊计算机除具有一般计算机的功能外，还具有学习、思考、判断和对话的能力，可以立即辨识外界物体的形状和特征，甚至可帮助人从事复杂的脑力劳动。

1990 年，日本松下公司把模糊计算机装在洗衣机里，能根据衣服的肮脏程度、质地自动调节洗衣程序；把模糊计算机装在吸尘器里，可以根据灰尘量以及地毯的厚实程度调整吸尘器功率；模糊计算机还能用于地震灾情判断、疾病医疗诊断、发酵工程控制、海空导航巡视等方面。

④ 量子计算机。量子计算机是一类遵循量子力学规律进行高速数学和逻辑运算、存储及处理量子信息的物理装置。量子计算机是基于量子效应基础上开发的，它利用一种链状分子聚合物的特性来表示开与关的状态，利用激光脉冲来改变分子的状态，使信息沿着聚合物移动，从而进行运算。

⑤ 纳米计算机。纳米计算机是指将纳米技术运用于计算机领域所研制出的一种新型计算机。"纳米"本是一个计量单位，采用纳米技术生产芯片成本十分低廉，因为它既不需要建设超洁净生产车间，也不需要昂贵的实验设备和庞大的生产队伍。只要在实验室里将设计好的分子合在一起，就可以造出芯片，大大降低了生产成本。纳米计算机体积小、造价低、存储量大、性能好，将逐渐取代芯片计算机，推动计算机行业的快速发展。

⑥ 分子计算机。分子计算机就是尝试利用分子计算的能力进行信息的处理。分子芯片体积可比现在的芯片大大减小，而效率大大提高，分子计算机完成一项运算所需的时间仅为 10 ps，比人的思维速度快 100 万倍。分子计算机具有惊人的存储容量，1 m^3 的 DNA 溶液可存储 1 万亿亿二进制数据。分子计算机消耗的能量非常小，只有电子计算机的十亿分之一。由于分子芯片的原材料是蛋白质分子，所以分子计算机既有自我修复的功能，又可直接与分子活体相连。美国已研制出分子计算机分子电路的基础元器件，可在光照几万分之一秒的时间内产生感应电流。

⑦ DNA 计算机。DNA 计算机是一种生物形式的计算机。它是利用 DNA（脱氧核糖核酸）建立的一种完整的信息技术形式，以编码的 DNA 序列为运算对象，通过分子生物学的运算操作以解决复杂的数学难题。

未来的 DNA 计算机在研究逻辑、破译密码、基因编程、疑难病症防治以及航空航天等领域应用的独特优势，现在电子计算机是望尘莫及，应用前景十分乐观。不过，由于受目前生物技术水平的限制，DNA 计算过程中，前期 DNA 分子链的创造和后期 DNA 分子链的挑选，要耗费相当的工作量。当前，世界许多国家包括我国的科学家正在积极克服和解决上述难题。

2. 计算机的工作原理

一个完整的计算机系统是由硬件系统和软件系统两部分组成的，如图 1-12 所示。通俗地说，硬件就是看得见、摸得着的物理实体，也即指组成计算机的电子线路和电子元件等各种机电物理装置，将这些设备按需要进行设计组装，完成各自的操作，就构成了计算机的硬件系统。

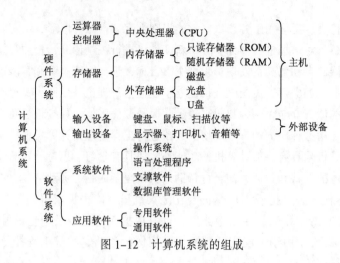

图 1-12　计算机系统的组成

计算机软件系统是运行、管理和维护计算机的各类程序和文档的总称，发挥着管理和使用计算机的作用，它是计算机系统的指挥枢纽和灵魂。

硬件系统是计算机系统的物质基础，软件系统是计算机发挥功能的必要保证。

截至目前，计算机都是以"存储程序"和"程序控制"为基础的设计思想设计的。这个思想是由美籍匈牙利数学家冯·诺依曼（von Neumann）于 1945 年提出，因此，我们把按照这一原理设计的计算机称为"冯·诺依曼计算机"。它主要有以下 3 个特点：

① 采用二进制数的形式表示数据和指令。

② 计算机硬件由运算器、控制器、存储器、输入设备和输出设备五大部件组成。在控制器的统一控制下，协调一致地完成由程序所描述的处理工作。

③ 将数据和指令存放在存储器中。

如图 1-13 所示，程序和数据（统称信息）通过输入设备输入到存储器中，控制器从存储器中按一定顺序读取程序指令，对指令进行解析并发出相应的控制信号；在控制器的控制下，运算器从存储器读取数据，对其进行运算，并将运算结果（包括中间结果）传回存储器中；最后，在控制器的控制下，将运算的最终结果通过输出设备输出。由此构成了以存储器为中心的现代计算机体系结构。可见，计算机具有输入、存储、处理和输出信息四大基本功能。

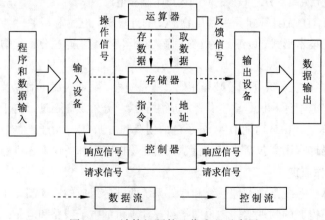

图 1-13　计算机硬件工作流程示意图

3. 计算机的特点、应用和分类

（1）计算机的特点

电子计算机是能够高速、精确、自动地进行科学计算及信息处理的现代电子设备。它与过去的计算工具相比，有以下几个主要特点：

① 处理速度快。计算机的处理速度是用每秒执行指令数来衡量的，目前计算机的运算速度已达到每秒亿亿次以上。

② 计算精度高。计算机中采用二进制表示各种信息，数据的精确度主要取决于数据的位数，称为字长。字长越长，精度越高，目前微机的字长有 32 位、64 位、128 位等，计算机的计算精度可达到几十位有效数字。

③ 存储容量大。不论是主存储器还是外存储器的存储量都不断大幅度提高，可以保存的各种信息越来越多。计算机存储器可以存储大量的数字、文字、图像、视频、音频等各种信息，"记忆力"大得惊人。

④ 准确的逻辑判断能力。冯·诺依曼结构计算机的基本思想，就是先将程序输入并存储在计算机内，在程序执行过程中，计算机会根据上一步的执行结果，运用逻辑判断方法自动确定下一步该做什么。计算机能完成推理、判断、选择、归纳等操作。

⑤ 全自动功能。由于计算机采取存储程序的工作方式，所以能够在人们预先编制好的程序的控制下自动工作，不需要人工干预。

⑥ 可靠性高。由于采用了大规模和超大规模集成电路，计算机具有非常高的可靠性，可以连续无故障运行几万、几十万小时以上。计算机在数据的计算及加工处理上差错率极低，除非程序设计有问题或硬件出现故障，一般不会出现差错。它会忠实地按人们设计好的步骤工作。

⑦ 适用范围广，通用性强。计算机采用数字化信息来表示各类信息，采用逻辑代数作为相应的设计手段，既能进行算术运算又能进行逻辑判断。这样，计算机不仅能进行数值计算，还能进行信息处理和自动控制。想让计算机解决什么问题，只要将解决问题的步骤用计算机能识别的语言编制成程序，装入计算机中运行即可。一台计算机能适应于各种各样的应用，具有很强的通用性。

（2）计算机的应用

计算机的高速度、高精度、大存储量等特点使其被广泛应用于社会的各个领域，主要包括科学研究、军事、工业生产、文化教育等现代人类社会的各个领域中，成为人类不可缺少的重要工具。计算机的应用主要可以概括为以下几方面：

① 科学计算。科学计算是计算机最为原始的应用，由于计算机具有很高的运算速度和计算精度，所以可以完成大量用手工无法完成的计算，解决科学研究和工程技术研究中的大量数值运算。例如，人造卫星轨道计算、基因序列分析、气象预报、火箭发射、地震预测等。常用的软件有 Matlab（可以进行数值分析、矩阵运算和绘图）、Gaussian（可以进行原子轨道域计算）等。

② 信息处理（数据处理）。数据处理已成为计算机应用的一个重要领域，泛指非科技工程方面的所有计算、管理和任何形式数据资料的处理，包括办公自动化、管理信息系统、专家系统等。目前数据处理已广泛应用于办公自动化、事务处理、情报检索等方面。

③ 实时控制。实时控制是计算机在过程控制方面的重要应用，用计算机及时采集检测数据，按最佳值迅速地对控制对象进行自动控制或自动调节。利用计算机进行过程控制，不仅可以大大提高自动化水平，而且可以提高控制的及时性和准确性，改善劳动条件，提高质量，降低成本。

计算机过程控制已在石油、化工、纺织、水电、机械、航天等部门得到广泛应用。

④ 辅助工程。计算机可以辅助机器、服装、建筑、飞机制造及超大规模集成电路设计等工程中的计算、设计、制造和测试等。主要有计算机辅助设计（Computer Aided Design，CAD）、计算机辅助制造（Computer Aided Manufacturing，CAM）和计算机辅助教育（Computer Aided Education，CAE）等。

⑤ 现代教育。在教学中越来越多地应用计算机进行辅助教育，使用计算机部分代替教师教授知识，实现自动教学系统。把教学内容、教授过程和习题测验等存储在计算机中，学生通过人机交互模式可以个性化和自主化地学习科学知识。

⑥ 人工智能。人工智能是计算机模拟人类的智能活动、判断、理解、学习、图像识别、问题求解等。其主要任务是建立智能信息处理理论，进而设计可以展现某些近似人类智能行为的计算系统。人工智能学科包括知识工程、机器学习、模式识别、自然语言处理、智能机器人和神经计算等多方面的研究。

⑦ 嵌入式系统。嵌入式系统是用来控制或者监视机器、装置、工厂等大规模设备的系统，是一种专用的计算机系统，作为装置或设备的一部分。普通认同的嵌入式系统定义是：以应用为中心，以计算机技术为基础，软硬件可裁剪，适应应用系统对功能、可靠性、成本、体积、功耗等严格要求的专用计算机系统。

⑧ 网络通信。计算机通信是计算机应用最为广泛的领域之一，是计算机技术和通信技术高度发展、密切结合而产生的一门新兴科学。目前 Internet 已经成为覆盖全球的计算机网络，在世界的任何地方，人们都可以彼此进行通信。例如，收发电子邮件、文件传输、微信和卫星通信等。

⑨ 平面、动画设计和排版。可以进行二维、三维图像和动画设计，以及杂志和书籍等的排版工作。例如：广告设计、装帧设计、电影和电视特效设计等。

⑩ 家庭生活和娱乐。随着计算机软件的发展，个人计算机和平板电脑等计算机的普及和互联网的出现，使计算机成为人们生活和娱乐不可缺少的组成部分。例如：歌曲的录制合成、视频的编辑、数字照片的保存和展示、通信和网络游戏等都不能没有计算机的参与。

（3）计算机的分类

计算机的分类方法较多，根据处理的对象、用途和规模不同可有不同的分类方法，下面介绍几种常用的分类方法。

① 根据计算机的原理划分。从计算机中信息的表示形式和处理方式（原理）的角度来进行划分，计算机可分为数字电子计算机、模拟电子计算机以及数字模拟混合式计算机三大类。

在数字电子计算机中，信息都是用 0 和 1 两个数字构成的二进制数的形式，即不连续的数字量来表示。在模拟式电子计算机中，信息主要用连续变化的模拟量来表示。

② 根据计算机的用途划分。计算机按其用途可分为通用机和专用机两类。通用计算机适于解决多种一般问题，使用领域广泛、通用性较强，在科学计算、数据处理等多种用途中都能适用。专用计算机用于解决某个特定方面的问题，配有专门解决该问题的软件和硬件。

③ 根据计算机的规模划分。计算机的规模一般指计算机的一些主要技术指标，如字长、运算速度、存储容量、外围设备、输入和输出能力、配置软件丰富与否、价格高低等。计算机根据其规模、速度和功能等的不同，可分为巨型机、大型机、中型机、小型机、微型机、工作站和服务器等。

a. 巨型计算机（Super Computer）。目前功能最强、性能最好、运算速度最快、价格最高、可供数百用户同时使用的计算机。巨型机主要用于大型计算任务，如尖端科学研究、军事领域的复杂计算、战略武器设计、天气预报、分子模型和密码破译等。世界上只有少数几个国家能生产巨型机，经过几十年不懈地努力，我国巨型机的研制已取得了丰硕成果，"银河""曙光""神威""深腾"等一批国产巨型机的出现，使我国成为继美国、日本之后，第三个具备研制高端计算机系统能力的国家。

b. 大型计算机（Mainframe Computer）。大型计算机的功能和速度稍差于巨型计算机，它具有高可靠性、高数据安全性和中央控制等特点，它通常包括多个处理单元。大型计算机用来同时执行多个程序，它非常适合于处理、管控大型机构的资料，通常用于大型企业、科研机构及大型数据管理系统中，如图 1-14 所示。例如，用于航空公司、银行、政府部门、大学等。随着微机与网络的发展，许多计算机中心的大型主机正在被高档微机群取代。

图 1-14　大型计算机

c. 小型计算机（MiniComputer）。相对于大型计算机而言，小型计算机的软件、硬件系统规模比较小，但价格低、可靠性高、操作灵活方便，便于维护和使用。小型机适于中小企业和一般的科研机构使用，例如，高等院校的计算机中心都以一台小型计算机为主机，配以几十台甚至上百台终端机，以满足大量学生学习的需要。

d. 微型计算机（MicroComputer）。是由大规模集成电路组成的、体积较小的电子计算机，其特点是体积小、灵活性大、价格便宜、使用方便。由微型计算机配以相应的外围设备（如打印机）及其他专用电路、电源、面板、机架以及足够的软件构成的系统叫做微型计算机系统（Microcomputer System，即通常说的电脑）。人们通常所说的台式机、笔记本、平板电脑等都属于微机，目前已被广泛用于办公自动化、数据库管理、图像识别、语音识别和多媒体技术等领域。

e. 工作站（Work Station）。是一种高端的通用微型计算机。它是为了单用户使用并提供比个人计算机更强大的性能，尤其是在图形处理能力，任务并行方面的能力。通常配有高分辨率的大屏、多屏显示器及容量很大的内存储器和外部存储器，并且具有极强的信息和高性能的图形、图像处理功能。它主要用于图像处理和计算机辅助设计（CAD）等领域。另外，连接到服务器的终端机也可称为工作站。

f. 服务器（Server）。服务器。也称伺服器，是提供计算服务的设备。由于服务器需要响应服务请求，并进行处理，因此在处理能力、稳定性、可靠性、安全性、可扩展性、可管理性等方面要求较高。在网络环境下，根据服务器提供的服务类型不同，分为文件服务器、数据库服务器、应用程序服务器、Web 服务器等。

思考与练习

① 通过调研，列一份最新的价格在 4 000～5 000 元的微型计算机硬件清单。

② 认识微型计算机的主要部件。

任务二　微型计算机的软件安装

任务要求

经过学习和实践，小明顺利完成了计算机硬件系统的配置，已经具备完成计算机各项工作的硬件基础。然而，只有硬件系统的计算机，没有软件系统的支持，计算机几乎是没有用处的。为使计算机能够正常地运转起来并为用户提供服务，还需要在计算机硬件系统的基础上进行硬盘分区和格式化，完成操作系统及所需的系统软件和应用软件的安装。

任务分析

在实施过程中，将任务分解为以下几个步骤，逐一解决：

- 认识计算机的软件系统。
- 分区与格式化硬盘。
- 安装与优化操作系统。

任务实现

1. 认识计算机的软件系统

计算机系统是硬件和软件有机结合的整体，如图 1-15 所示，硬件是组成计算机的物质实体，软件是介于用户和硬件系统之间的界面。软件系统是运行、管理和维护计算机的各类程序和文档的总称，发挥着管理和使用计算机的作用，它是计算机系统的指挥枢纽和灵魂。

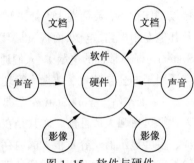

图 1-15　软件与硬件

微机的软件系统分为系统软件和应用软件两大类。

（1）系统软件

系统软件是指控制和协调计算机及外围设备，支持应用软件开发和运行的系统，是无需用户干预的各种程序的集合，主要功能是调度、监控和维护计算机系统；负责管理计算机系统中各种独立的硬件，使得它们可以协调工作。系统软件使得计算机使用者和其他软件将计算机当作一个整体而不需要顾及到底层每个硬件是如何工作的。

一般来说，系统软件包括操作系统、数据库管理系统以及各种程序设计语言等。

① 操作系统。操作系统是用户与裸机（不包含任何软件的硬件机器）间的接口，是管理计算机硬件与软件资源的程序，同时也是计算机系统的内核与基石。操作系统是控制其他程序运行、管理系统资源并为用户提供操作界面的系统软件的集合。操作系统身负诸如管理与配置内存、决定系统资源供需的优先次序、控制输入与输出设备、操作网络与管理文件系统等基本任务。操作系统的种类多样，不同机器安装的操作系统可从简单到复杂，可从手机的嵌入式系统到超级计算机的大型操作系统。

目前，流行的操作系统有 DOS/Windows、UNIX、Mac 等操作系统，可分为以下几类：

a.　服务器操作系统。主要有 Windows、UNIX、Linux 和 NetWare。Windows 操作系统目前流行的有 Windows Server 2008、Windows Server 2012、Windows Server 10 等；UNIX 操作系统支持网络、多用户，规模小，功能强，使用灵活，它使用 C 语言编写，易于移植到各种机器上；　Linux 是一种多用户多任务的操作系统，是目前全球最著名的开放源代码的类 UNIX 操作系统，具有完备的网络功能，具有稳定性、灵活性和易用性等特点。

b.　PC 操作系统。是指安装在个人计算机上的个人操作系统，例如，DOS/Windows、Mac OS。DOS 操作系统是用于 PC 的第一个操作系统，它是单用户单任务命令行界面的操作系统；Windows 是单用户多任务、基于图形用户界面（GUI）的操作系统，操作简单，效率高，目前流行的有 Windows 7、Windows 8 和 Windows 10 等，是 PC 使用最广泛的操作系统。Mac OS 操作系统是由苹果公司设计开发的专用于 Macintosh 等苹果机的操作系统，它基于 UNIX 内核，也是图形界面。

c.　实时操作系统。是指当外界事件或数据产生时，能够接受并以足够快的速度予以处理，其处理的结果又能在规定的时间之内来控制生产过程或对处理系统做出快速响应，调度一切可利用的资源完成实时任务，并控制所有实时任务协调一致运行的操作系统。

d.　嵌入式操作系统。是一种用途广泛的系统软件，通常包括与硬件相关的底层驱动软件、系统内核、设备驱动接口、通信协议、图形界面、标准化浏览器等。嵌入式操作系统负责嵌入式系统的全部软、硬件资源的分配、任务调度，控制、协调并发活动。它必须体现其所在系统的特征，能够通过装卸某些模块来达到系统所要求的功能。目前在嵌入式领域广泛使用的操作系统有：嵌入式实时操作系统 μC/OS-II、嵌入式 Linux、Windows Embedded、VxWorks 等，以及应用在智能手机和平板电脑上的 Android、iOS 等。

② 数据库管理系统。数据处理是当前计算机应用的一个重要领域。数据库是以一定的组织方式存储在一起的相关数据的集合。它能被多个用户、多种应用所共享，而且数据冗余度小，数据之间联系密切，又独立于任何应用程序而存在。也就是说，数据库的数据是结构化了的，对数据库输入、输出及修改均可按一种公用的和可控制的方式进行，使用十分方便，大大提高了数据的利用率和灵活性。数据库管理系统（DataBase Management System，DBMS）就是对这样一种数据库中的资源进行统一管理和控制的软件。

数据库管理系统的作用是管理数据库，其主要功能为建立数据库，编辑、修改、增删数据库内容，以及对数据的检索、排序、统计、维护等。目前，在数据库管理软件中常用的数据模型（组织数据的方式）有 3 种：关系型——以表格形式组织数据；层次型——采用树状结构组织数据；网状型——采用网络结构组织数据。目前，被广泛使用的数据库管理系统有 Sybase、Microsoft Office Access、SQL Server、Oracle 等。

③ 程序设计语言。程序设计语言是人与计算机交流的工具，是用来编写计算机程序的工具。按照程序设计语言发展的过程，大致可分为机器语言、汇编语言和高级语言三类。

第一代语言——机器语言。机器语言是计算机诞生和发展初期使用的语言，采用二进制编码形式，是计算机硬件唯一可以直接识别和执行的语言。它的特点是运算速度快，每条指令都是 0 和 1 的代码串。

第二代语言——汇编语言。机器语言和汇编语言都是面向机器的低级语言。汇编语言是为了解决机器语言难于理解和记忆，用易于理解和记忆的名称和符号（指令助记符）表示机器指令的。

第三代语言——高级语言。高级语言是最接近人类自然语言和数学公式的程序设计语言，它基本脱离了硬件系统。高级语言编写的程序计算机也是无法直接执行的，必须翻译成机器语言。

在所有的程序设计语言中，除了机器语言编写的程序能够被计算机直接理解和执行外，其他程序设计语言编写的程序计算机都不能直接执行，这种程序称为源程序。源程序必须经过一个翻译过程才能转换为计算机所能识别的机器语言程序。实现这个翻译过程的工具就是语言处理程序。

（2）应用软件

应用软件是指为用户解决某个实际问题而编制的各种程序和有关资料。由于计算机的应用已经渗透到各个领域，所以应用软件也是多种多样的。根据目前的应用情况，大致可以将应用软件分为通用信息处理软件和专用辅助软件两大类。通用信息处理软件有文字处理系统、办公自动化、通用辅助设计软件等；专用辅助软件有计算机辅助教学软件、咨询软件和计算机游戏软件等。下面介绍几种应用较广的软件。

① 办公软件。这一类软件主要用于商务处理、办公文档等方面，包括文字处理软件、电子表格软件、演示文稿软件、财务管理软件等。目前常用的有微软的 Microsoft Office 和金山的 WPS。

② 多媒体应用软件。多媒体应用软件有多媒体播放软件和多媒体制作软件。多媒体制作软件包括图像处理软件、动画制作软件、音频处理软件、视频处理软件以及多媒体创作软件等。图像处理软件有处理位图图像的 Photoshop、处理矢量图形的 CorelDRAW 等；动画制作软件有绘制和编辑矢量动画的 Flash、制作三维动画 Maya、3D Studio MAX；此外，还有多媒体创作软件，完成多媒体素材的采集、编辑后，最后通过创作平台把多种素材集成在一起，例如 PowerPoint（演示软件）、Authorware（创作软件）等。

③ 计算机辅助工程软件。计算机辅助工程（Computer Aided Engineering，CAE）是指计算机在现代生产领域，特别是生产制造业中的应用。计算机可以提高产品设计、生产和测试过程的自动化水平，降低成本，缩短生产的周期，改善工作环境，提高产品质量，获得更高的经济效益。计算机辅助工程软件主要有计算机辅助设计（CAD）、计算机辅助制造（CAM）和计算机辅助测试（CAI）软件等。

计算机辅助设计（Computer Aided Design，CAD）是利用计算机来帮助设计人员进行设计。如可以利用 CAD 技术进行体系结构模拟、自动布线、结构设计、绘制建筑施工图纸等，具有高度自动化的特点。计算机辅助制造（Computer Aided Manufacturing，CAM）是利用计算机来进行生产设备的管理、控制和操作的过程。计算机辅助测试（Computer Aided Testing，CAT）是利用计算机辅助进行产品测试。计算机辅助教学（Computer Aided Instruction，CAI）利用计算机进行辅助教学、交互学习，例如，利用计算机制作的多媒体课件，可以使教学内容生动、形象逼真，取得良好的教学效果。

④ 网络通信软件。用于网络和通信方面的应用，常用的网络通信软件有网页浏览软件 IE（Internet Explorer）、邮件管理软件 OutLook 和 Foxmail、软件下载软件 FlashGet、即时通信软件 QQ 和微信、网页设计软件 Dreamweaver 等。此外，还有杀毒软件、加密/解密软件、系统优化软件等专用的工具软件。

由于应用软件必须运行在操作系统平台上，对于不同的操作系统，具体的处理方法也不一样，在 Windows 操作系统下运行的应用程序就无法运行在命令行界面的 DOS 操作系统中，也无法运行在图形界面的 Mac 操作系统中。

2．分区与格式化硬盘

硬盘是计算机主要的存储媒介之一，新购买的硬盘并不能直接使用，必须对它进行分区和格式化后才能存储数据。在使用硬盘时，是按照不同的区域存储数据的，硬盘分区就是划分区域的过程。对于 DOS 和 Windows 硬盘分区可划分为主分区和扩展分区两种类型。

主分区是一般用于安装操作系统的分区，包含操作系统启动所必需的文件和数据，并启动操作系统；扩展分区是在主分区以外的空间中建立的分区，它必须被分为一个或多个逻辑分区后才能使用，主分区和扩展分区的分布如图 1-16 所示。

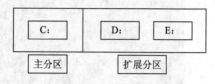

图 1-16　DOS/Windows 的硬盘分区布局

如果把新买来的硬盘比喻成白纸，要把它变为写文章的稿纸，分区就好像给它规定可以写字的范围，格式化就好像给它画出写每一个字的格子。

硬盘分区是把一个硬盘分成若干逻辑空间，并给每个逻辑空间分配一逻辑盘号，如 C 盘、D 盘等，这样有利于文件的管理。硬盘分区规划是安装系统的第一步，现在的硬盘容量都很大，所以建议多分出几个区，分门别类地用来安装操作系统、应用软件，存放文档、影视资源、游戏等。

硬盘分区后还不能使用，要在每个分区内建立完整的存储系统后才能正常使用。建立存储系统的工作一般由 Format 程序来完成，这个过程被称为高级格式化。在安装 Windows 操作系统时，安装程序提供了对磁盘分区与高级格式化的工具。

3．安装与优化操作系统

（1）安装 Windows 7

Windows 7 是由微软公司（Microsoft）开发的操作系统，内核版本号为 Windows NT 6.1。Windows 7 可供家庭及商业工作环境、笔记本电脑、平板电脑、多媒体中心等使用。

Windows 7 的设计主要围绕 5 个重点——针对笔记本电脑的特有设计；基于应用服务的设计；用户的个性化；视听娱乐的优化；用户易用性的新引擎、跳跃列表、系统故障快速修复等。这些新功能令 Windows 7 成为最易用的 Windows。

① Windows 7 对硬件的要求。安装 Windows 7 对系统的最低配置需求如下：

* CPU：1.8 GHz 或更高级别的处理器。
* 内存：1 GB 内存（32 位）或 2 GB 内存（64 位）。
* 硬盘：25 GB 可用硬盘空间（32 位）或 50 GB 可用硬盘空间（64 位）。
* 显卡：带有 WDDM 1.0 或更高版本的驱动程序的 DirectX 9 图形设备。
* 其他硬件：DVD-R/RW 驱动器或者 U 盘等其他存储介质，如果需要可以用 U 盘安装 Windows 7，这需要制作 U 盘引导。
* 其他功能：互联网连接/电话，需要联网/电话激活授权，否则只能进行为期 30 天的试用评估。

② Windows 7 的安装步骤

目前 Windows 7 的安装有 3 种方式：光盘安装、硬盘安装与 U 盘安装。在这里主要介绍光盘安装的操作过程。

a. 进入安装程序。启动计算机后按【F1】键或【Del】键进入 BIOS，设置从光盘启动，将 Windows 7 系统安装光盘放入光驱，重启计算机，刚启动时，出现如图 1-17 所示的界面，光盘自启动后，如果没有问题，就会出现如图 1-18 所示的 Windows 7 安装程序欢迎界面，默认安装语言为中文（简体）中文，如无须改动，直接单击"下一步"按钮。

图 1-17　从光盘安装操作系统

图 1-18　Windows 7 安装欢迎界面

说明：如果开机无法到达如图 1-17 所示的界面，可能是 BIOS 中设置错误，需要重新设置第一启动顺序为光驱，或者开机按【F12】键（不同品牌计算机可能不同）进入 Boot Menu，选择从光盘启动，按【Enter】键。

BIOS（Basic Input–Output System）是微机的基本输入输出系统，其内容集成在微机主板上的一个 ROM 芯片上，主要保存着有关微机系统最重要的基本输入输出程序，系统信息设置、开机上电自检程序和系统启动自举程序等。

微机部件配置记录是放在一块可读写的 CMOS RAM 芯片中的，主要保存着系统基本情况、CPU 特性、软硬盘驱动器、显示器、键盘等部件的信息。在 BIOS ROM 芯片中装有"系统设置程序"，主要用来设置 CMOS RAM 中的各项参数。这个程序在开机时按下某个特定键即可进入设置状态，并提供了良好的界面供操作人员使用。通常把这个设置 CMOS 参数的过程，也称为"BIOS 设置"。一旦 CMOS RAM 芯片中关于微机的配置信息不正确时，轻者会使得系统整体运行性能降低、软硬盘驱动器等部件不能识别，严重时就会由此引发一系列的软硬件故障。

b. 准备安装。单击"现在安装"按钮，如图 1-19 所示。

图 1-19　准备安装

c. 接受许可协议并选择安装类型。选中"我接受许可条款"复选框，单击"下一步"按钮，如图 1-20 所示。

如果是重装系统，请单击"自定义（高级）"按钮；如果想从 Windows XP 或 Windows Vista 升级到 Windows 7 系统，请单击"升级"按钮，如图 1-21 所示。

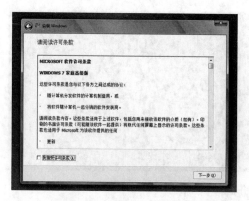

图 1-20 接受许可协议

图 1-21 选择安装类型

d. 选择安装盘并分区。这里磁盘还没有分区，如图 1-22 所示。选择"驱动器选项（高级）"选项，出现如图 1-23 所示的界面，可按需要新建分区。

图 1-22 选择安装盘

图 1-23 新建分区

e. 开始安装。单击"下一步"按钮，出现如图 1-24 所示的界面。这时就开始了安装，整个过程需要 10~20 min（具体时间取决于计算机的配置）。

图 1-24 安装过程

f. 重启计算机。输入个人信息，如图 1-25 所示。

图 1-25 　重启计算机并输入个人信息

　　g. 设置密码并激活系统。为系统设置密码，如图 1-26 所示；输入产品密钥以激活系统，如图 1-27 所示。

图 1-26 　设置密码 　　　　　　　　　　　　　图 1-27 　激活系统

　　h. 调整日期时间并完成配置。调整日期和时间，如图 1-28 所示。系统自动完成最后的配置工作，如图 1-29 所示。至此，Windows 7 操作系统安装完成。

图 1-28 　调整日期时间 　　　　　　　　　　　图 1-29 　完成配置

　　③ 安装操作系统需要注意的问题。

　　a. 对硬盘进行合理分区，选择适合的文件系统格式。在安装系统之前，首先应该对硬盘进行合理的规划。一般来说，操作系统会安装在硬盘的第一个分区上，由于 Windows 7 操作系统所具有的功能较多，因此其系统文件所占用的硬盘空间也相应增加；再考虑到应用软件和杀毒软件的安装，另外还要划出一部分空间作为系统运行所需的虚拟内存，建议 C 盘的空间至少要在 30 GB 以上，这样可以保证系统流畅地运行。

现在常用的文件系统格式一般为 FAT32 和 NTFS。NTFS 具有更高效的文件读取速度，并且支持文件加密管理功能，为用户提供更高层次的安全保证。由于 NTFS 在 DOS 下无法识别，这样如果系统崩溃，则很难通过常规手段对其进行恢复。因此，对于普通用户建议使用 FAT32 系统文件格式；对于高级用户来说，NTFS 是最佳的选择。

b. 硬件驱动程序的安装。操作系统安装完成后，最重要的就是进行硬件的驱动程序安装，如果驱动程序安装不正确，将会给操作系统带来致命的问题。Windows 特有的蓝屏现象，其中绝大多数都是由于驱动程序安装不正确，或是安装了没有经过微软验证的驱动程序。因此，建议在选择驱动程序时尽量到官方网站下载。

c. 安装系统补丁。由于操作系统是一个庞大而复杂的管理控制软件系统，因此其本身难免会存在各种漏洞，这些漏洞往往被病毒、木马、黑客等利用，从而影响用户系统的稳定与安全。补丁就是操作系统厂商对已发现的缺陷进行修补的程序，因此当安装完操作系统后，需要及时安装系统补丁程序，以增强系统的安全性，使系统更稳定。可以使用 Windows 7 系统自带的更新程序，也可以使用 360 安全卫士等第三方软件来对系统进行"打"补丁。

（2）系统优化

计算机使用者经常会有这样的疑问：一台 PC 经过格式化，新装上系统时，速度很快，但使用一段时间后，经常会出现计算机卡死、假死，网页打不开或者打开很慢、开关机需要 30 s 以上，以及运行大型程序后打开任何文件都很慢等情况。出现这种情况固然与系统中的软件增加、负荷变大有关系，但使用过程中硬盘碎片的增加，软件删除留下的无用注册文件，都有可能导致系统性能下降。因此需要对系统资源、系统服务、垃圾文件进行优化和清理，只要随时对计算机系统进行合理的维护、优化，养成良好的使用习惯，就可以使计算机永远以最佳的状态运行。

① 如何进行系统优化。通过对造成系统性能下降的主要原因进行分析，可以从以下几个方面对系统进行优化：

a. 合理使用硬盘。在安装操作系统和应用软件时，需要合理选择相应的分区。一般来说，C 盘上只安装操作系统、Office 以及杀毒软件等必备的软件。各种应用软件、游戏、影音文件放在除 C 盘的其他分区中。定期对 C 盘进行磁盘碎片整理。另外可以使用优化软件将"我的文档""网页缓存""上网历史""收藏夹"等经常要进行读、写、删除操作的文件夹设置到其他分区中来尽量避免其所产生的磁盘碎片降低硬盘性能。

b. 善待"桌面"。在计算机使用过程中，会发现桌面上相关的快捷方式、各种文档、各种临时文件等越来越多。这是个很坏的使用习惯，桌面只是 C 盘的一个文件夹，这样会造成系统资源占用过大而使系统变得不稳定。因此，需要合理规划桌面，对于不常用的快捷方式可以放在"开始菜单"或"任务工具栏"中。对于文档和临时文件，可以将其放在其他的磁盘中，桌面上只留下指向它的快捷方式即可。

c. 虚拟内存的设置。将虚拟内存设置成固定值已经是个普遍"真理"了，而且这样做是十分正确的，但绝大多数人都是将其设置到 C 盘以外的非系统所在分区上，而且其值多为物理内存的

2～3 倍。多数人都认为这个值越大系统的性能越好、运行速度越快。但事实并非如此，因为系统比较依赖于虚拟内存，如果虚拟内存较大，系统会在物理内存还有很多空闲空间时就开始使用虚拟内存，那些已经用不到的东西却还滞留在物理内存中，这就必然导致内存性能的下降。因此建议虚拟内存的大小设置为内存的 1～1.5 倍。如果 C 盘足够大，建议将虚拟内存设置在 C 盘，如果内存足够大，完全可以将其禁用。

d. 减少不必要的自启动程序，关闭不必要的系统服务。

e. 慎用"安全类"软件。"安全类"软件一般指实时性的防病毒软件和防火墙。一般一个系统中安装一个防病毒软件就足以应付日常的防护需要；防火墙是主机与外部网络之间的安全功能模块，其目的是为主机提供安全保护，控制网络访问机制，由于防火墙是根据安全策略来对网络访问进行控制的，因此如果策略配置出现错误，不仅会带来相应的网络访问故障，而且还会带来极大的安全隐患。

② Windows 7 优化大师。Windows 7 优化大师是一款功能强大的系统工具软件，它提供了全面有效且简便安全的系统检测、系统优化、系统清理、系统维护四大功能模块及数个附加功能的工具软件。使用 Windows 7 优化大师，能够有效地帮助用户了解自己的计算机软硬件信息；简化操作系统设置步骤；提升计算机运行效率；清理系统运行时产生的垃圾；修复系统故障及安全漏洞；维护系统的正常运转。

a. 系统优化。选择系统优化项目，可以完成对内存、缓存、IE、各种服务项目的优化。通过优化，能够使系统的内存环境更加优化，以及关闭不需要的服务协议，如图 1-30 所示。

b. 系统清理。利用"系统清理"功能，可以完成垃圾文件清理，磁盘空间分析、系统盘瘦身、注册表清理、用户隐私清理、系统字体清理等，如图 1-31 所示。

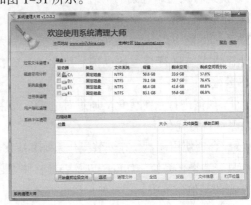

图 1-30 "系统优化"选项卡　　　　　图 1-31 "系统清理"功能

c. 安全优化。利用"安全优化"功能，可以完成对用户账户控制，用户登录管理、以及网络共享的有关设置等，如图 1-32 所示。

d. 系统设置。利用"系统设置"功能，能够完成系统设置、启动设置、右键菜单、"开始"菜单、系统文件夹、IE 管理大师、网络设置、运行快捷命令设置等，如图 1-33 所示。

e. 系统美化。可以使用"美化大师"功能完成系统外观设置、主题屏保设置、系统图标设置、文件类型图标、登录画面设置等，如图 1-34 所示。

图 1-32 "安全优化"选项卡

图 1-33 "系统设置"选项卡

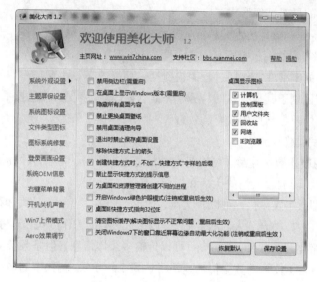

图 1-34 "美化大师"功能

拓展与提高

1. 信息技术

信息是描述客观事物运动状态及运动方式的数据，是以一定目的组织起来的，具有一定结构的数据集合。数据则是一组表示数量、行为和目标的、非随机的、可鉴别的符号。数据和信息有着密切关系，信息来源于数据。

（1）数据与信息

数据是对客观事物的符号表示。数据的形式有数值、文字、图形、图像、声音、动画和视频等。计算机中使用的数据可以分为数值数据和字符数据（非数值数据），通常用二进制代码来存储、传输和处理数据。数值、图形、文字等形式的信息，需要计算机按照一定的法则转换成二进制数，然后再由计算机来处理这些二进制数，即完成数据的处理。

信息是经过处理后获得的有意义的数据，也可以认为，信息是一切可以用二进制数进行编码的数据。信息具有时效性、针对性，信息有意义，数据没有意义。

数据和信息有着密切的关系，数据是信息的载体，数据是原材料，信息是产品，只有使用了正确的、可靠的数据才能提炼出有用的信息。

（2）信息技术简介

信息技术（Information Technology，IT）是指在信息科学的基本原理和方法的指导下扩展人类信息功能的技术。一般说，信息技术是以电子计算机和现代通信为主要手段实现信息的获取、加工、传递和利用等功能的技术总和。

信息技术的应用包括计算机硬件和软件、网络和通信技术、应用软件开发工具等。计算机和互联网普及以来，人们日益普遍地使用计算机来生产、处理、交换和传播各种形式的信息，如书籍、商业文件、报刊、唱片、电影、电视节目、语音、图形、影像等。

物联网和云计算作为信息技术新的高度和形态被提出、发展的。根据中国物联网校企联盟的定义，物联网为当下几乎所有技术与计算机互联网技术的结合，让信息更快更准地收集、传递、处理并执行，是科技的最新呈现形式与应用。

① 信息技术的特征。信息技术的特征应从如下两方面来理解：

a. 信息技术具有技术的一般特征——技术性。具体表现为方法的科学性、工具设备的先进性、技能的熟练性、经验的丰富性、作用过程的快捷性、功能的高效性等。

b. 信息技术具有区别于其他技术的特征——信息性。具体表现为信息技术的服务主体是信息，核心功能是提高信息处理与利用的效率、效益。

② 信息技术的发展趋势。

a. 数字化。信息技术数字化后，可以将大量信息进行压缩、光速传输和海量保存等。新的数字产品将不断地推出，影响着人们的生活和工作。

b. 多媒体化。即数字媒体化，可以将文本、图形、图像、音频、动画和视频等进行数字化并被容纳进多媒体的集合内，整合到人们的生活中，以接近人类的工作方式和思考方式来设计和操作。

c. 高速度、网络化和宽频带。Internet 可以传输多媒体信息，但是频带宽度还远远不够，下一代 Internet（Internet 2）技术的数据传输速率将达到 2.4 GB/s。宽频带的多媒体是未来信息技术的发展趋势之一。

d. 智能化。目前，信息处理设备和网络几乎都没有智能。随着信息技术的发展，在超媒体的世界里，"软件代理"可以替人们在网络上漫游。"软件代理"不再需要浏览器，它本身就是信息的寻找器，它能够收集任何想要在网络上获取的信息。

2. 计算机中的数制

日常生活中，人们接触最多的数值表示方法是十进制。此外，常见的还有六十进制（1 小时 60 分）、十二进制（1 年 12 个月）等。计算机中基本的数制是二进制，因为二进制只有"0"和"1"两个数，计算机电子设备中的电子器件有高电平和低电平两种状态，可以将高电平定义为"1"，低电平定义为"0"。这样，电子设备就可以用一组"高""低"电平变化的电脉冲信号来表示一个"二进制"数。

相对十进制而言，二进制数不但运算简单、易于物理实现、通用性强，更重要的优点是所占用的空间和所消耗的能量小得多，机器可靠性高。

（1）进位计数制的基本概念

所谓进位计数制（简称数制）就是按进位的方法计数。

① 进位计数制中的三个要素。

a. 基数。在不同的数制中，把某一进位计数制中涉及的数字符号的个数称为基数，用 r 表示。例如：十进制数有 0～9 十个数码，则其基数是 10。

b. 数位。是指数码在数中的位置。

c. 位权。在进位计数制中，处于不同数位的数码代表的数值不同。也就是说数字在不同的位置上代表的权力不同，这个权力就叫位权（数码在不同数位上的权值）。

例如：十进制数 999.99。

个位数上的 9，其数值为 9×1，权值为 10^0。

十位数上的 9，其数值为 9×10，权值为 10^1。

百位数上的 9，其数值为 9×100，权值为 10^2。

第一位小数上的 9，其数值为 9×0.1，权值为 10^{-1}。

第二位小数上的 9，其数值为 9×0.01，权值为 10^{-2}。

所以，对十进制数，第 n 位整数的权值便是 10^{n-1},如果是第 m 位小数，则其权值为 10^{-m}；对于一般数制，第 n 位整数的位权是 r^{n-1}，第 m 位小数的位权则为 r^{-m}，其中 r 为基数。

② 几种进位计数制的特点。用二进制数表示数值，位数太长，不易识别，书写麻烦，于是人们在书写二进制数值时，常用相应的十六进制数或八进制数替换。因此，计算机中经常用到的数制有十进制数、二进制数、十六进制数和八进制数。4 位二进制数与其他数制的对照如表 1-2 所示。

表 1-2 十进制、二进制、八进制、十六进制对照表

十 进 制	二 进 制	八 进 制	十 六 进 制	十 进 制	二 进 制	八 进 制	十 六 进 制
0	0000	0	0	8	1000	10	8
1	0001	1	1	9	1001	11	9
2	0010	2	2	10	1010	12	A
3	0011	3	3	11	1011	13	B
4	0100	4	4	12	1100	14	C
5	0101	5	5	13	1101	15	D
6	0110	6	6	14	1110	16	E
7	0111	7	7	15	1111	17	F

- 十进制数有 0～9 十个数码，基数是 10，进位原则是逢十进一。
- 二进制数有 0 和 1 两个数码，基数是 2，进位原则逢二进一。
- 八进制数有 0～7 八个数码，其数是 8，进位原则是逢八进一。
- 十六进制数有 0～9 和 A、B、C、D、E、F 共 16 个数码，其中 A～F 分别代表十进制中的数 10～15，基数是 16，进位原则逢十六进一。

在计算机中为了区分它们，有两种方式表示：

a. 在数字后面加英文字母作为标识，如：

1011B   表示二进制数

23O   表示八进制数

18D   表示十进制数

1EH   表示十六进制数

b. 在括号外面加数字下标，如：

$(1011)_2$ 表示二进制数

$(12)_8$ 表示八进制数

$(19)_{10}$　　　　　　表示十进制数

$(1D)_{16}$　　　　　　表示十六进制数

（2）数制转换

① 二进制、八进制、十六进制数转换成十进制数——按位权相加法。

在十进制中，一个十进制数 198.06 可按位权展开：

$(198.06)_{10}=1 \times 10^2+9 \times 10^1+8 \times 10^0+0 \times 10^{-1}+6 \times 10^{-2}$

这里，10 称为十进制的"基"数，10^0、10^1、10^2……叫作十进制各位的"权"数。1、9、8、0、6 叫作基为 10 的"系数"。这种展开方法称为按位权相加。

一般地，可将任何一种数制的展式表示成下面的形式：

$N=d_n \times r^{n-1}+d_{n-1} \times r^{n-2}+\ldots+d_1 \times r^0+d_{-1} \times r^{-1}+\ldots+d_{-m} \times r^{-m}$

其中，d 为系数，r 为基数。n、m 为正整数，分别代表整数位和小数位的位数。例如二进制数 1011.101、八进制数 476.667、十六制数 B5A.E3 的按位权展开式为

$(1011.101)_2=1 \times 2^3+0 \times 2^2+1 \times 2^1+1 \times 2^0+1 \times 2^{-1}+0 \times 2^{-2}+1 \times 2^{-3}$

$(476.667)_8=4 \times 8^2+7 \times 8^1+6 \times 8^0+6 \times 8^{-1}+6 \times 8^{-2}+7 \times 8^{-3}$

$(B5A.E3)_{16}=11 \times 16^2+5 \times 16^1+10 \times 16^0+14 \times 16^{-1}+3 \times 16^{-2}$

因此，采用"按位权相加法"可将二进制、八进制、十六进制数转换成十进制数。

例 1：将 $(11001.1001)_2$ 转换为十进制数。

$(11001.1001)_2=1 \times 2^4+1 \times 2^3+0 \times 2^2+0 \times 2^1+1 \times 2^0+1 \times 2^{-1}+0 \times 2^{-2}+0 \times 2^{-3}+1 \times 2^{-4}=(25.5625)_{10}$

例 2：将 $(123)_8$ 转换为十进制数。

$(123)_8=1 \times 8^2+2 \times 8^1+3 \times 8^0=(83)_{10}$

例 3：将 $(1A2D)_{16}$ 转换为十进制数。

$(1A2D)_{16}=1 \times 16^3+10 \times 16^2+2 \times 16^1+13 \times 16^0=(6701)_{10}$

② 十进制数转换为二、八、十六进制数。十进制数转换成二进制数、八进制数和十六进制数的原理相同，转换时，整数部分和小数部分分别进行转换。

a. 整数部分的转换——除基取余法。所谓"除基取余法"，就是将已知十进制数反复除以转换进制的基数 r，第一次除后的商作为下次的被除数，余数作为转换后相应的进制数的一个数码。第一次相除得到的余数是该进制数的低位（K_0），最后一次余数是该进制数的高位（K_{n-1}）。从低位到高位逐次进行，直到商是 0 为止，则 $K_{n-1}K_{n-2}\cdots K_1K_0$ 即为所求转换后的数。

例 4：将 $(236)_{10}$ 转换成二进制数。

计算过程如下：

```
2| 2 3 6        余数
  2| 1 1 8  ……………… 0    二进制数的低位
    2| 5 9  ……………… 0
     2| 2 9 ……………… 1
      2| 1 4 ……………… 1
        2| 7 ……………… 0
        2| 3 ……………… 1
        2| 1 ……………… 1    二进制数的高位
          0 ……………… 1
```

$(236)_{10}=(11101100)_2$

b. 小数部分的转换——乘基取整法。所谓"乘基取整法"，就是将已知十进制小数反复乘以转换进制的基数 r，每次乘 r 后，所得乘积有整数部分和小数部分，整数部分作为转换后相应的进制数的一个数码，小数部分继续乘 r。从高位向低位依次进行，直到其满足精度要求或乘 r 后小数部分为 0 时停止。最后一次乘 r 所得的整数部分为 K_{-m}。所得的小数为 $0.K_{-1}K_{-2}\cdots K_{-m}$。

例 5：将 $(0.78125)_{10}$ 转换成二进制。

计算过程如下：

纯小数乘 2	乘积后的纯小数部分	乘积后的整数部分
0.78125×2	0.56250	1
0.5625×2	0.125	1
0.125×2	0.25	0
0.25×2	0.5	0
0.5×2	0.0	1

$(0.78125)_{10}=(0.K_{-1}K_{-2}K_{-3}K_{-4}K_{-5})=(0.11001)_2$

如果十进制小数在转换时，乘积取整不为 0 或产生循环，只要保留所要求的精度即可。

例 6：将 $(0.425)_{10}$ 转换成八进制。

纯小数乘 8	乘积后的纯小数部分	乘积后的整数部分
0.425×8	0.400	3
0.400×8	0.200	3
0.200×8	0.600	1
0.600×8	0.800	4
0.800×8	0.400	6

如果取 5 位小数能满足精度要求，则：

$(0.425)_{10} \approx (0.33146)_8$

可见，十进制小数不一定能转换成完全等值的其他进制小数。遇到这种情况时，根据精度要求，取近似值即可。

例 7：将 $(236.6531)_{10}$ 转换为二进制数。

$(236)_{10}=(11101100)_2$

$(0.6531)_{10} \approx (0.101001)_2$

$(236.6531)_2 \approx (11101100.101001)_2$

③ 二进制数转换为八、十六进制数。

二进制数转换成八进制数的依据是每 3 位二进制数表示成 1 位八进制数，将二进制数整数部分从低位到高位，每 3 位对应 1 位八进制数进行转换，不足 3 位时在前面补 0；小数部分则从最高位开始，每 3 位对应 1 位八进制数进行转换，不足 3 位时在后面补 0。

二进制数转换成十六进制数的依据是每 4 位二进制数表示成 1 位十六进制数，将二进制数整数部分从低位到高位，每 4 位对应 1 位十六进制数进行转换，不足 4 位时在前面补 0；小数部分则从最高位开始，每 4 位对应 1 位十六进制数进行转换，不足 4 位时在后面补 0。

例 8：把(1101001)₂ 转换成八进制数。

(001　101　001)₂

　　↓　　↓　　↓

(1　　5　　1)₈

(1101001)₂=(151)₈

例 9：把二进制小数(0.0100111)₂ 转换成八进制小数。

(0.010　　011　　100)₂

　　↓　　　↓　　　↓

(0.2　　3　　4)₈

(0.0100111)₂=(0.234)₈

例 10：把(101101101.0100101)₂ 转换成十六进制数。

(0 001　0110　1101 .0100　1010)₂

　　↓　　↓　　↓　　↓　　↓

(1　　6　　D . 4　　A)₁₆

(101101101.0100101)₂=(16D.4A)₁₆

④ 八、十六进制数转换成二进制数。八进制和十六进制数转换成二进制数只需将八进制数的每 1 位展开成对应的 3 位二进制数；十六进制数的每 1 位展开成对应的 4 位二进制数即可。

例 11：把八进制数(643.503)₈ 转换成二进制数。

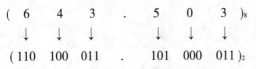

(6　4　3 . 5　0　3)₈

↓　↓　↓　　↓　↓　↓

(110　100　011 .　101　000　011)₂

(643.503)₈=(110100011.101000011)₂

例 12：将(1863.5B)₁₆ 转换成二进制数。

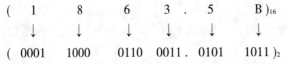

(1　8　6　3 . 5　　B)₁₆

↓　↓　↓　↓　↓　　↓

(0001　1000　0110　0011 . 0101　1011)₂

(1863.5B)₁₆=(1100001100011.01011011)₂

3．字符编码

计算机中的数据可分为数值型和非数值型数据。其中数值型数据就是常说的“数”（如整数、实数等），它们在计算机中是以二进制数形式存放的；非数值型数据与一般的“数”不同，通常不表示数值的大小，只表示字符，非字符型数据还包括各种控制符号和图形符号等信息。为了便于计算机识别和处理，字符在计算机中是用二进制编码表示的，用以表示字符的二进制编码称为字符编码，目前使用最广泛的字符编码是 ASCII 码（American Standard Code for Information Interchange，美国信息交换标准代码）和 BCD 码（Binary Code Decimal 二–十进制编码）。

（1）ASCII 码

标准 ASCII 码使用 7 位二进制编码，共有 128 个字符，如表 1–3 所示。

表 1-3　7 位 ASCII 码表

$d_3d_2d_1d_0$	$d_6d_5d_4$							
	000	001	010	011	100	101	110	111
0000	NUL	DLE	SP	0	@	P	`	p
0001	SOH	DC1	!	1	A	Q	a	q
0010	STX	DC2	"	2	B	R	b	r
0011	ETX	DC3	#	3	C	S	c	s
0100	EOT	DC4	$	4	D	T	d	t
0101	ENQ	NAK	%	5	E	U	e	u
0110	ACK	SYN	&	6	F	V	f	v
0111	BEL	ETB	'	7	G	W	g	w
1000	BS	CAN	(	8	H	X	h	x
1001	HT	EM	)	9	I	Y	i	y
1010	LF	SUB	*	:	J	Z	j	z
1011	VT	ESC	+	;	K	[	k	{
1100	FF	FS	,	<	L	\	l		
1101	CR	GS	–	=	M	]	m	}
1110	SO	RS	·	>	N	↑	n	~
1111	SI	HS	/	?	O	←	o	DEL

　　每个字符用 7 位二进制数表示，其排列次序为 $d_6d_5d_4d_3d_2d_1d_0$，d_6 为最高位，d_0 为最低位。从表 1-3 中可以查出："a"字符的编码为 1100001，对应的十进制数是 97；"A"字符的编码为 1000001，对应的十进制数是 65。

　　因为计算机基本存储单位为字节（1 B=8 bit），所以一般以 1 个字节来存放 1 个 ASCII 字符，每个字节中多余出来的 1 位（最高位）用 0 填充。

　　（2）BCD 码

　　BCD 码是用二进制编码形式表示十进制数，BCD 码有多种编码方法，常用的有 8421 码。表 1-4 是十进制数 0~19 的 8421 编码表。

表 1-4　十进制数与 BCD 码的对照表

十进制数	8421 码	十进制数	8421 码
0	0000	10	0001 0000
1	0001	11	0001 0001
2	0010	12	0001 0010
3	0011	13	0001 0011
4	0100	14	0001 0100
5	0101	15	0001 0101
6	0110	16	0001 0110
7	0111	17	0001 0111
8	1000	18	0001 1000
9	1001	19	0001 1001

BCD 码是用 4 位二进制数表示 1 位十进制数，自左向右每位对应的位权是 8、4、2、1。这种方法比较直观、简便，对于多位数，只需将它的每一位数字按表 1– 4 中所列的对应关系用 8421码直接列出即可。例如，十进制数转换成 BCD 码如下：

$(1209.56)_{10}=(0001\ 0010\ 0000\ 1001.0101\ 0110)_{BCD}$

8421 码与二进制之间的转换不是直接的，要先将其表示的数转换成十进制数，再将十进制数转换成二进制数。例如：

$(1001\ 0010\ 0011.0101)_{BCD}=(923.5)_{10}=(1110011011.1)_2$

（3）汉字编码

英文是拼音文字，通过键盘输入时采用不超过 128 种（大、小写字母，数字和其他符号）字符的字符集就能满足英文处理的需要，编码较容易；而且在一个计算机系统中，输入、内部处理和存储都可以使用同一编码（一般是 ASCII 码）。汉字是象形文字，种类繁多，编码比较困难，而且在一个汉字处理系统中，输入、内部处理、输出对汉字编码的要求也不尽相同，因此要进行一系列的汉字编码及转换。汉字信息处理中各编码及流程如图 1–35 所示。

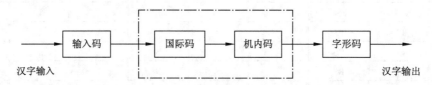

图 1–35　汉字信息处理中各编码及流程

① 汉字输入码。汉字输入码就是利用键盘输入汉字时所用的编码。常用的输入码有拼音码、五笔字型码、自然码、表形码等，一种好的编码应有编码规则简单、易学好记、操作方便、重码率低、输入速度快等特点。

为了提高输入速度，输入方法走向智能化是目前研究的内容。未来的智能化方向是基于模式识别的语音识别输入、手写输入或扫描输入。

② 汉字国标码。汉字国标码是指我国 1980 年发布的《信息交换汉字编码字符集　基本集》，标准号为 GB/T 2312—1980，简称国标码。

③ 汉字机内码。1 个国标码占 2 个字节，每字节的最高位为 0；英文字符的机内码是 7 位 ASCII码，最高位也为 0。为了在计算机内部区分汉字编码和 ASCII 码，将国标码的每字节的最高位由 0变为 1，变换后的国标码称为汉字机内码。

汉字机内码又称内码，它是在计算机内部进行存储、处理和传输所使用的汉字编码。不论使用何种输入码，输入的汉字在机器内部都要转换成统一的汉字机内码，其后才能在机器内传输、处理。

④ 汉字字形码。汉字字形码又称汉字输出码。汉字是一种象形文字，每个汉字都是个特定的图形，它可以用点阵来描述。例如，如图 1–36 所示，如果用 16×16 点阵来表示 1 个汉字，则该汉字图形由 16 行 16 列共 256 个点构成，这 256 个点需用256 个二进制的位来描述。约定当二进制位值为"1"表示对应点为黑，"0"表示对应点为白。1 个 16×16 点阵的汉字需要 2×16=32 B 用于存储图形信息，这就构成了 1 个汉字的图形

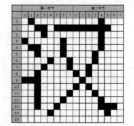

图 1–36　"汉"字 16×16 点阵字形

码，所有汉字的图形码就构成了汉字字库。

4. 多媒体技术

（1）多媒体与多媒体技术基础知识

① 媒体的种类。多媒体译自英文 Multimedia，为了引入多媒体这个概念，首先应当明确什么是媒体。媒体指的是信息传递和存储的最基本的技术、手段和工具，或者说媒体是信息的存在形式和表现形式，是承载信息的载体。按照国际电信联盟（ITU）电信标准部（TSS）的建议，定义媒体有以下 5 类：

a. 感觉媒体（Perception Medium）。指直接作用于人的感觉器官（听觉、视觉、味觉、嗅觉和触觉），使人产生直接感觉的媒体。如引起听觉反应的声音，引起视觉反应的图像等。

人类感知信息的第一个途径是视觉，人们从外部世界获取信息的 70%～80% 是从视觉获得的；第二个途径是听觉，10% 左右的信息是通过听觉获得的；第三个途径是嗅觉、味觉和触觉，获取的信息量约占 10%。目前，计算机可以处理文字、图形、图像、动画和视频等视觉媒体和声音、语言、音乐等听觉媒体，触觉媒体也可以由计算机识别和处理。

b. 表示媒体（representation Medium）。指为了传输感觉媒体而人为研究出来的媒体，借助于此种媒体，它以编码的形式反映不同的感觉媒体，能有效地存储感觉媒体或将感觉媒体从一个地方传送到另一个地方。如生活中的电报码和条形码，计算机中的图像编码、文本编码和声音编码等。

c. 表现媒体（Presentation Medium）。指感觉媒体输入到计算机中或通过计算机展示感觉媒体的物理设备，即获取和显示感觉媒体信息的计算机输入和输出设备。如键盘、鼠标、扫描仪、话筒、摄像机等为输入媒体；显示器、打印机、喇叭等为输出媒体。

d. 存储媒体（Storage Medium）。指用于存储表示媒体的物理设备，如硬盘、光盘、ROM 及 RAM 等。

e. 传输媒体（Transmission Medium）。指传输表示媒体的物理设备，如电缆、光缆等。

在使用多媒体计算机中，人们首先通过表现媒体的输入设备将感觉媒体转换为表示媒体，再存放在存储媒体中，计算机将存储媒体中的表示媒体进行加工处理，然后通过表现媒体的输出设备将表示媒体还原成感觉媒体，反馈给用户。5 种媒体的核心是表示媒体，所以通常将表示媒体称为媒体。因此，可以认为多媒体就是多样化的表示媒体。常见的多媒体有文字、图形、图像、声音、动画和视频等。

② 多媒体技术简介。多媒体技术是指能够同时对两种或两种以上的媒体（文字、音频、图形、图像和视频等）进行数字化采集、操作（压缩/解压缩）、编辑、存储等综合加工处理，再以单独或合成形式表现出来的技术。多媒体技术与计算机技术是密不可分的，具有多媒体处理能力的计算机被统称为多媒体计算机。

目前，多媒体技术向 3 个方向发展：一是计算机系统本身的多媒体化；二是多媒体技术与视频点播、智能化家电、网络通信等技术相结合，使多媒体技术进入教育、咨询、娱乐、企业管理和办公自动化等领域；三是多媒体技术与控制技术相互渗透，进入工业自动化及测控等领域。

多媒体技术应用涉及许多相关技术，因此多媒体技术是一门多学科的综合技术。多媒体技术的主要内容有以下几方面：

a. 多媒体网络技术。因特网（Internet）是一个通过网络设备把世界各国的计算机相互连接在一起的计算机网络，人们将其看成是信息高速公路的起点。人们通过连入互联网，尽情享用其提供的服务和信息资源。因特网上已经开发了很多应用，可分为两类：一类是以文本为主的数据通信，包括文件传输、电子邮件、远程登录、网络新闻和电子商务等；另一类是以声音和电视图像为主的通信，通常把上述两类内容称为多媒体网络技术。

b. 多媒体存储技术。它包括了多媒体数据库技术和海量数据存储技术。多媒体数据库技术的特点是数据类型复杂、信息量大，而近年来光盘技术的发展，大大带动了多媒体数据库技术及大容量数据存储技术的进步。此外，多媒体数据中的声音和视频图像都是与时间有关的信息，在很多场合要求实时处理（压缩、传输、解压缩），同时多媒体数据的查询、编辑、显示和演播，这些都向多媒体数据库技术提出了更高的要求。

c. 多媒体计算机专用芯片技术。大规模集成电路的发展，使得多媒体计算机的运算速度和内存容量大幅度提高。

d. 多媒体输入/输出技术。它涉及各种媒体外设以及相关的接口技术，包括媒体转换技术、媒体识别技术、媒体理解技术和媒体综合技术。

e. 多媒体系统软件技术。它主要包括多媒体操作系统、多媒体数据库管理系统。当前的操作系统都包括了对多媒体的支持，可以方便地利用媒体控制接口（MCI）和底层应用程序接口（API）进行应用开发，而不必关心物理设备的驱动程序。

f. 多媒体数据压缩技术。它主要包括算法、实现视频及音频压缩的硬件、标准化规定、专用芯片等。它使得实时传输大容量的图像数据成为可能。

③ 多媒体技术的基本特征。

a. 交互性。多媒体的交互性是多媒体技术的关键特征。信息以超媒体结构进行组织，可以方便地实现人机交互。换言之，人可以按照自己的思维习惯，按照自己的意愿主动地选择和接受信息，拟定观看内容的路径。

b. 集成性。多媒体的集成性包括两方面，一是多媒体信息媒体的集成，采用数字信号，可以综合处理文字、声音、图形、动画、图像、视频等多种信息，并将这些不同类型的信息有机地结合在一起。

另一个是处理这些媒体的设备和系统的集成，在多媒体系统中，各种信息媒体不是像过去那样采用单一方式进行采集与处理，而是多通道同时统一采集、存储与加工处理，更加强调各种媒体之间的协同关系及利用它所包含的大量信息。

c. 多样性。多媒体技术的多样性是指多媒体种类的多样化。它把计算机所能处理的信息媒体的种类或范围扩大，不仅局限于原来的数据、文本，而是广泛采用图像、图形、音频、视频等信息形式来表达思想。

d. 实时性。由于多媒体系统需要处理各种复合的信息媒体，决定了多媒体技术必然要支持实时处理。接收到的各种信息媒体在时间上必须是同步的，比如语音和活动的视频图像必须严格同步，因此，要求实时性甚至是强实时（Hard Real Time）。例如，电视会议系统的声音和图像不允许存在停顿，必须严格同步，包括"唇音同步"，否则传输的声音和图像就失去意义。

（2）模拟音频和数字音频

人耳是声音的主要感觉器官，人们从自然界中获得的声音信号和通过传声器得到的声音电信号在时间和幅度上都是连续变化的，时间上连续、而且幅度随时间连续变化的信号称为模拟音频信号（如声波就是模拟信号，音响系统中传输的电流、电压信号也是模拟信号）；时间和幅度上不连续或是离散的，只有 0 和 1 两种变化的信号称为数字音频信号。

① 数字音频的要素。数字音频的质量与以下 3 个要素有关：

a. 采样频率。简单地说就是通过波形采样的方法记录 1 s 长度的声音，需要多少个数据。44 KHz 采样率的声音就是要花费 44 000 个数据来描述 1 s 的声音波形。原则上采样率越高，声音的质量越好。

b. 量化位数。简单地说就是描述声音波形的数据是多少位的二进制数据，通常用 bit 做单位，如 16 bit、24 bit。我们形容数字声音的质量，通常就描述为 24 bit、48 KHz 采样，如标准 CD 音乐的质量就是 16 bit、44.1 kHz 采样。

c. 声道数。是指所使用的声音通道的个数，有单声道和双声道之分。双声道又称为立体声，在硬件中要占两条线路，音质、音色好，但立体声数字化后所占空间比单声道多一倍。

② 数字音频文件的种类。数字音频文件的种类很多，主要有 WAV、MIDI、MP3、VOC、VOX、SIFF、MOD 和 CD 等数字音频文件。在多媒体应用中主要使用下述数字音频文件：

a. WAV 波形数字音频文件。是微软公司开发的一种声音文件格式，是最早的数字音频格式，被 Windows 平台及其应用程序广泛支持。WAV 格式支持许多压缩算法，支持多种音频位数、采样频率和声道，跟 CD 一样，对存储空间需求太大不便于交流和传播。

b. MIDI 数字音频文件。MIDI（Musical Instrument Digital Interface），又称乐器数字接口，是数字音乐/电子合成乐器的统一国际标准，可以模拟多种乐器的声音。MIDI 文件就是 MIDI 格式的文件，在 MIDI 文件中存储的是一些指令。把这些指令发送给声卡，由声卡按照指令将声音合成出来。

c. MP3 数字音频文件。MP3（MPEG–1 Audio Layer 3）在 1992 年合并至 MPEG 规范中。MP3 能够以高音质、低采样率对数字音频文件进行压缩。换句话说，音频文件（主要是大型文件，如 WAV 文件）能够在音质丢失很小的情况下（人耳根本无法察觉这种音质损失）把文件压缩到更小的程度。

（3）图像

① 图像的分类。图像格式大致可分为两类：一类为位图；另一类为矢量图。位图图像又称点阵图像，位图使用我们称为像素的一格一格的小点来描述图像。矢量图是根据几何特性来绘制图形，是用线段和曲线描述图像。两者的区别如下：

a. 矢量图与分辨率无关，可以将它缩放到任意大小和以任意分辨率在输出设备上打印出来，都不会影响清晰度；而位图是由一个一个的像素点组成的，当放大图像时，像素点也放大了，但每个像素点表示的颜色是单一的，所以以在位图放大后就会出现马赛克状。

b. 位图表现的色彩比较丰富，可逼真表现自然界各类实物；而矢量图形色彩不丰富，无法表现逼真的实物，矢量图常常用来表示标识、图标、Logo 等简单直接的图像。

c. 由于位图表现的色彩比较丰富，图像清晰，占用空间大；矢量图形表现的图像颜色比较单一，所以所占用的空间较小。

d. 矢量图可以很轻松地转化为位图，而位图要想转换为矢量图必须经过复杂而庞大的数据处理，而且生成的矢量图质量也会有很大的出入。

② 图像的主要参数

a. 分辨率。分辨率可分为显示分辨率与图像分辨率。显示分辨率是显示器在显示图像时的分辨率，分辨率是用点来衡量的，显示器上的这个"点"即像素(pixel)。显示分辨率的数值是指整个显示器所有可视面积上水平像素和垂直像素的数量。例如 800×600 像素的分辨率，是指在整个屏幕上水平显示 800 个像素，垂直显示 600 个像素。

图像分辨率是指组成一帧图像的像素个数。例如，400×300 像素的图像分辨率表示该幅图像由 300 行，每行 400 个像素组成。它既反映了该图像的精细程度，又反映了该图像的大小。

如果图像分辨率大于显示分辨率，则图像会显示其中的一部分。在显示分辨率一定的情况下，图像分辨率越高，图像越清晰，但图像的文件越大。

b. 颜色深度。颜色深度简单说就是最多支持多少种颜色，一般是用"位"来描述的。例如，如果一个图片支持 256 种颜色（如 GIF 格式），那么就需要 256 个不同的值来表示不同的颜色，也就是从 0 到 255，用二进制表示就是从 00000000 到 11111111，总共需要 8 位二进制数，所以颜色深度是 8。如果是 BMP 格式，则最多可以支持红、绿、蓝各 256 种，总共 24 位，所以颜色深度是 24。

c. 颜色模式。颜色模式是将某种颜色表现为数字形式的模型，或者说是一种记录图像颜色的方式。有 RGB 模式、CMYK 模式、HSB 模式、Lab 颜色模式、灰度模式等。

RGB 模式是通过对红（R）、绿（G）、蓝（B）3 个颜色通道的变化以及它们相互之间的叠加来得到各式各样的颜色的，这个标准几乎包括了人类视力所能感知的所有颜色，是目前运用最广的颜色系统之一。

CMYK 模式是最佳的打印模式，RGB 模式尽管色彩多，但不能完全打印出来。CMYK 代表印刷上用的 4 种颜色，C 代表青色（Cyan），M 代表洋红色（Magenta），Y 代表黄色（Yellow），K 代表黑色（Black）。

HSB 色彩模式是基于人眼的一种颜色模式，它与人眼观察颜色的方式最接近，是一种定义颜色的直观方式。是普及型设计软件中常见的色彩模式，其中 H 代表色相；S 代表饱和度；B 代表亮度。

灰度模式用单一色调表现图像，一个像素的颜色用 8 位二进制码来表示，一共可表现 256 阶（色阶）的灰色调（含黑和白），也就是 256 种明度的灰色，是从黑→灰→白的过渡，如同黑白照片。

③ 图像文件格式。对于图形图像，由于记录内容和压缩方式不同，其文件格式也不同。不同的文件格式具有不同的文件扩展名。常见的图像文件格式有 BMP、GIF、JPG、TIF、TGA、PCX、PNG 和 PSD 等。

a. BMP（Bit Map Picture）。是 PC 上最常用的位图格式，有压缩和不压缩两种形式，该格式可表现从 2 位到 24 位的色彩，分辨率也可从 480×320 像素至 1 024×768 像素。该格式在 Windows 环境下相当稳定，在文件大小没有限制的场合中运用极为广泛。

b. JPG（Joint Photographic Expert Group）。可以大幅度地压缩图形文件的一种图形格式。对于同一幅画面，JPG 格式存储的文件是其他类型图形文件的 1/10 到 1/20，而且色彩数最高可达到 24 位，所以它被广泛应用于 Internet 上的 homepage 或 Internet 上的图片库。

c. TIF（Tagged Image File Format）。文件体积庞大，但存储信息量亦巨大，细微层次的信息较多，有利于原稿阶调与色彩的复制。该格式有压缩和非压缩两种形式，最高支持的色彩数可达 16 MB。

d. PSD（Photoshop Standard）：Photoshop 中的标准文件格式，专门为 Photoshop 而优化的格式。

e. GIF（Graphics Interchange Format）。在各种平台的各种图形处理软件上均可处理的经过压缩的图形格式。支持多图像文件和动画文件。缺点是存储色彩最高只能达到 256 种。

f. PNG （Portable Network Graphics）。便携式网络图形，是一种无损压缩的位图图形格式，支持索引、灰度、RGB3 种颜色方案以及 Alpha 通道等特性，最高支持 48 位真彩色图像以及 16 位灰度图像。较旧的浏览器和程序可能不支持 PNG 文件。

（4）视频

动态图像包括动画和视频信息，是连续渐变的静态图像或图形序列，沿时间轴顺次更换显示，从而构成运动视感的媒体。当序列中每帧图像是由人工或计算机产生的图像时，我们常称作动画；当序列中每帧图像是通过实时摄取自然景象或活动对象时，我们常称为影像视频，或简称为视频。动态图像演示常常与声音媒体配合进行，两者的共同基础是时间连续性。一般意义上谈到视频时，往往也包含声音媒体。

视频是计算机中多媒体系统中的重要一环。为了适应存储视频的需要，人们设定了不同的视频文件格式来把视频和音频放在一个文件中，以方便同时回放。

① AVI 格式。比较早的 AVI 是 Microsoft 开发的。其含义是 Audio Video Interactive，就是把视频和音频编码混合在一起存储。AVI 格式上限制比较多，只能有一个视频轨道和一个音频轨道，还可以有一些附加轨道，如文字等。AVI 格式不提供任何控制功能。

② WMV 格式。WMV（Windows Media Video）是微软公司开发的一组数位视频编解码格式的通称，ASF（Advanced Systems Format）是其封装格式。ASF 封装的 WMV 格式具有"数位版权保护"功能。

③ MPEG 格式。MPEG（Moving Picture Experts Group）是国际标准化组织（ISO）认可的媒体封装形式，受到大部分机器的支持。其存储方式多样，可以适应不同的应用环境。MPEG 的控制功能丰富，可以有多个视频（即角度）、音轨、字幕（位图字幕）等。

④ DV 格式。DV（数字视频）是指用数字格式捕获和存储视频的设备（诸如便携式摄像机）。有 DV 类型 I 和 DV 类型 II 两种 AVI 文件格式。

⑤ MKV 格式。MKV（Matroska）是一种新的多媒体封装格式，这个封装格式可把多种不同编码的视频及 16 条或以上不同格式的音频和语言不同的字幕封装到一个 Matroska Media 内。Matroska 还可以提供非常好的交互功能，而且比 MPEG 的功能更方便、强大。

⑥ RM / RMVB 格式。Real Video 或者称 Real Media（RM）档是由 RealNetworks 开发的一种文件格式，它通常只能容纳 Real Video 和 Real Audio 编码的媒体。该格式带有一定的交互功能，允许编写脚本以控制播放。RM，尤其是可变比特率的 RMVB 格式，体积很小，受到网络下载者的欢迎。

⑦ MOV 格式。MOV 即 QuickTime 影片格式，是由苹果公司开发的文件格式，由于苹果计算机在专业图形领域的统治地位，QuickTime 格式基本上成为电影制作行业的通用格式。1998 年 2 月 11 日，国际标准组织（ISO）认可 QuickTime 格式作为 MPEG-4 标准的基础。

（5）多媒体数据压缩技术

在多媒体计算机系统中，信息从单一媒体转到多种媒体；若要表示、传输和处理大量数字化了的声音、图片、影像视频信息等，数据量是非常大的。例如，一幅具有中等分辨率（640×480像素）的真彩色图像（24 位/像素），它的数据量约为每帧 7.37 MB。若要达到每秒 25 帧的全动态显示要求，每秒所需的数据量为 184 MB，而且要求系统的数据传输速率必须达到 184 Mbit/s，这在目前是无法达到的。对于声音也是如此。若用 16 位/样值的 PCM 编码，采样速率为 44.1 kHz，则双声道立体声声音每秒将有 176 KB 的数据量。

由此可见音频、视频的数据量之大。如果不进行处理，计算机系统几乎无法对它进行存取和交换。因此，在多媒体计算机系统中，为了达到令人满意的图像、视频画面质量和听觉效果，必须解决视频、图像、音频信号数据的大容量存储和实时传输问题。解决的方法，除了提高计算机本身的性能及通信信道的带宽外，更重要的是对多媒体进行有效的压缩。

数据的压缩实际上是一个编码过程，即把原始的数据进行编码压缩。数据的解压缩是数据压缩的逆过程，即把压缩的编码还原为原始数据。

① 有损压缩和无损压缩。根据解码后数据与原始数据是否完全一致进行分类，压缩方法被分为有损压缩（有失真压缩）和无损压缩（无失真压缩）两大类。

有损压缩是利用了人类对图像或声波中的某些频率成分不敏感的特性，允许压缩过程中损失一定的信息；虽然不能完全恢复原始数据，但是所损失的部分对理解原始图像的影响较小，却换来了大得多的压缩比。有损压缩广泛应用于语音、图像和视频数据的压缩。MP3、JPEG、RM、RMVB、WMA、WMA 等都是有损压缩。

无损压缩的压缩比较低，一般在 2∶1 至 5∶1 之间，广泛应用于文本数据、程序和重要图形或图像（如指纹和医学图像等）。无损压缩是利用数据的统计冗余进行压缩，又称可逆编码，其原理是统计被压缩数据中的重复数据的出现次数来进行编码。解压缩是对压缩的数据进行重构，重构后的数据与原来的数据完全相同。无损压缩能够确保压缩后的数据不失真，是对原始对象的完整复制。

② 常见压缩编码的国际标准。目前最流行的关于压缩编码的国际标准有彩色静止图像的压缩方式 JPEG、彩色运动图像的压缩方式 MPEG、电视电话/会议电视编码方式 H.261。

JPEG（Joint Photogragh Experts Group，联合图像专家小组）是一种基于 DCT 的静止图像压缩和解压缩算法，它由 ISO（国际标准化组织）和 CCITT（国际电报电话咨询委员会）共同制定，并在 1992 年后被广泛采纳后成为国际标准。它是把冗长的图像信号和其他类型的静止图像去掉，甚至可以减小到原图像的百分之一（压缩比 100∶1）。但是在这个级别上，图像的质量并不好；压缩比为 20∶1 时，能看到图像稍微有点变化；当压缩比大于 20∶1 时，一般来说图像质量开始变坏。

MPEG（Moving Pictures Experts Group，动态图像专家组）实际上是指一组由 ITU 和 ISO 制定发布的视频、音频、数据的压缩标准。它采用的是一种减少图像冗余信息的压缩算法，它提供的压缩比可以高达 200∶1，同时图像和音响的质量也非常高。通常有 3 个版本：MPEG-1、MPEG-2、MPEG-4 以适用于不同带宽和数字影像质量的要求。它的 3 个最显著优点就是兼容性好、压缩比高（最高可达 200∶1）、数据失真小。

H.261 由 CCITT 通过的用于音频视频服务的视频编码解码器（也称 Px64 标准），它使用两种类型的压缩：一帧中的有损压缩（基于 DCT）和用于帧间压缩的无损编码，并在此基础上使编码器采用带有运动估计的 DCT 和 DPCM(差分脉冲编码调制)的混合方式。这种标准与 JPEG 及 MPEG 标准间有明显的相似性，但关键区别是它是为动态使用设计的，并提供完全包含的组织和高水平的交互控制。

5．计算机系统常见故障的分析与排除

要排除计算机故障应遵循先静后动、先软后硬、先电源后负载和先简单后复杂的原则。

（1）软件故障

计算机软件故障的分析与排除主要包括以下几种方法：

① 安全模式法。安全模式法主要用来诊断由于注册表损坏或一些软件不兼容导致的操作系统无法启动的故障。安全模式法的诊断步骤为，首先使用安全模式（开机后按【F8】键）启动计算机，如果存在不兼容的软件，则在系统启动后将其卸载，然后正常退出即可。最典型的例子是在安全模式下查杀病毒。

② 逐步添加/去除软件法。这种方法是指从维护判断的角度，使计算机运行最基本的软件环境。对于操作系统而言，就是不安装任何应用软件，再根据故障分析判断的需要，依次安装相应的应用软件。使用这种方法可以很容易判断故障发生是操作系统问题、软件冲突问题还是软、硬件之间的冲突问题。

③ 应用程序诊断法。针对操作系统、应用软件运行不稳定等故障，可以使用专门的应用测试软件来对计算机的软、硬件进行测试，如 3D Mark 2006、WinBench 等。根据这些软件的反复测试而生成的报告文件，可以轻松地找到由于操作系统、应用软件运行不稳定而引起的故障。

（2）硬件故障

从硬件故障的表现形式分，系统硬件故障可分为以下几类：

- 元器件损坏。元器件一般不会损坏，如果损坏，主要是由于带电插拔或电压变化幅度过大造成的。元器件的故障经常发生在接口芯片或电容等部件。
- 接触不良。接触不良是最常见的故障，常出现在电源线或数据线的插接部位以及板卡的连接部位。
- 机械损坏。机械损坏也是常见的计算机故障，主要由于保养、维修或使用不当造成的。如常见的键盘按键不灵主要是由于对键盘使用不当造成的。
- 存储介质损坏。存储介质损坏多发生在存储设备中，如硬盘、光驱，主要是由于存储介质的质量问题或保管不当造成的。

① 主板故障分析与排除。主板是整个计算机的关键部件，它对整个计算机系统起着至关重要的作用，主板产生故障将会影响到整个计算机系统的工作。最常见的主板故障如下：

常见故障一：开机无显示。

计算机开机无显示时，首先要检查的就是 BIOS。主板的 BIOS 中存储着重要的硬件数据，同时 BIOS 也是主板中比较脆弱的部分，极易受到破坏，一旦受损就会导致系统无法运行。出现此类故障一般是因为 BIOS 被 CIH 病毒破坏（当然也不排除主板本身的故障导致系统无法运行）。BIOS 被病毒破坏后，硬盘中的数据将全部丢失，所以可以通过检测硬盘数据是否完好来判断 BIOS 是否被破坏，如果硬盘数据完好无损，那么还有以下 3 种原因会造成开机无显示的现象：

a. 主板扩展槽或扩展卡有问题，导致插上声卡等扩展卡后主板没有响应而无显示。

b. 免跳线主板在 BIOS 中设置的 CPU 频率不对，也可能会引发不显示故障。对此，只要清除 BIOS 即可。

c. 主板无法识别内存，内存损坏或者内存不匹配也会导致开机无显示故障。

常见故障二：BIOS 设置不能保存。

此类故障一般是由于主板电池电压不足造成的。此时更换电池即可，但有时更换主板电池后同样不能解决问题，此时有以下两种可能：

a. 主板电路问题，对此要找专业人员维修。

b. 主板 BIOS 跳线问题，有时错误地将主板上的 BIOS 跳线设为清除项，或者设置成外接电池，会使 BIOS 数据无法保存。

常见故障三：主板 COM 口、并行口和 SATA 口失灵。

此类故障一般是由于用户带电插拔相关硬件造成的，此时用户可以用多功能卡代替。

② 显卡故障分析与排除

常见故障一：开机无显示。

此类故障一般是因为显卡与主板接触不良或主板插槽有问题造成的。对于一些集成显卡的主板，如果显存共用主内存，则须注意内存条的位置，一般在第一个内存插槽上应插有内存条。由于显卡原因造成的开机无显示故障，开机后一般会发出一长两短的蜂鸣声。

常见故障二：颜色显示不正常。

此类故障一般有以下原因：

a. 显卡与显示器信号线接触不良。

b. 显示器自身故障。

c. 显卡损坏。

常见故障三：死机。

此类故障一般是由于主板与显卡不兼容或主板与显卡接触不良造成的。显卡与其他扩展卡不兼容也会造成死机。

常见故障四：屏幕出现异常杂点或图案。

此类故障一般是由于显卡的显存出现问题或显卡与主板接触不良造成的。此时须清洁显卡金手指部位或更换显卡。

③ 内存。内存是计算机中最重要的部件之一，它的作用毋庸置疑，那么内存常见的故障有哪些?

常见故障一：开机无显示。

如果是内存条原因导致此类故障，则一般是因为内存条与主板内存插槽接触不良造成的，只要用橡皮擦拭其金手指部位即可解决问题(不要用酒精等清洗)，内存损坏或主板内存插槽有问题也造成此类故障。

由于内存条原因造成的开机无显示故障，主机扬声器一般都会长时间蜂鸣(针对 Award BIOS 而言)。

常见故障二：Windows 注册表经常无故损坏，提示要求用户恢复。

此类故障一般都是由于内存条质量不佳引起的，很难予以修复，只有更换内存条。

常见故障三：Windows 经常自动进入安全模式，或内存加大后系统资源反而降低。

此类故障一般是由于主板与内存条不兼容或内存条质量不佳引起的，常见于高频率的内存用于某些不支持此频率内存条的主板上，可以尝试在 BIOS 设置中降低内存读取速度，看能否解决问题，若不能，更换内存条。

常见故障四：随机性死机。

此类故障一般是由于采用了几种不同芯片的内存条，由于各内存条速度不同产生了时间差，从而导致死机，对此可以在 BIOS 设置中降低内存速度予以解决，否则，只能使用同型号内存。还有一种可能就是内存条与主板不兼容，此类现象一般少见，另外也有可能是内存条与主板接触不良引起计算机随机性死机。

常见故障五：运行某些软件时经常出现内存不足的提示。

此现象一般是由于系统盘剩余空间不足造成的。当出现这样的故障时，可以删除一些无用文件，系统盘多留出一些空间即可。

常见故障六：从硬盘引导安装 Windows 进行到检测磁盘空间时，系统提示内存不足。

此类故障一般是由于用户在 config.sys 文件中加入了 emm386.exe 文件，只要将其屏蔽即可解决问题。

④ 硬盘故障分析与排除。硬盘是负责存储数据和程序的仓库，硬盘故障处理不当往往导致系统无法启动或数据丢失，那么，应该如何应对硬盘的常见故障？

常见故障一：系统不认硬盘。

系统从硬盘无法启动，使用 BIOS 中自动监测功能也无法发现硬盘的存在。这种故障大都出现在连接电缆或 SATA 端口上，硬盘本身故障的可能性不大，可通过重新插接硬盘电缆或者改换 SATA 接口等进行替换检测，很快就会发现故障所在。

常见故障二：硬盘无法读写或不能辨认。

这种故障一般是由于 BIOS 设置错误引起的。BIOS 中的硬盘类型正确与否直接影响硬盘的正常使用。

常见故障三：系统无法启动。

造成这种故障通常是基于 3 种原因：主引导程序损坏；分区表损坏；DOS 引导文件损坏。

常见故障四：硬盘出现坏道。

用 SCANDISK 命令扫描硬盘时，如果程序提示有了坏道，首先应该重新使用各品牌硬盘自身的自检程序进行完全扫描。注意不要使用快速扫描，因为它只能查出大约 90% 的问题，为了让硬盘恢复，在这方面多花些时间是值得的。如果检查的结果是"成功修复"，则可以确定是逻辑坏道；假如检查结果不是"成功修复"，就没有修复的必要，只能更换硬盘。

🅿 思考与练习

① 下载迅雷（下载工具）、ACDSee（图片浏览工具）、WinRAR（压缩工具）等常用工具软件，并将它们安装在计算机上。

② 利用网络搜索关于操作系统的有关知识。

③ 利用网络搜索新型计算机的发展近况。

实训　排除计算机黑屏故障

🌑 实训描述

小明的计算机无法启动，有黑屏现象，需要排除故障解决问题。

实训要求

排除计算机故障应遵循先静后动、先软后硬、先电源后负载和先简单后复杂的原则。

实训提示

1. 排除软件故障

可采用安全模式法、逐步添加/去除软件法和应用程序诊断法。

2. 排除硬件故障

（1）主板故障

检查主板的 BIOS 设置或主板扩展槽或扩展卡是否有问题。

（2）显卡故障

检查显卡与主板是否接触不良或主板插槽是否有问题。

（3）内存故障

检查内存条与主板内存插槽是否接触不良或主板与内存条是否兼容。

实训评价

实训完成后，将对职业能力、通用能力进行评价，实训评价表如表 1-5 所示。

表 1-5　实训评价表

能力分类	测 评 项 目	评 价 等 级		
		优秀	良好	及格
职业能力	学会判断引起故障原因			
	能独立排除软件故障			
	能独立排除硬件故障			
	理解并掌握计算机的硬件结构和软件组成			
通用能力	自学能力、总结能力、合作能力、创造能力等			
能力综合评价				

单元 二
Windows 7 操作系统

　　Windows 7 是微软公司推出的多任务图形界面操作系统，它给人们带来了一个全新沟通的时代。它因界面友好、操作简单、功能强大、易学易用、安全性强等优点，受到了广大用户的青睐。

　　Windows 7 可以在现有计算机平台上提供出色的性能体验，在硬件性能要求、系统性能、可靠性等方面，都颠覆了以往的 Windows 操作系统，是继 Windows XP 以来微软的另一个非常成功的产品。

学习目标：
- 熟悉 Windows 7 的基本操作。
- 掌握 Windows 7 的桌面设置。
- 能对计算机的软硬件环境进行设置。
- 能通过资源管理器进行文件管理。
- 了解记事本、写字板、画图、计算器等附件程序的基本使用方法。

任务一　Windows 7 的基本操作

任务要求

　　Windows 7 操作系统安装好后，要求设置桌面环境，使其赏心悦目，使用方便。

任务分析

　　为实现上述任务要求，需要完成以下工作：

① 认识 Windows 7 操作系统。
② Windows 7 的启动与退出。
③ Windows 7 桌面简介。
④ Windows 7 桌面设置。
⑤ 设置任务栏。
⑥ 设置"开始"菜单。
⑦ 窗口操作。
⑧ 对话框操作。
⑨ 控件。

任务实现

1. 认识 Windows 7 操作系统

Windows 7 是由微软公司（Microsoft）开发的操作系统，内核版本号为 Windows NT 6.1。

Windows 7 可供家庭及商业工作环境、笔记本电脑、平板电脑、多媒体中心等使用。Windows 7 也延续了 Windows Vista 的 Aero 风格，并且在此基础上增添了些许功能。

2009 年 7 月 14 日，Windows 7 正式开发完成，并于同年 10 月 22 日正式发布。10 月 23 日，微软于中国正式发布 Windows 7。

（1）Windows 7 的版本

Windows 7 可供选择的版本有：入门版（Starter）、家庭普通版（Home Basic）、家庭高级版（Home Premium）、专业版（Professional）、旗舰版（Ultimate）。

Windows 7 入门版：简单易用。 Windows 7 简易版保留了 Windows 为大家所熟悉的特点和兼容性，并吸收了在可靠性和响应速度方面的最新技术进步。

Windows 7 家庭普通版：使您的日常操作变得更快、更简单。 使用 Windows 7 家庭普通版，您可以更快、更方便地访问使用最频繁的程序和文档。

Windows 7 家庭高级版：在您的计算机上享有最佳的娱乐体验。 使用 Windows 7 家庭高级版，可以轻松地欣赏和共享用户喜爱的电视节目、照片、视频和音乐。

Windows 7 专业版：提供办公和家用所需的一切功能。Windows 7 专业版具备用户需要的各种商务功能，并拥有家庭高级版卓越的媒体和娱乐功能。

Windows 7 旗舰版：集各版本功能之大全。 Windows 7 旗舰版具备 Windows 7 家庭高级版的所有娱乐功能和专业版的所有商务功能，同时增加了安全功能以及在多语言环境下工作的灵活性。

2012 年 11 月，微软发布了两个为特殊硬件使用的新版本：Windows 7 Media Center Edition（媒体中心版本）和 Windows 7 Tablet PC Edition（平板电脑版）。

此外，Windows 7 还分为 32 位和 64 位两种版本。它们的区别主要体现在以下几个方面：

① 大容量内存支持。在 32 位 Windows 7 下，系统内存最多显示为 25 GB，大于这个数字的内存将无法管理使用，这是由系统可寻址的内存空间决定的，也是 32 位和 64 位 Windows 7 最为显著的区别。Windows 7 64 位的各版本则可以分别支持 8~192GB 的内存，其中，家庭普通版能支持 8 GB 内存，家庭高级版能支持 16 GB 内存，而 64 位的 Windows 7 专业版、企业版和旗舰版最高可支持 192 GB 内存。内存条越来越便宜，使用大内存系统运行会更流畅。

② 运算性能及兼容性。64 位平台上的运行速度远超过 32 位平台，理论上性能会相应提升 1 倍。事实上在 64 位 Windows 7 系统下运行 32 位应用软件并不会感觉到性能的飞跃，只有 64 位的应用软件才能发挥 64 位平台的优势。可是目前 64 位应用程序在种类和数量上都要远低于 32 位应用程序，更糟糕的是仍然有部分软件不兼容 Windows7 的 64 位版本。这需要一个长时间的过度，不过 64 位系统作为未来的方向，越来越多的软件开发者已经开始开发和移植 64 位平台上的软件。

（2）Windows 7 的主要特性

① 易用。Windows 7 简化了许多设计，如快速最大化、窗口半屏显示、跳转列表（Jump List）、系统故障快速修复等。

② 简单。Windows 7 将会让搜索和使用信息更加简单，包括本地、网络和互联网搜索功能，

直观的用户体验将更加高级，还会整合自动化应用程序提交和交叉程序数据透明性。

③ 效率。Windows 7 中，系统集成的搜索功能非常强大，只要用户打开"开始"菜单并开始输入搜索内容，无论要查找应用程序、文本文档等，搜索功能都能自动运行，给用户的操作带来了极大的便利。

④ 小工具。Windows 7 的小工具并没有像 Windows Vista 的边栏，这样，小工具可以单独在桌面上放置。2012 年 9 月，微软停止了对 Windows 7 小工具下载的技术支持，原因是 Windows 7 和 Windows Vista 中的 Windows 边栏平台存在严重漏洞。微软已在 Windows 8 RTM 及后续版本中停用此功能。黑客可随时利用这些小工具损害用户的计算机、访问计算机文件、显示令人厌恶的内容或更改小工具的行为。黑客甚至可能使用某个小工具完全接管计算机。

⑤ 高效搜索框。Windows 7 系统资源管理器的搜索框在菜单栏的右侧，可以灵活调节宽窄。它能快速搜索 Windows 中的文档、图片、程序、Windows 帮助甚至网络等信息。Windows 7 系统的搜索是动态的，当我们在搜索框中输入第一个字的时刻，Windows 7 的搜索就已经开始工作，大大提高了搜索效率。

（3）Windows 7 的运行环境

处理器（CPU）：最好是主频 1 GHZ 以上，32 位或 64 位处理器。

内存的要求：最低要求是至少 1 GB，推荐 2 GB 以上，如果是 4 GB 以上推荐安装 Windows 7 64 位系统。

硬盘方面：至少有 16 GB 以上存储空间，目前的硬盘一般在 500 GB 以上，大多数计算机都可以满足条件。

显卡方面：带有 WDDM 1.0 或更高版本的驱动程序的 DirectX 9 图形设备，否则有些特效显示不出来。

显示器：要求分辨率在 1 024×768 像素及以上（低于该分辨率则无法正常显示部分功能），或可支持触摸技术的显示设备。

2．Windows 7 的启动与退出

（1）启动 Windows 7

启动 Windows 7 操作系统就是启动计算机，是把操作系统的核心程序从硬盘调入内存并执行的过程。

首先按下开机键后，电源开始给设备供电，这个时候电压不稳定，主板控制芯片组向 CPU 发 RESET 信号，CPU 开始初始化，之后电压稳定之后 CPU 开始执行指令，跳到系统 BIOS 中的启动代码，系统开始加电自检，接着系统会调用显卡 BIOS 初始化显卡，这个时候计算机有了第一个画面，简单显示显卡的主要信息，然后系统再利用其他设备的 BIOS 来完成相应初始化，之后开始显示系统的启动信息，所有设备初始化、检测完后系统 BIOS 与操作系统进行交换硬件配置信息的数据（存放在 CMOS 中），紧接着，系统代码根据 BIOS 中的启动顺序开始启动设备（一般是软盘、光驱、硬盘），到了硬盘时，系统 BIOS 读取硬盘上的主引导记录，主引导记录从分区表中找到第一个活动分区，并执行该分区中的分区引导记录，分区引导记录开始读取执行 IO.SYS，之后就是重要的系统数据初始化，接着就是 GUI（图形用户界面）的引导和初始化，直到进入操作系统界面。Windows 7 启动成功后将出现登录界面，选择一个登录用户，如果该登录用户设置了密码，则需要输入正确的密码后才能开始登录，登录成功后，屏幕上将出现如图 2-1 所示的 Windows 7 的桌面。

图 2-1　Windows 7 桌面

（2）注销 Windows 7

如果一台计算机设置了多个用户，在某用户工作完成后，可以通过注销计算机来切换到另一个用户的操作界面。

单击 Windows 7 的桌面左下角的"开始"按钮，弹出"开始"菜单，在"开始"菜单中，单击"关机"按钮右侧的小三角形按钮，弹出如图 2-2 所示的菜单，在该菜单中选择"注销"命令，依次会出现"正在注销"和"正在保存设置"的界面，然后系统进入"登录界面"，系统注销当前用户，原先用户打开的所有应用程序会被关闭，当再次返回原先用户时不会保留原来的状态。

图 2-2　"关机"菜单

（3）Windows 7 的退出

当不再使用计算机时，应退出 Windows 7 操作系统并关机。退出 Windows 7 系统不能直接关闭计算机电源，因为 Windows 7 是一个多任务、多线程的操作系统，在前台运行某个程序的同时，后台可能也在运行着几个程序，如果直接关闭电源，后台程序的数据和结果就会丢失。单击"开始"菜单中的"关机"按钮，系统自动关闭当前正在运行的程序，然后关闭计算机系统，实现系统的正常退出。

如果在图 2-2 所示的菜单中选择"重新启动"命令，系统自动关闭当前正在运行的程序，接着关闭计算机系统，然后再重新启动计算机。

3．Windows 7 桌面简介

Windows 7 系统启动完成并成功登录后，显示器上显示的整个屏幕区域就称为 Windows 7 的桌面（Desktop）。桌面包含大多数常用的程序、文档和打印机的快捷方式。

（1）图标

图标是 Windows 中的一个个小的图像。不同形状的图标代表的含义也不同，有的代表应用程序，有的代表打印机，有的代表快捷方式，启动某个应用程序或打开某个文档，往往是通过双击这些小图标来完成的。Windows 7 默认的桌面上只有"回收站"图标，为了方便，用户可自定义桌面图标。

①"Administrator"。管理用户的文档、图片、视频等的文件夹。

②"计算机"。是系统提供的一个系统文件夹，用于管理用户的计算机资源，可以使用此文件夹快速查看硬盘、U 盘、CD-ROM 驱动器以及映射网络驱动器的内容。

③"网络"。用于连接网络上的用户并进行相互之间的交流。使用此文件夹定位计算机连接到

的整个网络上的共享资源。

④ "回收站"。用于放置被用户删除的文件或文件夹，以免错误的操作造成不必要的损失。可以根据需要恢复和删除"回收站"中的文件或文件夹，直到清空为止。

⑤ "Internet Explore"。是专门用来访问网络信息的浏览器程序。

桌面上还常常放置应用程序的快捷方式图标，快捷方式是一个很小的文件，其中存放的是一个实际对象（程序、文件或文件夹）的地址，用户可使用快捷方式快速启动应用程序。快捷方式图标的左下角一般有一个黑色弧形箭头作为标志，如 📁。

（2）"开始"菜单

"开始"菜单上显示了一列命令和快捷方式列表，可以用来执行几乎任何任务。它可以启动程序、打开文档、自定义系统、获得帮助、搜索计算机上的项目等，是执行程序最常用的方式。

（3）任务栏

任务栏是指位于屏幕桌面最下方的小长条，主要由开始菜单、应用程序区、语言选项带（可解锁）和托盘区组成，而 Windows 7 及其以后版本系统的任务栏右侧则有"显示桌面"功能按钮。

任务栏上的按钮显示已打开的窗口和程序，通过单击任务栏上的按钮，可以方便地在不同窗口或程序间切换，如图 2-3 所示。

快速启动图标   网络连接标记

"开始"按钮　打开的应用程序　　　　　　　　　　　　　　　　"显示桌面"按钮

图 2-3 任务栏

4. Windows 7 桌面设置

（1）排列图标

Windows 7 允许用户按照自己的喜好调整桌面上图标的位置，可以用鼠标拖动图标移动到任何位置，也可以按一定规律排列图标。在桌面的任意空白处右击，在弹出的快捷菜单中选择"排序方式"命令，打开其级联菜单，如图 2-4 所示。

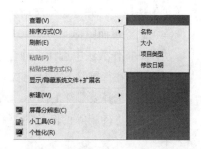

在级联菜单中可以选择按名称、类型、大小和修改时间（文件最后的修改时间）4 种排列方式来排列桌面上的图标。"查看"中的"自动排列图标"是个复选菜单，选择此项"自动排列图标"文字前将出现一个"√"标记，桌面上的图标便不能随意移动位置。

图 2-4 "排列图标"级联菜单

（2）在桌面上创建快捷方式

在桌面空白位置单右击，在弹出的快捷菜单中选择"新建"命令，打开其级联菜单，选择"快捷方式"命令，如图 2-5 所示。打开"创建快捷方式"对话框，在该对话框中单击"浏览"按钮，在弹出的"浏览文件或文件夹"对话框中选择创建快捷菜单的应用程序，如图 2-6 所示，然后单击"确定"按钮返回"创建快捷方式"对话框，如图 2-7 所示。

在"创建快捷方式"对话框中单击"下一步"按钮，进入"输入快捷方式的名称"界面，使用默认的快捷方式名称或者重新输入快捷方式的名称，如图 2-8 所示。最后单击"完成"按钮即可在桌面创建一个快捷方式。

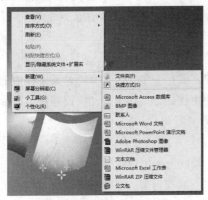

图 2-5 "新建"快捷菜单

图 2-6 "创建快捷方式"对话框

图 2-7 "浏览文件或文件夹"对话框

图 2-8 设置快捷方式的名称

（3）利用桌面图标运行程序

在桌面上双击桌面图标，可快速启动相应的程序或文件。也可以右击桌面图标，在弹出的快捷菜单中选择"打开"命令启动相应的程序或文件。

（4）删除桌面图标

从以下操作方法中选择一种合适的方法可将桌面上不常用的图标删除：

方法 1：在待删除的图标上右击，从弹出的快捷菜单中选择"删除"命令。

方法 2：选择要删除的图标，然后按【Delete】键即可。

方法 3：将待删除的图标直接拖到"回收站"图标上，即可将待删除的图标移动到"回收站"中。

5. 设置任务栏

任务栏是位于桌面最下方的一个小长条，主要由"开始"按钮、快捷操作区和通知区域组成，如图 2-9 所示。它显示了系统正在运行的程序和打开的窗口、当前时间等内容。通过任务栏可以完成许多操作，也可以对它进行一系列的设置。

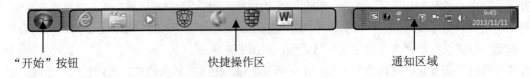

"开始"按钮　　　　　　　快捷操作区　　　　　　　通知区域

图 2-9 任务栏的组成

① 使用任务栏切换应用程序。当启动某个应用程序而打开一个窗口后，在任务栏上会出现相应的有立体感的按钮，表明当前程序正在被使用。按钮的名称与对应的程序或文档的名称相同。任务栏上所有的应用程序都不再有文字说明，只剩下一个图标，而且同一个程序的不同窗口将自动群组。鼠标指标移到图标上时会出现已打开窗口的缩略图，再次单击便会打开该窗口。如果启动了多个应用程序，可以单击任务栏中应用程序的按钮进行切换。也可按"Alt+Tab"组合键在不同的窗口之间进行切换操作。

② 调整任务栏的大小和位置。当任务栏处于非锁定状态时，移动鼠标指针到任务栏的上边框处，当鼠标指针变为双向箭头时，按住鼠标左键向上拖动鼠标，可以增加任务栏的高度，以容纳更多的按钮。同样按住鼠标左键向下拖动鼠标，可以减小任务栏的高度。

当任务栏处于非锁定状态时，移动鼠标指针到任务栏空白位置，按住鼠标左键拖动到桌面的其他各边，松开鼠标左键，可以改变任务栏在桌面的位置。

③ 调整任务栏中显示的内容。在任务栏空白位置右击，弹出任务栏的快捷菜单，选择"工具栏"命令，显示级联菜单命令，如图 2-10 所示，如果子菜单旁边标有"√"，则表示在任务栏会显示相应内容。

④ 将常用程序锁定到任务栏。从以下操作方法中选择一种合适的方法将常用程序锁定在任务栏中：

方法 1：右击程序图标，在弹出的快捷菜单中选择"锁定到任务栏"命令。

方法 2：将已打开的程序锁定到任务栏，则右击任务栏中的程序图标，在弹出的快捷菜单中选择"将此程序锁定到任务栏"命令，如图 2-11 所示。

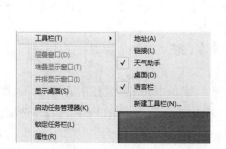

图 2-10　"工具栏"级联菜单

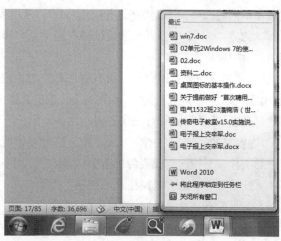

图 2-11　选择"将此程序锁定到任务栏"命令

方法 3：从桌面或"开始"菜单中，将程序的快捷方式拖动到任务栏中。

⑤ 查看图标名称和设置状态。将鼠标指针指向"通知区域"的图标，可以看到该图标的名称或某个设置的状态。例如，指向音量图标，将显示计算机的当前音量级别；指向网络图标，将显示是否连接到网络、连接速度以及信号强度等信息。日期指示器，在任务栏的最右侧，显示了当前的系统时间，此图标称为日期指示器。将鼠标指针指向日期指示器，停留片刻，会出现当

前的系统日期。

⑥ 打开相关的程序的设置。单击"通知区域"的图标，通过会打开与其相关的程序或设置。例如，单击音量图标 🔊，会打开音量控件。

⑦ 通过任务栏显示桌面。单击任务栏通知区域最右侧的"显示桌面"按钮 ▌，或者通过 Win+D 组合键，也可以将鼠标"无限"移动到屏幕右下角，将所有打开的窗口最小化以显示桌面。如果要还原最小化的窗口，右击任务栏的空白区域，在弹出的快捷菜单中选择"显示打开的窗口"命令即可。

6. 设置"开始"菜单

可以利用"开始"按钮打开大多数的应用程序。

① 打开"开始"菜单。

a. 将鼠标指针指向任务栏的"开始"按钮，单击即打开"开始"菜单。

b. 按【Ctrl+Esc】组合键打开"开始"菜单。

c. 按【Win】键盘打开"开始"菜单。

② 关闭"开始"菜单。

a. 在屏幕上任意空白处单击，关闭"开始"菜单。

b. 按【Esc】键，逐级关闭菜单。

③ "开始"菜单的组成及功用。"开始"菜单由 3 个主要部分组成：左窗格、搜索框和右窗格。

a. 左窗格显示计算机上的程序列表。"固定程序"列表：该列表中显示"开始"菜单中的固定程序。默认情况下，菜单中显示的固定程序只有两个，即"入门"和"Windows Media Center"。通过选择不同的选项，可以快速打开应用程序。"常用程序"列表：此列表主要存放系统常用程序。包括："便笺""画图"等。此列表是随着时间动态分布的，如果超过 10 个，它们会按照用户使用时间的先后顺序依次替换。

"所有程序"列表：用户在"所有程序"列表中可以查看所有系统中安装的软件程序。选择"所有程序"命令，即可打开所有程序列表；单击文件夹的图标，可以继续展开相应的程序；单击"返回"按钮，即可隐藏所有程序列表。

b. 左窗格的底部是"搜索"文本框，通过输入搜索文本，按"Enter"键即可在计算机上查找程序和文件，是快速查找资源的有力工具。

c. "开始"菜单的右侧窗格是"启动"菜单。在"启动"菜单中列出经常使用的 Windows 程序链接，常见的有"文档""计算机""控制面板""图片"和"音乐"等，单击不同的程序选项，即可快速打开相应的程序。

d. "关闭选项"按钮区："关闭选项"按钮区主要用来对系统进行关闭操作。包括"关机""切换用户""注销""锁定""重新启动""睡眠"和"休眠"选项。

7. 窗口操作

Windows 7 是一个图形界面的操作系统，运行某个应用程序或打开某个文件，就会出现一个矩形区域，即窗口，窗口是 Windows 7 操作系统中最为重要的对象之一，是用户与计算机进行"交流"的场所。双击桌面上的"计算机"图标即可打开"计算机"窗口，通过它可以对存储在计算机中的所有资料进行操作。虽然窗口的样式多种多样，但其组成结构大致相同，下面以"库"为例介绍窗口的组成，如图 2-12 所示。

图 2-12 窗口组成

（1）Windows 7 窗口组成

① 标题栏。标题栏位于窗口的顶部，标题栏上如果有文字，则是窗口的名称。通过标题栏右端的 3 个窗口控制按钮，可以分别对窗口进行如下操作：

a. "最小化"按钮。"最小化"按钮位于窗口的右上角，单击此按钮，可将相应的窗口缩成图标形式，并显示在整个计算机屏幕底部的任务栏中。

b. "最大化"按钮。"最大化"按钮位于窗口的右上角，单击此按钮，可使相应的窗口扩大至整个屏幕。

c. "关闭"按钮。"关闭"按钮位于窗口的右上角，单击此按钮，可关闭窗口。

② "后退"和"前进"按钮。用于快速访问上一个和下一个浏览过的位置。单击"前进"按钮右侧的下拉按钮后，可以显示浏览列表，以便于快速定位。

③ 地址栏。用于输入文件的地址。用户可以通过下拉列表选择地址，方便地访问本地址或网络中的文件夹，也可以直接在地址栏输入网址，访问互联网。用户在地址栏中输入桌面、计算机、回收站、控制面板、网络、收藏夹、视频、图片、文档、音乐、游戏和联系人等，就可以直接访问这些位置，从而提高计算机的使用效率。

④ 菜单栏。菜单栏位于标题栏的下面，是程序应用功能、命令的集合。通常由多项和多层菜单组成，每个菜单又包含若干个命令，如图 2-13 所示。

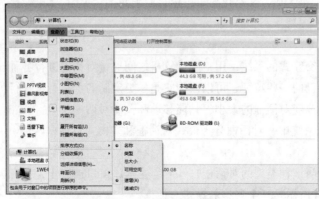

图 2-13 "查看"菜单

菜单中常常有一些特殊标记，其含义如表 2-1 所示。

表 2-1　菜单命令的附带信息

菜单项附带的符号	举　例	符号所代表的含义
菜单后带省略号"…"	选项(Q)…	执行菜单命令后将打开一个对话框，要求用户输入信息并确认
菜单前带符号"✓"	✓ 状态栏(S)	菜单选择标记，当菜单前有该符号时，表明该菜单命令有效。如果再用鼠标单击，则消除该标记，该菜单命令项不再起作用
菜单前带符号"●"	● 详细资料(D)	在分组菜单中，菜单前带有该符号，表示该菜单项被选中
菜单后带符号"▶"	新建(N) ▶	表示该菜单有级联菜单，当鼠标指向该菜单项时，弹出下一级子菜单
菜单颜色暗淡时	删除(D)	表示该菜单命令项暂时无效，不可选用
菜单带组合键时	全选(L)　　Ctrl+A	表示该菜单项有键盘快捷方式，按组合键可直接执行相应命令

⑤ 工具栏。地址下方是工具栏，工具栏中存放着常用的操作按钮，通过工具栏，可以实现文件的新建、打开、共享和调整视图等操作。工具栏的按钮会因为窗口的不同而有所变化，但"组织""视窗""预览窗格"3 个按钮保持不变。

a."组织"按钮包含了大多数常用的功能选项，如"复制""剪切""粘贴""全选""删除"以及"文件夹和搜索"选项等。可以实现文件（夹）的剪切、复制、粘贴、删除、重命名等操作。

b."视图"按钮可以改变图标的显示方式。单击"视图"按钮可以轮流切换图标的 7 种显示方式。单击"视图"下拉按钮，还可以选择"超大图标"命令，通过缩略图对文件或者文件夹进行浏览。

c."预览窗格"按钮可以实现对某些类型文件，如 Office 文档、PDF 文档、图片等文件的预览。

⑥ 搜索框：Windows 7 随处可见类似的搜索栏，这些搜索栏具备动态搜索功能，即当用户输入关键字的一部分时，搜索就已经开始，随着输入关键字的增多，搜索的结果会被反复筛选，直到搜索到需要的内容。

（2）窗口的操作

① 窗口的移动。把鼠标指针移动到一个打开窗口的标题栏上，按下鼠标左键不放，拖动鼠标，将窗口移动到要放置的位置，松开鼠标按键。

② 窗口的缩放。把鼠标指针移动到窗口的边框或窗口角上，鼠标光标会变为双箭头光标↖↘。按下鼠标左键不放，拖动鼠标使该边框到新位置，当窗口大小满足要求时，释放鼠标按键。

③ 窗口的关闭、最大化、最小化。单击窗口右上角的"关闭" ✕ 、"最大化" ▢ 、"最小化" ▬ 按钮，会执行该操作。

8. 对话框操作

Windows 是一个交互式的系统，用户和计算机之间通过对话框进行各种对话。对话框也是一个窗口，但它具有自己的一些特征，可以认为它是一类定制的、具有特殊行为方式的窗口。不能最小化对话框，不能改变对话框的大小，只能移动和关闭对话框。

在 Windows 操作系统中，对话框分为模式对话框和非模式对话框两种。

（1）模式对话框

模式对话框是指当该种类型的对话框打开时，主程序窗口被禁止，只有关闭该对话框，才能处理主窗口。图 2-14 所示是一个典型的模式对话框。

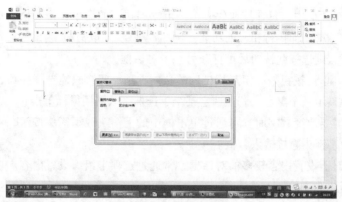

图 2-14　模式对话框

（2）非模式对话框

非模式对话框是指那些可以和主窗口同时出现的对话框，当该类型对话框被显示时，仍可处理主窗口中的有关事宜。图 2-15 所示是一个典型的非模式对话框。

图 2-15　非模式对话框

9．控件

控件是一种具有标准外观和标准操作方法的对象。例如前面介绍的工具栏按钮实际上就是控件。控件不能单独存在，只能存在于某个窗口中。在 Windows 操作系统中，控件的种类和数量很多，下面介绍最常见的几种控件。

① 文本框。文本框是用户输入文字信息的区域。单击文本框，出现插入点光标，可以在其中输入文字。

② 列表框。列表框显示出可供选择的选项，当选项过多而列表框装不下时，可使用列表框的滚动条进行选择。操作时可单击列表框中要选择的选项或双击要选择的选项。

③ 下拉列表框。下拉列表框和列表框一样，都含有一系列可供选择的选项，不同的是下拉列表框最初看起来像一个普通的矩形框，显示了当前的选项，打开下拉列表框后才能看到所有的选项。操作时可单击下拉列表框右侧的向下箭头，然后单击在下拉列表中要选择的选项。

④ 复选框。复选框一般位于选项的左边，用于确定某选项是否被选定。若该项被选定，则选择框用"√"符号表示，否则选择框是空白的。操作时可单击复选框即可选择此项，再单击一下就会取消选定。

⑤ 按钮。在对话框中，每个按钮代表一个可立即执行的命令，一般位于对话框的右方或下方，当单击按钮时，就立即执行相应的功能。例如"确定""取消""帮助"等都是按钮。若在按钮后面带有省略号，则选择此按钮后可打开另一个对话框。

⑥ 单选按钮。单选按钮是一组互相排斥的功能选项，每次只能选择一项，被选中的标记是选项前面的圆圈中显示一个黑点。若要选定某个单选框，只需用鼠标单击它。

⑦ 数字按钮。要改变数字时，可通过单击框中的上箭头或下箭头按钮，可以增大或减小输入值，也可以在数字框中直接输入数值。

⑧ 选项卡。对于设置内容较多的对话框，常通过选项卡组织设置内容。单击选项卡上的某一选项，便可打开此选项。

⑨ 框架。当一个对话框含有较多的信息时，可以使用框架对对话框中的控件进行逻辑分组。框架有一个标题和立体的矩形框，不接受鼠标和键盘操作。

⑩ 组合框。组合框一般同时包含一个文本框和一个列表框。

⑪ 标签。标签又称静态文本控件，是对那些不具有标题的控件提供标识，一般不接受用户的鼠标和键盘操作。

🌐 拓展与提高

快捷方式是到计算机或网络上任何可访问的项目（如程序、文件、文件夹、磁盘驱动器、Web页、打印机或者另一台计算机）的连接。可以将快捷方式放置在任何位置，如桌面、"开始"菜单中或者其他文件夹中。

快捷方式是一种无须进入安装位置即可启动常用程序或打开文件、文件夹的方法。使用快捷方式可以快速打开项目。删除快捷方式后，初始项目仍存在于磁盘中。

在桌面上创建快捷方式：

① 在资源管理器窗口中，打开要创建快捷方式项目所在的文件夹。

② 选中要创建快捷方式的项目。

③ 右击并从快捷菜单中选择"发送到"→"桌面快捷方式"命令，即可以在桌面上创建一个快捷对象。

❓ 思考与练习

① 设置计算机的桌面工作环境。

② 改变"开始"菜单的外观模式。

③ 删除"开始"菜单中不需要的程序菜单选项。

任务二　设置计算机的软硬件环境

🔘 任务要求

使用控制面板对计算机中的软、硬件环境进行设置，使系统个性化。

任务分析

为实现上述任务要求，需要完成以下工作：

① 认识控制面板。

② 定制桌面。

③ 日期时间以及区域和语言选项设置。

④ 文件夹选项设置。

⑤ 安装打印机以及默认打印机的设置。

⑥ 添加/删除程序。

⑦ 用户管理。

任务实现

1. 认识控制面板

Windows 7 的控制面板包含了用来设置系统的全部应用程序。可以对显示器、键盘、鼠标等硬件进行设置；也可以对软件进行设置，如添加或删除 Windows 的应用程序；同时也可以用来配置网络适配器、网络协议等。更改后的信息将保存在 Windows 注册表中，以后每次启动系统时，都将按更改后的设置进行。

利用控制面板可以对计算机的软件硬件环境进行设置，首先要打开控制面板。

打开控制面板的常用方法有：

① 选择"开始"→"控制面板"命令。

② 打开"计算机"窗口，在左窗格中选择"控制面板"。

③ 选择"开始"→"所有程序"→"附件"→"系统工具"→"控制面板"命令。

上述 3 种方法均可以打开"控制面板"窗口。

"控制面板"有两类查看方式：类别查看方式如图 2-16 所示，大图标和小图标查看方式如图 2-17 所示。可根据需求选择不同的查看方式。

首次打开控制面板时，默认为"分类视图"，用户可以看到控制面板中最常用的项目，这些项目按分类进行组织。

图 2-16　类别查看方式

图 2-17　小图标查看方式

2．定制桌面

在 Windows 7 的个性化设置窗口中，不仅能改变桌面背景、窗口颜色、屏幕程序等，包括音效、桌面图标和鼠标指针等全部都可以随意更换。Windows 7 桌面的毛玻璃效果看上去非常美观大方，窗口之间切换也有一些平滑过渡，在 Windows 7 桌面上随便动动鼠标也能看到令人意想不到的效果出现，Windows 7 提供了大量精美主题壁纸，风格各异，每个人都可以根据自己的喜好进行选择使用。另外，桌面背景不再是传统的单一图片，Windows 7 提供的动态壁纸功能支持用户在桌面上以幻灯片方式来切换壁纸图片，就是可以把自己收藏的照片都放到桌面背景中来轮流分享，要快要慢由自己决定，硬盘中存放的如此多照片终于可以派上用场了。

（1）更改桌面背景，把自己收藏的照片做成桌面背景并轮流显示

① 在 Windows 7 桌面空白处右击，在弹出的快捷菜单中选择"个性化"命令。

② 在个性化窗口中单击"桌面背景"图标，打开"桌面背景"窗口，如图 2-18 所示。

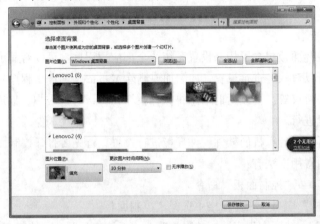

图 2-18　"桌面背景"窗口

③ 在"桌面背景"窗口中浏览存放在磁盘中的图片，然后勾选自己收藏的图片。

④ 设定每张图片切换的时间间隔。

⑤ 单机"保存修改"按钮后，桌面背景就会以幻灯片方式来显示选中的图片。

（2）设置屏幕保护程序

当用户离开计算机而又不想关闭计算机，也不想让别人看到屏幕上的内容时，可以设置屏幕保护程序。屏幕保护有两种，一种是不需要密码的，另一种是需要密码才能进入系统的。打开"屏幕保护程序设置"对话框，如图 2-19 所示，在"屏幕保护程序"下拉列表中选择一种保护动画效果，还可以进一步对选中的效果进行更详细的动作效果设置，单击"设置"按钮进行设置即可；等待时间的设置，自动进入屏幕保护模式。如果需要设置根据密码才能进入系统模式，选中"在恢复时显示登录屏幕"复选框即可。

（3）显示设置

显示设置包括"放大或缩小文本和其他项目""调整屏幕分辨率""连接到外部显示器"等。"显示"窗口如图 2-20 所示，可使用户阅读屏幕上的内容更容易。屏幕分辨率的设置要根据用户计算机显示适配器的规格以及显示器的规格来确定。单击图 2-21 中的"高级设置"超链接，在弹出的对话框中可为显示器设置颜色和设置屏幕刷新频率等，如图 2-22 所示。

图 2-19　"屏幕保护程序设置"对话框

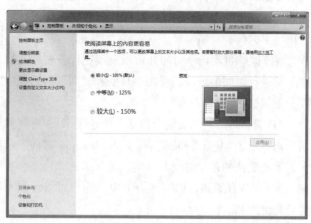

图 2-20　"显示"窗口

图 2-21　"屏幕分辨率"对话框

图 2-22　"监视器"选项卡

（4）桌面小工具

Windows 7 提供了很多桌面小工具，如时钟、日历、记事本、天气等，任何自己喜欢的小工具都可以随意摆放在桌面上方便自己随时查看和使用。添加小工具的方法如下：右击桌面空白处，在弹出的快捷菜单中选择"小工具"命令，打开如图 2-23 所示的窗口，用户可以从中选择喜欢的小工具。双击其图标，或右击小工具，在弹出的快捷菜单中选择"添加"命令，即可将其添加到桌面上，也可以通过鼠标将小工具拖到桌面上。

图 2-23　小工具

如要删除小工具，可右击小工具，在弹出的快捷菜单中选择"关闭小工具"命令，也可用鼠标指针指向要删除的小工具，单击图标右侧出现的"关闭"按钮。当用户正在浏览网页或是制作工作表格时突然要查看今天的重要事项都有哪些时，按【Windows+Space】组合健，使用 Windows 桌面透视功能，便立即可以看到桌面上的小工具，释放按键后马上又返回正在浏览和工作的窗口。

3．时钟、语言和区域的设置

Windows 7 支持用户在任何时候、任何地点工作，可以方便地将计算机的时钟、日历、货币和数字更改成与所在的国家（地区）和时区匹配。

（1）时间和日期

系统能够自动记录时间并可以直接在任务栏中显示出来，要进行时间的修改，可在"日期和时间"对话框中完成，如图 2-24 所示。

"日期和时间"对话框中包括 3 个选项卡："时间和日期"选项卡、"附加时钟"选项卡和"Internet 时间"选项卡。系统默认的是"时间和日期"选项卡。

① 在"时间和日期"选项卡中，用户可以设置系统的日期时间和时区。

② 在"附加时钟"选项卡中可以通过选中"显示此时钟"复选框增加不同时区的时钟。

③ 在"Internet 时间"选项卡中可以使用户获得极为准确的系统时间。它可以通过与 Internet 指定的时间服务器联系，自动同步更新系统的当前时间。

图 2-24　"日期和时间"对话框

（2）输入法的设置

Windows 7 系统提供多种输入法，用户可根据自己的使用习惯进行相应的切换。除了系统提供的输入法外，用户还可以根据需要任意安装或者删除输入法。

输入法的更改（安装与删除）操作方法：选择"开始"→"控制面板"命令，打开"控制面板"（查看方式为"类别"）窗口，单击"时钟、语言和区域"超链接，再选择"区域和语言"在弹出的对话框中（见图 2-25），选择"键盘和语言"选项卡，如图 2-26 所示，单击"更改键盘"按钮，弹出"文本服务和输入语言"对话框，如图 2-27 所示，选择"常规"选项卡，可以任意添加输入法或者删除现有的输入法，也可显示输入法的属性。在该对话框中还可以进行高级键设置，比如为输入法设定热键等。

图 2-25　"区域和语言"对话框

图 2-26　"键盘和语言"对话框

输入法安装好后，用户可以在不同的输入法之间相互切换。可以使用两种切换方法。

鼠标操作方法：单击"任务栏"中的语言栏图标，屏幕上会显示当前系统已装入的输入法，并且会显示当前正在使用的输入法，此时只需单击想切换成的输入法即可。

键盘操作方法：在系统默认情况下，按【Ctrl+Shift】组合键依次切换系统中所有的输入法，按【Ctrl+Space】组合键可快速在现有的中文输入法与英文输入法之间切换。

应该注意的是，在汉字输入状态时，应将键盘置于小写状态，在大写状态下是不能实现中文输入的，利用【Caps Lock】键即可实现大、小写的转换。同时，英文字母、数字字符以及键盘上出现的其他非控制字符有全角和半角之分。输入法状态栏中的显示状态为"月牙"时为半角，"正圆"时为全角，单击即可实现两种状态之间的切换。

4．文件夹选项设置

使用文件夹选项可以设置浏览文件夹、打开项目的方式等。在经典视图方式下，打开"文件夹选项"对话框，如图 2-28 所示。

图 2-27　"文本服务和输入语言"对话框　　　　图 2-28　"文件夹选项"对话框

（1）"常规"选项卡

在"常规"选项卡中，可以设置是否在文件夹中显示常见任务、浏览文件夹的方式、打开项目的方式等，如图 2-29 所示。

① 设置浏览文件夹方式。文件夹的浏览方式有两种：若选择"在同一窗口打开每个文件夹"单选按钮，则每打开一个新窗口都取代原来的窗口。若选择"在不同窗口打开不同的文件夹"单选按钮，则指定在新窗口打开文件夹，前一文件夹仍显示在其窗口中。

② 打开项目方式。打开项目方式有两种 ："通过单击打开项目（指向时选定）" 和"通过双击打开项目（单击时选定）"。

③ 导航窗格：选中复选框可改变导航窗格的显示。

④ "还原为默认值"按钮。单击该按钮，可以将所有的文件夹恢复到安装时的显示方式。

（2）"查看"选项卡

在"查看"选项卡中，可以对文件夹的视图方式进行设置，在"高级设置"列表框中有一系列选项，用户可以根据需要进行选择，如图 2-30 所示。例如：

① 在标题栏中显示完整的路径。选中该项在标题栏中显示完整的路径。

② 隐藏已知文件类型的扩展名。选中该项不显示文件扩展名。

③ 隐藏文件和文件夹。在这一组选项中，可以设置"不显示隐藏的文件、文件夹和驱动器"或"显示所有文件、文件夹和驱动器"。

④ 将鼠标指针指向文件夹和桌面时显示提示信息。

⑤ 在"计算机"窗口中显示控制面板。

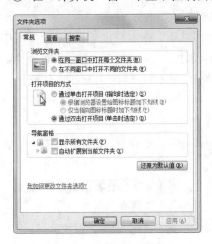
图 2-29 "常规"选项卡

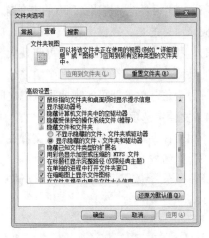
图 2-30 "查看"选项卡

在"文件夹选项"对话框中进行的更改会影响到 Windows 资源管理器（包括"计算机""网上邻居""我的文档"和"控制面板"）窗口中目录的外观。

（3）"搜索"选项卡

"搜索"选项卡，如图 2-31 所示。在"搜索内容"栏中选择不同的单选按钮，可以设置在搜索时是搜索文件名和内容，还是只搜索文件名；在"搜索方式"栏内选择复选框来设置搜索的方式；"在搜索没有索引的位置时"栏内选择是否在搜索没有索引的位置时，是否搜索系统目录和压缩文件。单击"还原为默认值"按钮，可以使文件夹和文件显示特点的设置还原为默认状态。

图 2-31 "搜索"选项卡

5. 安装打印机以及默认打印机的设置

Windows 7 提供了较强的打印机管理功能。在 Windows 7 中正确安装打印机，就可以很方便地在本地打印机或网络打印机上进行各种打印。

（1）安装和删除打印机

一般在 Windows 7 的安装过程中就可完成打印机的安装和设置，如果用户当时没有选择安装，也可以后随时进行打印机的安装。用户安装到计算机上的打印机无论是本地打印机还是网络打印机，都可以使用"添加打印机向导"。在 Windows 7 中删除打印机也很简单，就像删除一个文件或文件夹那样。

① 安装打印机。安装打印机有两种方式：一种是在本地安装打印机，也就是在个人计算机上安装打印机；另一种是安装网络打印机，打印时要通过打印服务器打印。

如果要将正在安装和设置的打印机作为网络打印机，给其他的计算机共享使用，则首先应将此打印机作为本地打印机来安装和设置，然后，再将打印机共享为网络打印机。

安装打印机的具体步骤如下：

a. 选择"开始"→"设备和打印机"命令，或在"控制面板"中依次单击"设备和打印机"图标。

b. 单击打印机任务栏中的"添加打印机"按钮，如图 2-32 所示。

c. 在弹出的对话框中单击"下一步"按钮，选择"添加本地打印机"或"添加网络、无线或 Bluetooth 打印机"，如图 2-33 所示。例如，选择"添加本地打印机"，然后单击"下一步"按钮。

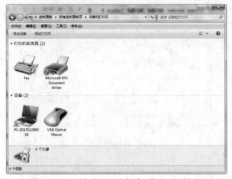

图 2-32　单击"添加打印机"按钮　　　　　　图 2-33　"添加打印机"对话框 1

d. 选择打印机端口，例如选择 LPT1，如图 2-34 所示，然后单击"下一步"按钮。

e. 选择"厂商"和"打印机"的型号，如图 2-35 所示，然后单击"下一步"按钮。在接下来出现的几个界面中，可以按要求进行设置，或选择默认值，当出现图 2-36 所示的界面时，单击"完成"按钮，完成添加打印机的操作。

图 2-34　"添加打印机"对话框 2　　　　　　图 2-35　"添加打印机"对话框 3

若安装的是网络打印机，当出现图 2-33 所示的对话框时，选择"添加、无线或 Bluetooth 打印机"单选按钮，单击"下一步"按钮，出现图 2-37 所示的对话框，按照向导的提示继续下去即可。

图 2-36　"添加打印机向导"对话框 4　　　　图 2-37　"添加打印机向导"对话框 5

② 删除打印机。单击"开始"→"设备和打印机"命令，打开"设备和打印机"窗口，如图 2-38（a）所示。选择所要删除的打印机图标，右击，在弹出的菜单中选择"删除设备"命令，出现图 2-38（b）所示的确认对话框，单击"是"按钮，即可删除。

（a）选择"删除"命令 （b）确认对话框

图 2-38 删除打印机

（2）指定默认打印机

指定默认打印机的操作步骤如下：

① 单击"开始"→"设备和打印机"命令，打开"设备和打印机"窗口。

② 在"设备和打印机"窗口中有多台打印机图标，右击要作为"默认打印机"的打印机，出现快捷菜单。

③ 单击"设为默认打印机"命令，一个复选标记"√"出现在"设为默认打印机"命令的左边，该打印机即被设为默认打印机。

（3）共享打印机

在一个局域网中可以实现打印机的共享，具体设置过程如下：

① 单击"开始"→"设备和打印机"命令，打开"设备和打印机"窗口。

② 右击要共享的打印机，出现快捷菜单，单击"打印机属性"命令。

③ 打开"共享"选项卡，选中"共享这台打印机"复选框。

（4）管理和使用打印机

在使用打印机打印文件时，打印机都有一个显示其打印状态的窗口。在这一窗口中列出等待打印的任务，其中有一个正处于打印状态。通过打印状态窗口可以对打印任务进行管理，如观察打印队列情况、暂停打印任务以及删除打印任务等。

① 显示打印机的打印状态。显示打印时打印机状态的操作步骤如下：

a. 单击"开始"→"设备和打印机"命令，打开"设备和打印机"窗口。

b. 双击"打印机"图标，显示图 2-39 所示的打印状态窗口。

② 暂停打印任务。暂停打印任务的操作步骤如下：

图 2-39 打印状态窗口

a. 打开打印状态窗口。

b. 在打印状态窗口中，单击需要暂停打印的某项打印任务。

c. 单击"打印机"→"暂停打印"命令即可暂停该项打印任务。

③ 删除打印任务。删除打印任务的操作步骤如下：

a. 打开打印状态窗口。

b. 在打印状态窗口中，选择所要删除的打印任务。

c. 单击"文档"→"取消"命令。

6. 添加/删除程序

在 Windows 7 中，用户可以开发和使用许多应用程序，这些应用程序的安装和删除可以通过以下方法完成：

（1）安装程序

目前大多数软件安装光盘都有自动运行功能，将安装光盘放入光驱后就自动启动安装程序，用户根据安装向导完成安装即可。手动安装时，找到安装程序的可执行文件，文件名为"setup.exe"或"安装程序名.exe"。双击可执行文件，再按安装向导完成安装。

（2）卸载或更改程序

应用程序的卸载一般采用两种方法，一种是直接运行应用程序自带的卸载程序，另一种是单机"控制面板"窗口中的"程序"超链接

卸载或更改程序的方法为：打开"控制面板"窗口，在"类别"查看方式下单机"卸载程序"超链接，打开"卸载或更改程序"窗口；或双击桌面上的"计算机"图标，在"计算机"窗口中单击"卸载或更改程序"按钮，打开"卸载或更改程序"窗口，然后从已安装程序的列表中选中要进行操作的程序，再单击"卸载""更改"或"修复"按钮，完成相应操作。

如图 2-40 所示，在列表中列出了已经安装的应用程序。选择要删除的应用程序并单击"卸载"按钮。

图 2-40 "程序和功能"窗口

（3）添加/删除 Windows 功能

在图 2-40 中单击"打开或关闭 Windows 功能"超链接，打开图 2-41 所示的"Windows 功能"对话框。

在"功能"列表框中列出了 Windows 7 的功能，若要安装某一功能，可在其左边的复选框中单击，使其中出现符号"√"。若要删除某一功能，可单击复选框，使符号"√"消去。然后，单击"确定"按钮即可。

7．创建与管理用户账户

Windows 7 系统中，用户账户分为标准用户、管理员账户和来宾账户（Guest 账户）3 种类型，每种类型的账户提供不同的权限。

对于多人使用的计算机有必要为每个使用计算机的人建立独立的账户和密码，各自使用自己的账户登录系统，这样可以限制非法用户从本地或网络登录系统，有效保证系统的安全。

图 2-41 "Windows 功能"对话框

（1）打开"管理账户"窗口

在"开始"菜单中选择"控制面板"命令，打开"控制面板"窗口。在该窗口单击"用户账户和家庭安全"下方的"添加或删除用户账户"超链接，打开如图 2-42 所示的"管理账户"窗口。

图 2-42 "管理账户"窗口

（2）创建新的标准账户

在"管理账户"窗口中单击左下角的"创建一个新账户"超链接，打开"创建新账户"窗口，在"新账户名"文本框中输入用户账户名称"teacher"，并选择"管理员"单选按钮，如图 2-43 所示。

单击"创建账户"按钮，即完成一个管理员账户的创建。

（3）为管理员账户设置密码

首先打开"用户账户"窗口，然后单击账户名"teacher"，打开如图 2-44 所示的"更改 teacher 的账户"窗口，然后在该窗口单击左侧的"创建密码"超链接，打开"创建密码"窗口，在"新密码"和"确认新密码"文本框中输入密码"123"，还可以在"键入密码提示"文本框中输入内容作为密码丢失时的提示问题，如图 2-45 所示。单击"创建密码"按钮，完成密码的创建。

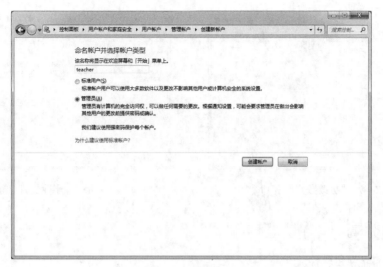

图 2-43　创建账户窗口

图 2-44　更改 teacher 的账户窗口

图 2-45　创建密码窗口

（4）更改管理

更改管理员账户显示在欢迎屏幕和"开始"右窗格上方的图片

在"更改 admin 的账户"窗口中单击左侧的"更改图片"超链接，打开"选择图片"窗口。在下方图片列表中选择将要显示在欢迎屏幕和"开始"右窗格上方的图片，如图 2-46 所示。然后单击"更改图片"按钮，完成更改图片的操作。

如果要使用自定义的图片，则可以单击"浏览更多图片"超链接，在弹出的"打开"对话框中选择所需的图片即可。

（5）删除用户

打开"控制面板"。在"类别"视图下选择"添加或删除用户账户"。选择希望更改的用户，如图 2-47 所示。单击"删除账户"超链接，选择是否删除用户文件，如图 2-48 所示。

如图 2-46　选择图片 窗口

图 2-47 "更改账户"窗口 图 2-48 "删除文件"窗口

拓展与提高

绿色软件和非绿色软件

软件分为两种：绿色软件和非绿色软件。这两种软件的安装和卸载完全不同。

安装程序时，对于绿色软件，只要将组成软件系统的所有文件复制到本机的硬盘，然后双击主程序就可以运行。而有些软件的运行需要动态库，这些文件必须安装在 Windows 7 的系统文件夹下，特别是这些软件需要向系统注册表写入一些信息才能运行，这样的软件叫非绿色软件。一般地，大多数非绿色软件为了方便用户的安装，都专门编写了一个安装程序（通常安装程序取名为 setup.exe），用户只要运行安装程序，就可以安装。

卸载程序时，对于绿色软件，只要将组成软件的所有文件删除即可；而对于非绿色软件，在安装时，都会生成一个卸载程序，必须运行卸载程序，才能将软件彻底删除。一般的，非绿色软件在安装后，需要重新启动系统才能完成安装，卸载程序也是如此。

思考与练习

① 在自己的计算机上安装一个应用软件。

② 卸载第 1 题中安装的应用软件。

任务三 文件管理

任务要求

使用资源管理器对文件和文件夹进行管理，即对文件和文件夹进行选定、复制、移动、删除和重命名等操作。

任务分析

利用计算机对文件进行管理和在文件柜中存放文件的道理是一样的。硬盘就是文件柜，抽屉就是文件夹。只要在硬盘上根据需要创建不同名称的文件夹，将文件存放到相应的文件夹中即可。

文件大致分为文字、图片、多媒体资料等类别。其中，文字资料包括论文资料、平时文档等；

图片包括学习图片、个人照片等；多媒体资料包括歌曲、个人活动记录、学习课件等。小明对自己的文件夹做了如图 2-49 所示的规划。

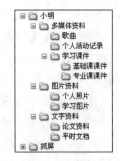

图 2-49 文件夹规划图

为实现上述任务要求，需要完成以下工作：

① 认识文件与文件夹。

② 认识资源管理器。

③ 管理文件与文件夹。

任务实现

1. 认识文件与文件夹

（1）文件与文件夹的概念

计算机中的大部分数据都是以文件的形式存储在磁盘上的，在计算机的文件系统中，文件是基本的数据组织单位。文件又是一系列信息的集合，在其中可以存放文本、图像、声音以及数值数据等各种信息。磁盘或光盘等是存储文件的大容量存储设备，可以存储很多文件。

为了便于管理文件，可以把文件放到目录中，在文件系统下，目录也称文件夹。为了方便组织信息，操作系统允许用户在目录中再建立目录，这种目录称为子目录，子目录也称子文件夹。用户的文件可以按不同类型或不同应用，分门别类保存在不同的文件夹中。而且，存储的文件个数一般可以不限，只受磁盘空间的限制。文件夹中还可存放除文件及文件夹之外的其他对象，如打印机、回收站、网上邻居等。

在同一磁盘上的同一文件夹中不能有相同名字的文件夹或文件，而在不同的文件夹中则允许有同名的文件夹或文件。文件可以从一张磁盘复制到另一张磁盘，或从一台计算机复制到另一台计算机上，可以通过存储设备带到任何地方。文件有属性，但不是固定不变的；文件可以被修改，也可以被删除。

（2）文件及文件夹的命名

为了存取保存在磁盘中的文件，每个文件都必须有一个文件名，才能做到按名存取。

文件名由主文件名和扩展名两部分组成，中间用"."作分隔。主文件名应该和文件的内容相关；扩展名一般用于表示文件的类型，它是由生成文件的软件自动产生的一种格式标识符。文件生成后，一般不能通过改变其扩展名来改变文件类型，但可以通过相应的软件进行适当的变换。

文件的命名应遵循以下规则：

① 最多可使用 255 个字符。

② 字符可以是英文字母、数字及 ¥、@、&、+、( )、下画线、空格、汉字等。

③ 不能使用下列 9 个字符：? \ * | " < > : /。

④ 允许使用多分隔符（小圆点）。

⑤ 不区分大小写。

例如，下列文件名是合法的：

First file.doc a.b.c.d.txt 我的简历.docx 123.xlsx

注意：文件夹的命名规则基本和文件类似，不同的是文件夹没有扩展名。

2. 认识资源管理器

Windows 资源管理器和"计算机"窗口是 Windows 7 提供的用于管理文件和文件夹的两个应用程序，使用它们可以显示文件夹的结构和文件的详细信息、启动应用程序、打开文件、查找文件、复制文件及直接访问 Internet 等。

资源管理器程序可以管理的项目很多，有"桌面""Administrator 文件夹""网络""回收站"以及"Internet Explorer"等。Windows 资源管理器中包含"计算机"，因此，使用资源管理器可以完成"计算机"所能实现的所有功能。

（1）启动资源管理器

可以通过以下几种方法启动资源管理器：

① 单击快速启动区中的"资源管理器"按钮，打开资源管理器窗口。

② 单击"开始"→"所有程序"→"附件"→"Windows 资源管理器"命令。

③ 在任务栏的"开始"菜单中右击，在快捷菜单中选择"资源管理器"命令。

（2）资源管理器的窗口

如图 2-50 所示，资源管理器具有普通的 Windows 窗口的形式：标题栏、地址栏、搜索框、菜单、工具栏、视图按钮、导航窗格、内容窗格、细节窗格。

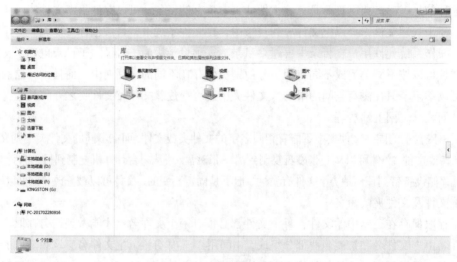

图 2-50　资源管理器窗口

资源管理器窗口分为左、右两部分，称为导航窗格、内容窗格。导航窗格显示文件夹树，内容窗格显示活动文件夹中的文件。资源管理器窗口中部有分隔条，按住鼠标左键拖动分隔条可改变导航窗格、内容窗格两部分的大小。资源管理器窗口的导航窗格、内容窗格中各有自己的滚动条。在某一窗格中滚动的内容不影响另一部分中所显示的内容。任何情况下，不管导航窗格中的活动文件夹是否可见，内容窗格显示的总是活动文件夹中的内容。它们可以是文件，也可以是文件夹。

文件夹窗口中的图标，除文件夹（用文件夹状图标表示）和驱动器（用磁盘图标表示）外，都是各种类型的文件。

在导航窗格中，一个文件夹的左边带有 "▷"时，表示这个文件夹下还有子文件夹，但在树形结构中没有显示出来。双击这个文件夹或单击"▷"变为"◿"，子文件夹显示出来。再双击此文件夹或单击"◿"，子文件夹隐藏。

当前正在工作中的文件夹称为活动文件夹，某一时刻只会有一个文件夹处于打开状态。在导航窗格选中一个文件夹时，内容窗格中内容随之变化。

细节窗格位于资源管理器窗口的下方，显示活动文件夹中的文件个数、占用磁盘总字节数、当前驱动器中尚存留的空余字节数以及选择文件的总字节数。

（3）资源管理器的使用

"地址栏"是输入和显示文件夹位置或网页地址的地方。

"菜单栏"包括文件、编辑、查看、工具、帮助 5 项菜单。利用菜单选项可完成某些具体操作。

① 剪切。当选定窗口中的文件或文件夹后，单击"剪切"按钮，窗口中被选定的对象将被删除，这些内容存放到剪贴板中。

② 复制。当选定窗口中的文件或文件夹后，单击"复制"按钮，窗口中被选定的对象不变，内容同时被存放到剪贴板中。

③ 粘贴。当剪贴板中有内容时，单击"粘贴"按钮，剪贴板中的信息将被复制到当前窗口中。

④ 撤销。单击"撤销"按钮，取消上一步的操作。继续单击"撤销"按钮，可依次返回操作前的状态。

⑤ 删除。单击"删除"按钮，可将当前窗口中选定的内容删除。若被删除的内容原来是存放在硬盘上的，则删除后的内容存放到"回收站"中。

⑥ 属性。单击"属性"按钮，将显示被选定文件或文件夹的属性。

⑦ 查看。可根据"超大图标""大图标""中图标""小图标""列表"和"详细资料"等格式改变窗口内容的显示效果。

3. 管理文件与文件夹

文件和文件夹是使用计算机时最常见操作的对象，在对文件或文件夹进行操作时，既可以使用"计算机"窗口，也可以使用资源管理器窗口。

（1）文件或文件夹的选定

首先，利用资源管理器或"计算机"窗口打开要选择的文件或文件夹所在的盘和文件夹，使要选定的文件或文件夹在用户窗口显示出来，然后可以进行以下操作：

① 选定单个文件或文件夹。单击要选择的文件或文件夹，该文件或文件夹出现蓝色矩形条，表示该文件或文件夹被选定。

② 选定连续的多个文件或文件夹。如果要选择的文件或文件夹在用户窗口中的位置是连续的，则可以在第一个（或最后一个）要选定的文件或文件夹上单击，然后按位【Shift】键不放，再单击最后一个（或第一个）要选定的文件或文件夹，此时，从第一个文件或文件夹到最后一个文件或文件夹所构成的连续区域中的所有文件或文件夹都被选定。也可以按住鼠标左键拖动，被虚线框住的文件或文件夹都被选定。

③ 选定多个不连续的文件或文件夹。按住【Ctrl】键不放，再依次在每个要选择的文件或文件夹上单击，被单击的文件或文件夹都变为蓝色，表示被选定。应该注意，如果在按住【Ctrl】键不放时单击已被选定的文件或文件夹，则此文件或文件夹将恢复正常，表示取消选定。

④ 全部选定。如果要选定某个文件夹中的所有文件或文件夹，可以单击"编辑"→"全部选定"命令，或者按【Ctrl + A】组合键。

⑤ 取消选定。如果只取消一个被选定的文件或文件夹，可以按住【Ctrl】键不放，然后单击要取消的文件或文件夹；如果要取消所有被选定的文件或文件夹，可以在用户区的任意空白处单击，此时，被选定的文件或文件夹的颜色都由蓝色恢复正常，表示取消选定。

（2）新建文件夹

文件存放在磁盘中，既可以存放在磁盘的根目录下，也可以存放到某一个文件夹中，即 Windows 允许在根目录下创建文件夹，文件夹下还可以再建文件夹。

首先，要定位需要新建文件夹的位置。打开资源管理器，然后单击需创建文件夹的磁盘驱动器，如果要在根目录下新建一个文件夹，则单击该磁盘驱动器将其打开。如果是在某个文件夹下新建一个文件夹（例如，要在名字为 TEST 的文件夹下新建一个文件夹，新文件夹取名为 LX），则需要逐级展开该磁盘驱动器下的各个结点，直到名字为 TEST 的文件夹在左窗口出现为止。单击该文件夹，将其打开。

单击"文件"→"新建"→"文件夹"命令，或者在资源管理器右窗格的任意空白处右击，在快捷菜单中选择"新建"→"文件夹"命令，在资源管理器右窗格的空白处将出现一个文件夹的图标，在图标下会有蓝色的"新建文件夹"的字样。使用键盘输入新建文件夹的名字 LS，即创建了一个新文件夹。

也可在资源管理器右窗口中空白区，单击鼠标右键，在弹出的菜单中选择"新建"→"文件夹"命令，出现一个文件夹的图标，输入新建文件夹的名字并按【Enter】键即可。

（3）复制文件或文件夹

文件或文件夹的复制步骤完全相同。不过，在复制文件夹时，该文件夹内的所有文件和下级文件夹以及下级文件夹内的文件都将被复制。即文件和文件夹的复制可以同步进行。

文件或文件夹的复制有多种方法，可以使用"计算机"，也可以使用资源管理器窗口来完成。使用资源管理器进行复制的方法主要有以下几种：

① 使用剪贴板。

a. 打开资源管理器。

b. 打开源文件或文件夹所在的磁盘，展开各个结点，打开存放源文件或文件夹的文件夹，使源文件或文件夹在右窗格中显示出来。

c. 选定要被复制的文件或文件夹。

d. 选择以下几种方式：

• 使用菜单：单击"编辑"→"复制"命令。

• 使用快捷菜单：右击选定的源文件或文件夹，选择"复制"命令。

• 使用快捷键：Ctrl+C。

e. 打开存放目的文件或文件夹的文件夹。

f. 选择以下几种方式：

• 使用菜单：单击"编辑"→"粘贴"命令。

• 使用快捷菜单：右击空白处，选择"粘贴"命令。

• 使用快捷键：Ctrl+V。

② 用鼠标左键复制文件或文件夹。

a. 在资源管理器窗口的左窗格中，展开各个结点，打开存放源文件或文件夹的文件夹，使源文件或文件夹在右窗格中显示出来。

b. 选定要被复制的文件或文件夹。

c. 展开目的磁盘的各结点，使要存放目的文件或文件夹的文件夹在左窗格显示出来。

d. 将鼠标指针指向选择的文件或文件夹，向目标文件夹拖动文件。注意，在不同磁盘中复制，直接拖动；在同一磁盘中复制，拖动时按住【Ctrl】键不放。

e. 文件或文件夹拖动到目标文件夹后，释放鼠标左键和【Ctrl】键，选择的文件或文件夹即被复制到目标文件夹，复制完成。

（4）移动文件或文件夹

移动文件或文件夹就是将文件或文件夹从一个位置移动到另外一个位置。和复制操作不同，执行移动操作后被操作的文件或文件夹在原先的位置不再存在。移动文件或文件夹的操作步骤和方法基本相同，请注意两者的区别。具体步骤如下：

① 使用剪贴板。

a. 打开资源管理器。

b. 打开存放源文件或文件夹的文件夹，使源文件或文件夹在右窗格中显示出来。

c. 选定要被移动的文件或文件夹。

d. 使用菜单：单击"编辑"→"剪切"命令；或使用快捷菜单：右击选定的源文件或文件，选择"剪切"命令；或使用快捷键【Ctrl+X】。

e. 打开存放目的文件或文件夹的文件夹。

f. 使用菜单：单击"编辑"→"粘贴"命令；或使用快捷菜单：右击空白处，选择"粘贴"命令；或使用快捷键【Ctrl+V】。

② 用鼠标左键移动文件或文件夹。

a. 在资源管理器窗口中展开各个结点，使源文件或文件夹在右窗格中显示出来。

b. 选定要被移动的文件或文件夹。

c. 展开目的磁盘的各个结点，使目的文件夹在左窗口显示出来。

d. 将鼠标指针指向选择的文件，向目标文件夹拖动文件。注意，在同一磁盘中移动，直接拖动；在不同磁盘中移动，拖动时按【Shift】键不松开。

e. 当文件拖动到某个文件夹时，释放鼠标左键和【Shift】键，选择的文件即被移动到目标文件夹，移动完成。

（5）重命名文件或文件夹

在 Windows 7 中，用户可以根据需要随时更改文件或文件夹的名称。具体步骤如下。

打开"计算机"或资源管理器窗口，将要更改名称的文件或文件夹显示出来，然后选定要重命名的文件或文件夹，单击"文件"→"重命名"命令，此时被选定的文件或文件夹的名称将变为蓝色，用户用键盘输入新的名称即可。

Windows 7 默认的是不显示已知文件类型的扩展名，以避免用户随意修改扩展名。如果确有必要修改文件扩展名，可以在菜单栏中单击"工具"→"文件夹选项"命令，打开"文件夹选项"对话框，选择"查看"选项卡，如图 2-51 所示，取消选中"隐藏已知文件类型的扩展名"复选框，即去掉其前面的"√"，单击"确定"按钮，这样以后的文件列表将显示所有文件的扩展名。

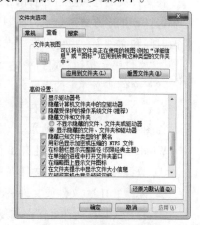

图 2-51　"查看"选项卡

（6）查找文件或文件夹

在 Windows 7 中，文件名是文件在磁盘中唯一的标识符，文件可以存放在磁盘的任何一个文件夹下，如果用户忘记了文件名或文件所在的位置，或用户想知道某个文件是否存在，可以通过系统提供的"搜索"功能来查找。另外，查找的对象不只可以是文件或文件夹，还可以在网络中查找计算机、网络用户，甚至可以在 Internet 上查找有关信息。

在查找时，如果文件或文件夹的名称记得不太确切，或需要查找多个文件名类似的文件，可以在要查找的文件或文件夹名中适当地插入一个或多个通配符，Windows 7 的通配符有两个，即问号（？）和星号（*）。其中问号代表一个任意字符，而星号可以代表多个任意字符。操作步骤如下：

① 在"开始"按钮中搜索。

② 在窗口的"搜索"框中搜索。

输入关键字，确定搜索范围，单击"搜索"按钮，计算机将在指定范围内进行搜索，搜索的结果将在右窗格显示出来。如果找不到与搜索条件相匹配的文件，系统将给出提示信息，如图 2-52 示。

图 2-52　搜索结果窗口

（7）排序文件或文件夹

在默认情况下，资源管理器将文件按文件名的字母顺序列出，也可选择按文件扩展名的字母顺序、文件大小或文件修改时间顺序显示文件。

在文件夹的任意空白处右击，在出现的快捷菜单中选择"排序方式"命令，或从"查看"菜单中选择"排序方式"命令，如图 2-53 所示，有 5 种排列方式可供选择：名称、大小、类型、修改时间和文件夹。也可以在"查看"→"详细资料"方式下单击"名称""大小""类型""修改日期""文件夹"按钮，窗口中的文件将按要求排序，如图 2-54 所示。

（8）文件或文件夹的属性

在某个文件或文件夹上右击，在弹出的快捷菜单中选择"属性"命令，将打开"属性"对话框，如图 2-55 和图 2-56 所示。

Windows 7 中的文件属性有如下 3 种类型：

① 只读（R）。文件或文件夹只读而不能删除或修改。

② 隐藏（H）。文件或文件夹不能用普通显示命令显示。

③ 存档（I）。文件可保存和复制，一些应用程序用"存档"属性来控制要备份哪些文件。

图 2-53　"排列方式" 菜单

图 2-54　文件排序窗口

图 2-55　文件属性对话框

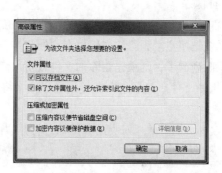

图 2-56　文件夹属性对话框

（9）删除文件或文件夹

当存放在磁盘中的文件不再需要时，可以将其删除以释放磁盘空间。但是，为了安全起见，Windows 7 建立了一个特殊的文件夹，命名为"回收站"。一般来说，都是先将要删除的文件或文件夹移动到回收站，这样，一旦发现是误操作，需要恢复被删除了的文件或文件夹，只要打开回收站，将其还原即可。当然，如果确实要删除，也可以直接删除，而不送入回收站。另外，已经存放在回收站的文件或文件夹，如果确认不再需要，也可以在回收站将它们删除。

① 使用菜单删除文件或文件夹。打开"计算机"或资源管理器窗口将要删除的文件或文件夹显示出来，然后选定要删除的文件或文件夹。单击"文件"菜单，或右击打开快捷菜单，选择"删除"命令。

此时将出现"删除文件"对话框，如图 2-57 所示，单击"是"按钮，即可将选定的文件或文件夹移动到回收站。

② 使用鼠标删除文件或文件夹。选定要删除的文件或文件夹，直接将其拖到"回收站"窗口或图标上即可。

③ 使用快捷键删除文件或文件夹。选定要删除的文件或文件夹，按【Delete】键或【Del】键即可删除文件或文件夹。

④ 永久删除文件或文件夹。如果用户想直接删除选定的文件或文件夹而不是移动到回收站，

即永久删除文件或文件夹，可以选定要删除的文件或文件夹，按住【Shift】键不放，然后再执行"删除"命令，或按【Delete】键或【Del】键，出现如图 2-58 所示的对话框。

　　注意两图中提示文字的不同。

图 2-57　删除文件到回收站

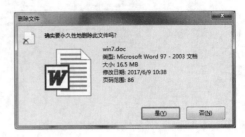

图 2-58　永久删除文件

🌐 拓展与提高

1. 回收站

　　在 Windows 7 中，有一个系统专为用户设立的"回收站"，用来对偶然错误删除的文件起保护作用。系统把用户刚删除的文件放在"回收站"中，并且把最近删除的文件放在顶上。在存放过程中如果队列满了，则最先删除的文件被挤出"回收站"，也就是永久地删除。

　　① 恢复文件。如果用户在使用过程中，将不该删除的文件删除，则可以按下面的方法进行恢复。

　　a. 双击桌面上的"回收站"图标，打开"回收站"窗口，如图 2-59 所示。

图 2-59　"回收站"窗口

　　b. 选中要恢复的文件和文件夹。

　　c. 单击"文件"→"还原"命令，或右击并在出现的快捷菜单中选择"还原"命令，文件就恢复到了原来的位置。

　　② 清理"回收站"。用户已删除的文件或文件夹虽然被放到了"回收站"中，但它们仍占用了硬盘空间，所以要及时清理"回收站"。清理"回收站"的操作方法如下：单击"文件"→"清

空回收站"命令，也可通过选择单个文件并进行删除操作来清除它。这样就永久地删除了文件，释放了这些文件所占用的磁盘空间。

③ 更改"回收站"的属性。要改变"回收站"中为存储删除的文件所用的磁盘空间的大小，可以通过改变"回收站"的属性来进行修改。具体的操作方法如下：

右击"回收站"图标，选择"属性"命令，即出现"回收站 属性"对话框，如图 2-60 所示。

在"回收站 属性"对话框中，可以通过调整"回收站"所占磁盘空间的百分比来设置"回收站"存放删除文件的空间。如果磁盘空间不够，可以把这个值相对减少一些；如果当前磁盘的空间比较大，并且想保证能恢复很多文件，则可以将该百分比相对调大一些。

图 2-60 "回收站 属性"对话框

④ "回收站 属性"对话框的其他选项：

a. 用户可以对计算机中各硬盘驱动器的"回收站"空间大小进行单独设置。在列表中选中该硬盘驱动器后，在"自定义大小"的"最大值"中输入数值。

b. 不将文件移到回收站中，移除文件后立即将其删除。选中该单选按钮，则删除的所有文件都将不进入回收站，而是直接被彻底删除。建议用户在使用过程中不要选中该复选框。

c. 显示删除确认对话框。去掉此选项前的钩号，在进行删除操作时将不弹出提示对话框。建议不要取消选中此复选框。

2．文件名通配符

通配符提供了用一个名称指定多个文件名或文件夹名的便捷方式。最常用的两个通配符是星号"*"和问号"?"。"*"可以匹配任意多个字符序列（字符串），包括无字符的情况；"?"可以匹配任意一个字符。

例如，"李*.doc"表示所有"李"字开头的 Word 文档文件。"my?.txt"表示第一、二个字符是"my"，第三个字符是任意字符的文本文件。

3．文件的类型

在 Windows 7 中，根据文件存储内容的不同，把文件分为许多不同的类型。不同的文件类型，其图标和描述也不同。常见的文件类型与对应的扩展名如表 2-2 所示。

表 2-2 文件扩展名

扩 展 名	文 件 类 型	扩 展 名	文 件 类 型
.txt	文本文件	.sys	系统文件
.com	命令文件	.ini	配置设置文件
.exe	可执行文件	.htm 或.html	Web 页文件
.docx	Word 文档文件	.wav	声音文件
.xlsx	Excel 工作簿文件	.mid	MIDI 音乐文件
.pptx	PowerPoint 演示文稿文件	.bmp	位图文件

4．文件夹和文件的组织结构

磁盘是文件的存储设备，磁盘的存储容量很大，必须对文件进行合理组织，使其便于管理。

与生活中文件资料的管理类似，Windows 7 对文件进行分类，每类文件存放在一个文件夹中。如果一个文件夹中的文件还需再细分类，则在此文件夹中再创建子文件夹。整个磁盘中的文件存储方式就好像一棵倒挂的树，是一种树形结构。树根对应于磁盘，树枝对应于文件夹，树叶对应于文件，其结构如图 2-61 所示。

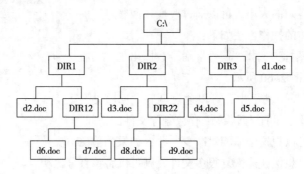

图 2-61　树形文件结构

图中矩形中标有大写字母名称的表示文件夹，小写字母表示文件。磁盘文件经过如此归类组织后，文件系统就能够对文件实施更有效的管理，并且方便用户的使用。

当用户需要操作某个文件或文件夹时，首先应当给出文件或文件夹在这种树形存储结构中的位置。这个位置是用从根开始逐层查询，直到查到目标文件所经历的文件夹。

例如，要查找文件名为 d8.doc 的文件，其存储结构也可以表示为 "C:\DIR2\ DIR22\d8.doc"，这种形式也称文件的路径名，其中用 "\" 来分隔各级路径分量，最后一级分量为查询的终点。文件系统总是按路径名来查询文件的。

在文件和文件夹的使用中有如下规定：

① 一个文件夹中不允许有两个同名的文件或文件夹，但在不同的文件夹中允许有同名文件或文件夹。

② 一般情况下不要把文件夹建在系统文件夹内，如 DOS、Windows、Program Files 等。

思考与练习

在 D 盘上新建一个以自己的班级和姓名为名称的文件夹，逐步将自己一学期中的所有文件放入此文件夹中。

任务四　Windows 7 附件

任务要求

能够利用 Windows 7 提供的附件程序进行简单的文本处理、图像处理、录音和播放媒体文件等。

任务分析

Windows 7 操作系统为用户提供了大量精巧的实用程序，包括用于计算机管理的系统工具和辅助工具以及资源管理器、画图、计算器、记事本、写字板、图像处理等程序，这些程序大多在

"开始"→"附件"中，大大方便了用户的使用。

为实现上述任务要求，需要完成以下工作：

① 记事本与写字板。

② 画图。

③ 计算器。

④ Windows Media Player。

⑤ 录音机。

任务实现

1. 记事本与写字板

"写字板"和"记事本"是 Windows 7 自带的两个操作简单、功能比较齐全的文字处理程序，它们的功能虽然比不上专业文字处理软件（如 Word），但由于不需要单独安装，使用时系统开销比较小，处理速度比较快，所以仍然受很多人的青睐。

（1）写字板

单击"开始"→"所有程序"→"附件"→"写字板"命令，即可打开"写字板"程序，如图 2-62 所示。

使用写字板可以创建文本文件和格式化文件，同时使用它可以进行图形、图像和对象等信息的处理，功能较强。其界面和使用方法与本书后面介绍的 Word 非常相似，在此不再详细叙述。

（2）记事本

"记事本"是一个编写和编辑小型文本文件的编辑器，用户可以使用它编辑简单的文档或创建 Web 页。记事本的使用非常简单，它编辑的文件是文本文件，这为编辑一些高级语言的源程序提供了极大方便。

启动"记事本"实用程序，单击"开始"→"所有程序"→"附件"→"记事本"命令，"记事本"程序即被启动，出现图 2-63 所示的编辑窗口。记事本的窗口很简单，有标题栏、菜单栏和用户文本编辑区等，标题栏最前面为一打开的笔记本小图标，是该窗口的控制菜单图标；控制菜单图标的右边是所编辑的文件名（新文件未保存时为"无标题"）。

图 2-62　"写字板"窗口

图 2-63　"记事本"窗口

编辑文档要用到的功能主要有创建文档、打开文档、编辑和修改文档、保存文档和打印文档。下面一一介绍这些功能。

① 创建文档。通常按上面讲述的方法启动"记事本"程序后，系统就自动创建了一个新文档，只要在编辑完后进行保存时给它起个适当的名字即可。还有一种创建文档的方法，就是单击"文件"→"新建"命令。

② 打开文档。单击"文件"→"打开"命令，可以选择打开原已存在的文档。

应当注意，记事本是一个典型的单文档应用程序，在同一时间只能编辑一个文档。要编辑新的文档，则当前打开的文档将被关闭。因此，在创建或打开一个文档前，要关闭当前正在编辑的文档，如果记事本对当前的文档做了修改而未存盘，则系统会打开图 2-64 所示的对话框。如果当前要关闭的文档不需要存盘，单击"否"按钮，系统将不保存对当前文档的修改，并关闭文档。单击"取消"按钮，则放弃所做的操作返回到记事本。在单击"是"按钮后，如果被关闭的文档是一个"无标题"的文件，将弹出"另存为"对话框，如图 2-65 所示。在"另存为"对话框中，用户可以选择文件的位置、文件名、保存类型，然后单击"保存"按钮，即可将该文档存盘。

图 2-64　保存文件对话框　　　　　图 2-65　"另存为"对话框

③ 编辑文档。可以在光标闪动处输入任意的文字和符号，在输入汉字时要先选择适当的中文输入法，还可以利用"编辑"→"设置字体"命令设置各种字体和字号，使文档变得更加漂亮。

④ 修改文档。可使用键盘上的光标移动键（4 个带箭头的键）在文档的各行各列间移动，也可以用鼠标直接把要修改的文字选中，然后输入替换的文字。还可以利用"编辑"菜单中的"剪切""复制""粘贴"和"删除"等命令快速修改大块内容。例如，先选中一段要重复出现的文字，单击"编辑"→"复制"命令，然后将光标定位在目标位置，再单击"编辑"→"粘贴"命令即可完成复制。

⑤ 保存文档。单击"文件"→"保存"或"另存为"命令。对于新文档，这两种操作的效果是一样的，都会弹出"另存为"对话框，供选择文档存放处并输入文件名；对于以前编辑过的文档，执行"保存"命令将使用原来的文件名而不弹出任何窗口。

⑥ 打印文档。可用"文件"→"页面设置"和"打印"命令来打印文档。

2. 画图

"画图"程序是一个简单的用于编辑图形、图像的工具，也可以输入文字。画图程序支持对象链接和嵌入技术，通过画图程序也可以将图片链接和嵌入其他应用程序文档中。

在桌面上单击"开始"→"所有程序"→"附件"→"画图"命令，即可启动"画图"程序，启动后的窗口如图 2-66 所示。

（1）打开或新建图像文件

单击"画图"→"打开"或"新建"命令即可。画图程序支持 BMP 和 JPG 等多种图形格式文件。在用户开始绘画前，首先要确定图画的尺寸和颜色。要改变图画的尺寸和颜色，可单击"画图"→"属性"命令，打开"映像属性"对话框可设置图画的尺寸和颜色，如图 2-67 所示。

（2）图形的绘制

利用工具区中的工具和形状选择区中的各种元素，可以完成诸多画图功能，如画线、圆、方框、多边形、任意线等。

（3）画图着色

可利用工具区中的 "喷枪"等工具对图画进行着色。所需的颜色可从颜色区中进行选择，若所需颜色在颜色区中没有，可通过编辑颜色来选择。具体步骤是：单击编辑颜色，打开编辑颜色对话框，先选中颜色，单击"添加到自定义颜色"按钮，将选择新的颜色添加到自定义颜色区，单击"确定"按钮即可。

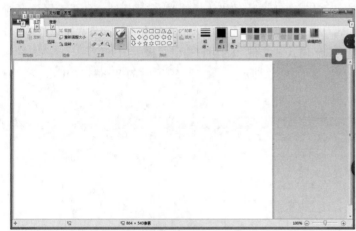

图 2-66 "画图"主窗口

图 2-67 "映像属性"对话框

（4）文本输入

在"画图"中不仅能画各种图形，还可以编辑文本。在工具区中选择"文字工具"即可进行文字输入。

（5）整体操作

"画图"程序提供了各种编辑操作，如复制、移动、清除、旋转和扭曲等，不但能对一块图画区域进行这些操作，还可以对整幅图画进行上述操作。利用图像区中的"裁剪工具"和"选定工具"，可从图画中定义一个区域。对一个选定区域可完成多种编辑操作，可移动、复制、剪切，可放大或缩小。

（6）保存和打印

单击"画图"→"保存"或"另存为"命令保存文件；单击"画图"→"打印"命令来打印文档。

（7）将图画设置为桌面壁纸

用"画图"程序打开该图画，单击"画图"→"设置为墙纸"命令，则该图画就作为墙纸显示在桌面上。

3．计算器

"计算器"是 Windows 7 提供给用户的一种用于计算的工具。使用"计算器"可以进行标准运算，比如加减乘除运算等；同时它还具有科学计算器的功能，比如对数运算、阶乘运算及数制转换等。单击"开始"→"所有程序"→"附件"→"计算器"命令，即可打开图 2-68 所示的"计算器"窗口。

通过"查看"菜单，可以在"标准型"和"科学型"之间切换，在"科学型"窗口中，可以进行二进制、八进制、十进制和十六进制数之间的转换。

图 2-68 "计算器"窗口

4．Windows Media Player

Windows Media Player 是 Windows 家族功能较强大的媒体播放器，它采用统一的界面播放多种多媒体文件，支持 WAV、MIDI、MP3、AVI、MPEG 等多种格式的音频和视频文件，可以播放 CD 和 DVD。增加一些插件，还可以播放 RM 格式的文件，为用户提供了极大的方便。

单击"开始"→"Windows Media Player"命令，即可打开图 2-69 所示的 Windows Media Player 窗口。

图 2-69 "Windows Media Player"窗口

在媒体播放器窗口中，通过"文件"菜单可打开一个多媒体文件，然后即可通过单击"播放"按钮进行播放。

Windows 媒体播放器可以由用户根据个人的爱好选择不同的外观。单击"查看"→"外观选择器"命令，即可确定播放器的外观。如果对外观还是不满意，可到 Microsoft 的网站下载最新外观。

通过"查看"→"全屏幕"命令可以进行全屏幕播放，若想恢复原始播放窗口，可右击并从弹出的快捷菜单中选择"退出全屏幕"命令。

此外,通过"工具"→"选项"命令,可以对媒体播放器的播放方式进行设置。

5．录音机

"录音机"是 Windows 7 提供给用户的一种具有语音录制功能的工具,使用它可以录制用户自己的声音,并以声音文件格式保存在磁盘上。

单击"开始"→"所有程序"→"附件"→"娱乐"→"录音机"命令,即可打开图 2-70 所示的"录音机"窗口。

图 2-70 "录音机"窗口

利用录音机程序录制声音文件时,需要有声卡和麦克风配合完成,单击"录音"按钮即可录音。录音完毕后,单击"停止"按钮结束录音。在弹出的"另存为"对话框中完成设置,即可将录制的声音文件保存下来。

拓展与提高

1．多媒体文件格式

（1）音频文件格式

在计算机多媒体系统中,根据文件格式的不同,音频文件可以分为 WAV 文件、MIDI 文件、RMI 文件以及 MP3 文件等。

① WAV 文件。WAV 文件称为波形文件,是 Microsoft 公司的音频文件格式,是由对声音波形的采样和量化后得到的采样数据组成的,是非压缩的音频文件。

② MIDI 文件。MIDI 是 Musical Instrument Digital Interface（乐器数字接口）的缩写,它规定了计算机音乐程序与电子合成器及其他设备之间交换信息和控制信号的方法。MIDI 文件是一种控制信息的集合体,包括对音符、定时和多达 16 个通道的乐器定义,同时还涉及电子乐器的键及键的力度等。实际上,MIDI 文件记录的并不是音乐本身,而是描述演奏音乐所用乐器动作的指令。RMI 文件是 Microsoft 公司的 MIDI 文件格式。

③ MP3 文件。MP3 是 MPEG Audio Layer 3 的缩写,是 MPEG 标准的一部分。利用该技术可以 12∶1 的比率将声音进行压缩,同时还可以保持相当逼真的音乐效果。由于 MP3 音乐具有文件容量小而音质佳的优点,因而在互联网上流传很广。MP3 音乐必须使用支持该格式的播放软件（如 Winamp 等）来播放。现在一些流行的多媒体播放软件也支持 MP3 格式的音频文件。

利用音频文件转换软件可以将一种格式的音频文件转换为另一种格式。

（2）视频文件格式

在计算机多媒体系统中,视频文件可以分为静态图像文件和动态图像文件两大类。

① 静态图像文件格式。静态图像文件主要有 BMP、GIF、TIF、JPG 等不同格式的文件类型。

a. BMP 文件。BMP 文件也称位图文件,是一种与设备无关的图像文件格式,是 Windows 环境中经常使用的基本图像格式。在 Windows 环境中运行的图形图像处理软件以及许多应用软件都支持这种格式的文件。在 Windows 环境下,用【Print Screen】键获取的屏幕图形文件即是这种格式的文件。

b. GIF 文件。GIF 文件是采用 LZW 压缩编码的一种公用的、与设备无关的文件格式。由于 GIF 文件一般比较小,所以在图像处理和网络通信中被广泛采用。

c. TIF 文件。TIF 文件是一种多变的图像文件格式，支持多种图像压缩格式，并支持多个图像，使得一个文件中可以包含多个图像。

d. JPG 文件。JPG 文件是采用了 JPEG 压缩编码的一种图像文件，广泛用于 Internet。

② 动态图像文件格式。动态图像文件主要有 AVI、DNT、MPG、RM 等不同格式的文件类型。

a. AVI 文件。在 AVI 文件中同时保存有视频信号和音频信号，采用了压缩算法将视频信息和音频信息交错混合地存储在同一文件中，较好地解决了视频信号与音频信号的同步问题，是目前比较流行的视频文件格式，大多数多媒体播放软件都支持这种文件格式。

b. DAT 文件。DAT 文件基于 MPEG 技术，是 VCD 专用的视频文件格式，文件中同时保存有视频信息和音频信息。在计算机上可以通过多媒体播放软件播放这种格式的文件。

c. MPG 文件。MPG 文件是一种应用在计算机上的全屏幕动态视频标准文件，采用的是 MPEG 压缩和解压缩技术，并配有 CD 音质的音频信息。目前许多视频处理软件都支持这种格式的视频文件。

d. RM 文件。RM 文件是一种基于流行媒体技术的文件格式，是目前网络上最流行的视频文件格式之一。RM 文件中同时保存有视频信息和音频信息，可通过 RealPlayer 等播放软件进行播放。

2. 命令提示符（DOS）的基本操作

Windows 7 要模拟 MS-DOS 环境才能运行，用这种方法可以运行大多数基于 MS-DOS 的应用程序。

一般来说，运行 MS-DOS 应用程序有下列 3 种方法：

① 在"计算机"或资源管理器窗口中，一级一级地打开驱动器和文件夹，直到找到要运行的 MS-DOS 应用程序，双击运行该程序。

② 单击"开始"→"运行"命令，在出现的"运行"对话框中输入所要运行的应用程序的路径和名称，然后单击"确定"按钮。

③ 单击"开始"→"所有程序"→"附件"→"命令提示符"命令，出现图 2-71 所示的"命令提示符"窗口，用户可以在其中运行 MS-DOS 程序。

实际上，前两种方法也是在 MS-DOS 方式下运行的。在 MS-DOS 方式下，按【Alt+Enter】组合键，可以在全屏与窗口方式之间切换；输入 Exit 命令可以退回到 Windows 7 方式。

图 2-71 "命令提示符"窗口

思考与练习

① 能否将自己画的一幅画设为桌面墙纸？

② 如何用"记事本"编辑高级语言的源程序文件？

③ 如何利用"计算器"进行二、八、十、十六进制数之间的转换？

实训　文件夹的创建

实训描述

小明在远鑫公司做兼职，每天要管理大量的文件。为了文件的使用方便，小明对公司的文件层次做了规划，如图 2-72 所示。

实训要求

按照上述文件夹树形结构图，分别在"计算机"和资源管理器窗口中创建相应文件夹，并按照文件夹名称将相应文档存放到相应文件夹中，并能很快捷地搜索到所需文件。

图 2-72　文件夹树形结构图

实训提示

按照文件夹层次创建文件夹。利用 Windows 7 的搜索功能搜索所需的文件。

实训评价

项目完成后，将对职业能力、通用能力进行评价，项目评价表如表 2-3 所示。

表 2-3　项目评价表

能力分类	测 评 项 目	评 价 等 级		
		优秀	良好	及格
职业能力	学会分类、规划文件			
	能在资源管理器中管理文件			
	能熟练搜索文件、计算机等			
通用能力	自学能力、总结能力、合作能力、创造能力等			
能力综合评价				

单元 三 Word 2010 基本应用

Word 2010 是微软公司开发的 Office 系列办公组件之一，是专门用于文字编辑、排版及打印处理的软件。它具有强大的文字编辑处理、表格制作、图文混排等功能，是目前比较流行的文字处理及排版软件。

学习目标：

- 了解 Word 2010 的主要功能及窗口组成。
- 掌握 Word 2010 的基本操作方法。
- 能对文档进行各种编辑操作。
- 能对文档进行各种格式化操作。
- 能对文档进行表格的制作。
- 能对文档进行图文混排。
- 能对文档进行版面设计。
- 能对文档进行打印。
- 能够应用 Word 2010 实现邮件合并。

任务一 毕业论文的基本排版

任务要求

利用 Word 2010 编写毕业论文初稿，并按照学校要求的统一格式进行基本排版。

任务分析

为实现上述任务要求，需要完成以下工作：

① 启动 Word 2010。

② 创建、保存、打开文档。

③ 关闭文档、退出 Word 2010。

④ 编辑文本。

⑤ 设置字符格式。

⑥ 设置段落格式。

⑦ 添加项目符号和编号。

⑧ 设置边框和底纹。

⑨ 分栏。

⑩ 设置段落首字下沉。

⑪ 格式刷。

任务实现

1. 启动 Word 2010

（1）启动 Word 2010 的方法

① 单击"开始"→"所有程序"→"Microsoft Office"→"Microsoft Word 2010"命令，启动 Word 2010。

② 双击桌面上建立的 Word 2010 快捷方式图标，启动 Word 2010。

③ 双击文件扩展名为.docx 的文件，即可启动 Word 2010 并打开该文件。

（2）Word 2010 窗口简介

Word 2010 启动成功后，屏幕上出现如图 3-1 所示的 Word 2010 窗口，该窗口主要由标题栏、快速访问工具栏、功能区、导航窗格、标尺、文本编辑区、滚动条、状态栏等元素组成。

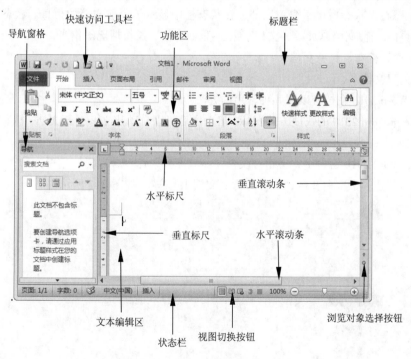

图 3-1　Word 2010 窗口

① 标题栏。Word 2010 主窗口最上面的一栏叫标题栏。标题栏最左端为 Word 2010 图标，单击该图标出现下拉菜单，双击该图标可关闭窗口。标题栏最右端为 3 个控制按钮："最小化""最大化"和"关闭"按钮。按住鼠标左键拖动标题栏的空白处可在屏幕上移动窗口。

② 快速访问工具栏。快速访问工具栏包含一组独立于当前所显示的选项卡的命令，即最常用操作的快捷按钮。在默认状态下，快速访问工具栏中包含 3 个快捷按钮，分别为"保存""撤销"

"恢复"和 1 个"自定义快速访问工具栏"按钮。

③ 功能区。在 Word 2010 中，Word 2003 中原有的"菜单栏"和"工具栏"被设计为一个包含各种按钮和命令的带形区域，称为"功能区"，其内有多个不同的组，每个组用框框起，框内最下部的文字为组的名称。命令被组织在"组"中。

④ 标尺。标尺分为水平标尺和垂直标尺，使用它可以查看正文的宽度和高度，也可以快速设置段落缩进、页边距、制表位和栏宽等。

注意： 标尺既可以显示在屏幕上，也可以被隐藏。

单击"视图"→"标尺"命令，如果在"标尺"前有符号"√"，标尺就可以显示在屏幕上；反之，标尺就被隐藏起来。

⑤ 文本编辑区。窗口中的空白区域叫做文本编辑区，文档的录入、编辑、格式化等操作都在此区域中完成。

文本编辑区中有一个闪烁的垂直线称为插入点，即"光标"，当前输入的字符出现的插入点位置。

⑥ 滚动条。使用滚动条可以对文档进行定位，在窗口右边和下边各有一个滚动条，分别称为垂直滚动条和水平滚动条。滚动条上的矩形块称为滚动块。通过拖动滚动块或单击箭头按钮，可以滚动查看整个文档内容。

⑦ 状态栏。状态栏位于窗口底部，在状态栏中显示了当前文档的信息。状态栏显示插入点当前所在页码/当前文档总页数、文档字数、插入/改写、操作情况等信息。

2. 创建、保存、打开文档

（1）创建文档

创建 Word 2010 文档有以下几种常用的方法：

① 双击 Word 2010 的快捷方式图标，启动之后可以自动建立一个新文档，标题栏上的文档名称是"文档 1.docx"。

② 在 Word 2010 窗口中，单击"文件"→"新建"命令，选择"空白文档"，单击"创建"按钮，即可新建一个空白文档，文件名为"文档 1.docx"，如图 3-2 所示。

图 3-2　新建文档

③ 单击快速访问工具栏中的"新建"按钮，也可建立新文档。

④ 在没有启动 Word 2010 的情况下，右击桌面的空白处，在弹出的快捷菜单中单击"新建"→"Microsoft Word 文档"命令，也可以建立新文档。

（2）保存文档

保存文档有以下两种常用的方法：

① 第一次保存新文档。

a. 单击"文件"→"保存"命令，或者单击快速访问工具栏中的"保存"按钮，弹出"另存为"对话框，如图 3-3 所示。

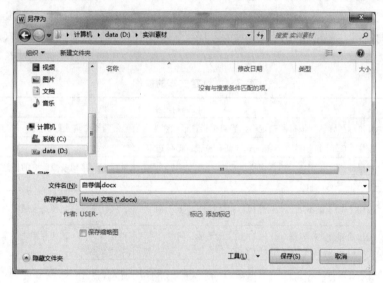

图 3-3　"另存为"对话框

b. 在"文件名"文本框中输入文件名。

c. 单击"保存位置"右列表框中的下拉按钮，可以指定文件的保存位置。

d. 在"保存类型"下拉列表框中选择文档的类型，例如，选择"Word 文档（*.docx）"选项即保存为 Word 2010 文档，默认扩展名为".docx"。

② 保存已经保存过的文档。

a. 单击"文件"→"保存"命令，或者单击快速访问工具栏中的"保存"按钮，会将修改的文档重新保存到原来文件中，不再弹出"另存为"对话框。

b. 如果要保存到不同路径的不同文件中，单击"文件"→"另存为"命令，弹出"另存为"对话框，按照上述方法保存文件。

注意：向文档中输入文本后，必须将文本内容保存，否则会丢失输入内容。

（3）打开文档

单击"文件"→"打开"命令，或者单击快速访问工具栏中的"打开"按钮，弹出"打开"对话框，利用该对话框可以打开指定的文档。

注意：如果是最近使用过的文档，单击"文件"→"最近所用文件"命令，单击所需文档的名称，即可以打开相应的 Word 文档。

3．关闭文档、退出 Word 2010

关闭文档并且退出 Word 2010 有以下几种常用的方法：

① 在 Word 2010 窗口中，单击"文件"→"退出"命令，可关闭文档并退出 Word 2010。

② 在 Word 2010 窗口中，单击窗口右上角的"关闭"按钮▣，也可关闭文档并退出 Word 2010。

③ 在 Word 2010 窗口中，双击快速访问工具栏中的按钮▣，也可关闭文档并退出 Word 2010。

4．编辑文本

（1）选定文本

如果要对文本进行复制、移动、删除、更改格式等操作，首先需要选定这些内容。选定文本的基本方法是：在要选定的文本开始处按下鼠标左键不放，拖动鼠标到结束处放开鼠标，被选定的文本将以反向显示，表示和非选定文本的不同。若要撤销选定，可在文档编辑区单击。选定文本的操作详见表 3-1。

表 3-1　选定文本的操作

选中对象	操　作
选定一行	将鼠标指针移到该行的选定栏，当鼠标指针形状变为向右倾斜的空心箭头时，单击，选定该行
选定一句	按住【Ctrl】键不放，单击一句的任意位置，即可选定一句
选定一段	将鼠标指针移到该段的选定栏，双击，选定该段；或者将鼠标指针移到该段落中的任意位置连续三击，也可选定该段
选定一个矩形区域	按住【Alt】键不放，然后将鼠标指针移到欲选区域的一角，按住左键拖到预选区域的对角
选定不连续文本	先选定部分文本，然后按住【Ctrl】键不放，同时再利用其他选择方法（选定栏单击、鼠标左键拖动或段落中双击），可以选中不连续的文本
选定连续的多个段落	在第一个段落的选定栏双击，不要松开，然后拖动鼠标，即可选定连续的多个段落
选定连续的若干行	将鼠标指针移到所选定若干行的第一行的选定栏，按下鼠标左键从上到下拖动，选定连续行；或者先选定第一行，将鼠标指针移到最后一行的选定栏位置，按住【Shift】键不放单击，也可选定连续行
选定任意连续区域	在选定文本开始处单击，然后按住【Shift】键不放，在结尾处单击，开始处和结尾处之间的文本将被选中
选定全文	单击"开始"→"编辑"→"选择"→"全选"命令；或者在文档左边选定栏处三击；或者按【Ctrl+A】组合键，均可选定全文

（2）编辑文本

① 复制文本。复制文本有以下几种常用的方法。

a. 选定要复制的文本。单击"开始"→"复制"命令，选定的文本存放到剪贴板中。移动光标到目标位置。单击"开始"→"粘贴"命令，存放到剪贴板中的内容被粘贴到目标位置。

b. 选定要复制的文本。按【Ctrl+C】组合键，选定的文本将存放到剪贴板中。移动光标到目标位置。按【Ctrl+V】组合键，存放到剪贴板中的内容被粘贴到目标位置。

c. 选定要复制的文本。右击，在快捷菜单中选择"复制"命令，选定的文本将存放到剪贴板中。移动光标到目标位置，右击，在快捷菜单中选择"粘贴"命令，存放到剪贴板中的内容被粘贴到目标位置。

② 移动文本。移动文本有以下几种常用的方法。

a. 选定要移动的文本。单击"开始"→"剪切"命令，选定的文本被存放到剪贴板中。移动光标到目标位置。单击"开始"→"粘贴"命令，存放到剪贴板中的内容被粘贴到目标位置。

b. 选定要移动的文本。按【Ctrl+X】组合键，选定文本被存放到剪贴板中。移动光标到目标位置。按【Ctrl+V】组合键，存放到剪贴板中的内容被粘贴到目标位置。

c. 选定要移动的文本。右击，在快捷菜单中选择"剪切"命令，选定的文本将存放到剪贴板中。移动光标到目标位置，右击，在快捷菜单中选择"粘贴"命令，存放到剪贴板中的内容被粘贴到目标位置。

③ 删除文本。删除文本有以下几种常用的方法。

a. 将光标移到要删除文本的首字符处，按【Delete】键或【Del】键。

b. 将光标移到要删除文本的最后字符处，按【Backspace】键。

c. 选定要删除的文本，单击"开始"→"剪切"命令。

（3）查找与替换文本

① 查找文本。

a. 单击"开始"→"编辑"→"查找"→"高级查找"命令，弹出"查找和替换"对话框，自动切换到"查找"选项卡，如图 3-4 所示。

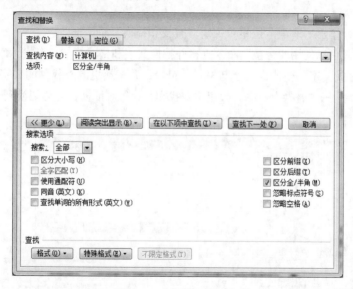

图 3-4　"查找"选项卡

b. 在"查找内容"文本框中输入要查找的内容，例如"计算机"。

c. 如果在查找内容中包含非打印字符，单击"特殊格式"按钮，在打开的下拉菜单中选择所需选项。

d. 如果要查找特定的格式或格式的组合的文本，单击"格式"按钮，在打开的下拉菜单中选择所需选项，进行相应的格式设置。

e. 在"搜索"下拉列表框中选择要查找的范围。

注意： 在"搜索选项"栏中通过选择其中的复选项来设置查找条件。关于搜索选项的含义如表 3-2 所示。

表 3-2　搜索选项的含义

选　　项	含　　义
搜索范围（全部）	搜索整篇文档（从插入点搜索到文档结尾，然后再从文档开头搜索到插入点），包括页眉、页脚、批注和脚注
搜索范围（向上）	从插入点（或选定末尾）搜索到文档开头（或选定开头），包括页眉、页脚、批注和脚注
搜索范围（向下）	从插入点（或选定开头）搜索到文档结尾（或选定末尾），包括页眉、页脚、批注和脚注
区分大小写	仅查找与搜索文字的所有字母大小写匹配的文本
全字匹配	排除搜索文字为其他单词一部分相同的情况
使用通配符	允许搜索文字包含用于匹配文字的通用符号，如"?"可以代表任意单个字符
区分全/半角	搜索文本时，区分全角或半角的字符

f. 单击"查找下一处"按钮，在所选定的范围中开始搜索查找文字或格式。搜索到第一个字符后，Word 2010 会突出显示查找到的文字。这时如果需要在该对话框处于打开时编辑文档，只需单击该文档的任何位置即可。在完成编辑后，若希望查找下一处，可再次单击"查找下一处"按钮。

g. 查找完毕，单击"取消"按钮，关闭"查找和替换"对话框。

② 替换文本。可以使用"替换"命令查找并替换文字和格式。与"查找"命令相同，在"替换"命令中允许查找文字、格式或文字与格式的组合，并替换更改查找到的文字、格式。

a. 单击"开始"→"替换"命令，弹出"查找和替换"对话框，自动切换到"替换"选项卡，如图 3-5 所示。

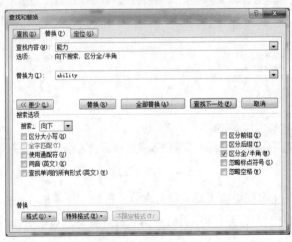

图 3-5　"替换"选项卡

b. 在"查找内容"文本框中输入要查找的内容，在"替换为"文本框中输入替换成的内容。

c. 在"搜索选项"栏中选择搜索范围及设置搜索条件。

d. 单击"查找下一处"按钮，将突出显示查找到的文字，这时单击"替换"按钮，则查找到的文字或格式即可被替换。如果想把整个文本全部替换，则可单击"全部替换"按钮。

注意：如果要查找特定的格式或格式的组合，确认光标在"查找内容"文本框中，单击"格式"按钮，选择所需的格式。

如果将查找到的内容替换成指定的格式或文字和格式的组合，则在步骤 b 完成后确认光标在"替换为"文本框中，单击"格式"按钮，选择所需的格式。

（4）撤销与恢复文本

操作中常常会碰到误操作的情况。例如，删错了文本、移动文本时移错了位置、做错了格式设置等。Word 2010 可以非常方便地将误操作撤销，有以下几种常用的操作方法：

① 单击快速访问工具栏中的"撤销"按钮，撤销最后一步操作。

② 单击快速访问工具栏中的"撤销"按钮旁边的小三角箭头，可查看最近进行的可撤销操作列表，然后单击要撤销的操作，可以撤销多个误操作。如果该操作目前不可见，可滚动列表来查找。

③ 按【Ctrl+Z】组合键，可以撤销多步操作。

恢复操作可以恢复被撤销的操作，有以下几种常用的操作方法：

① 单击快速访问工具栏中的"恢复"按钮，可以恢复被撤销的操作。

② 按【Ctrl+Y】组合键，也可以恢复被撤销的操作。

注意：在没有执行过撤销操作的文档中，"快速访问工具栏"中不显示"恢复"按钮，而是显示"重复"按钮，单击该按钮可重复上一操作。

（5）拼写和语法检查

Word 2010 提供了拼写和语法检查功能，能自动进行中、英文的拼写和语法检查，使单词、词语和语法的准确性提高。可以根据需要设置是否启用拼写和语法检查功能。

① 单击"审阅"→"拼写和语法"命令，弹出"拼写和语法"对话框，如图 3-6 所示。

② 系统会标出认为错误的地方并提示修改建议。可以选择需要的"建议"，单击"更改"按钮可接受当前建议框中选择的内容，单击"忽略一次"按钮可跳过这一错误信息。

图 3-6　"拼写和语法"对话框

说明：红色波浪线标出拼写错误，绿色波浪线标出语法错误，这些波浪线并不影响文档的打印，属于非打印字符。

5．设置字符格式

字符可以是一个汉字、一个字母、一个数字或一个单独的符号。设置字符格式包括字符的字体、字形、字号、字体颜色、下画线、字符间距等各种格式的设置，在 Word 2010 中可以通过"开始"选项卡的"字体"组、字体对话框、浮动菜单 3 种方法来实现。

进行字符格式化之前，首先要选定被格式化的文本。

（1）通过"开始"选项卡设置字符格式

单击"开始"选项卡"字体"组中的各个字符格式设置命令按钮，即可完成各种常用的字符格式设置，如图 3-7 所示。各个字符格式设置命令按钮的功能如表 3-3 所示。

图 3-7　"字体"组

表 3-3　"字体"组的命令按钮

按　钮	名　称	功　能
方正书宋简体 ▾	字体列表框	单击下拉按钮，可以选择所需文字的字体
10 ▾	字号列表框	单击下拉按钮，可以选择所需文字的大小
A▲	"增大字体"按钮	单击此按钮，可将选中的文字增大一个字号
A▼	"缩小字体"按钮	单击此按钮，可将选中的文字缩小一个字号
Aa▾	"更改大小写"按钮	单击此按钮，弹出它的菜单，单击该菜单内的命令，可将选中的英文字母更改为全部大写、全部小写或者其他常见的大小写形式等
▨	"清除格式"按钮	单击此按钮，可以清除所选文字的所有格式，只留下纯文本
文	"拼音指南"按钮	单击此按钮，弹出"拼音指南"对话框，显示所选文字的拼音
A	"字符边框"按钮	单击此按钮，可以给所选中的文字添加边框
B	"加粗"按钮	单击此按钮，选中的文字被加粗
I	"倾斜"按钮	单击此按钮，选中的文字被倾斜
U ▾	"下画线"按钮	单击此按钮，可以给所选文字添加下画线
abc	"删除线"按钮	单击此按钮，表示选中文字上面会添加删除线
x₂	"下标"按钮	单击此按钮，表示选中的文字会在文字基线下方变成小字符
x²	"上标"按钮	单击此按钮，表示选中的文字会在文字基线上方变成小字符
A	"文本效果"按钮	单击此按钮，弹出"文本效果"面板。在该面板内设置文本效果，包括艺术字效果、轮廓线、阴影、映像和发光等。设置文本效果的同时，即可看到选中文字的显示效果已经随之改变
ab▾	"以不同颜色突出显示文本"按钮	单击此按钮，弹出一个颜色面板，单击其内一个色块，即可改变选中文字的背景颜色
A ▾	"字体颜色"按钮	单击此按钮，可以改变选中文字的颜色。单击右边的下拉箭头，可以弹出"颜色"面板，如图 3-8 所示，单击其内的色块，可以设置选中文字的颜色。单击"其他颜色"命令，可以打开"颜色"对话框，利用其中的"标准"选项卡可以设置更多的颜色，如图 3-9 所示。利用"自定义"选项卡可以根据需要自定义颜色，在"颜色模式"中选择颜色模式，如"RGB"。在"红色""绿色""蓝色"数字框中设置各种颜色的值，就能配置出自己想要的颜色。每种色值的取值范围为 0～255。如红色值为"0"，绿色值为"0"，蓝色值为"255"，可配置出的颜色为"蓝色"，如图 3-10 所示
A	"字符底纹"按钮	单击此按钮，可以给选中的文字添加底纹
字	"带圈字符"按钮	单击此按钮，弹出"带圈字符"对话框，选中样式，圈号和文字，单击"确定"按钮，即可给选中的文字添加圆圈或边框

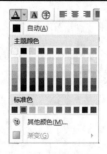

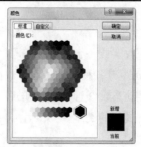

图 3-8　颜色面板　　图 3-9　"颜色"对话框的"标准"　　图 3-10　"颜色"对话框的"自定义"
　　　　　　　　　　　　　　　　选项卡　　　　　　　　　　　　　　选项卡

说明：字号的表示方法有两种，一种是中文数字，字号越小，对应的字符越大，如初号、小初、一号、…、七号、八号等；另一种是阿拉伯数字，用国际上通用的"磅"作单位，字号越小，字符也就越小，如 5、5.5、6.5、7.5、…、48、72 等。

在 Word 2010 中可输入的最大字号是 1 638 磅，即 55.87 cm。一般 A4 纸可容纳的最大字的磅值为 630 左右。关于中文字号与磅的对应关系如表 3-4 所示。

表 3-4　"字号"与"磅"的对应关系

字号	初号	小初	一号	小一	二号	小二	三号	小三	四号	小四	五号	小五	六号	小六	七号	八号
磅	42	36	26	24	22	18	16	15	14	12	10.5	9	7.5	6.5	5.5	5

（2）通过"字体"对话框设置字符格式

单击"字体"组右下角的对话框启动器按钮，或者在选定的文字上右击，在弹出的快捷菜单选择"字体"命令，都可以打开"字体"对话框，该对话框有两个选项卡，其中"字体"选项卡主要用于设置字体、字形、字号、字体颜色、下画线、着重号及其他各种文字效果，如图 3-11 所示。"高级"选项卡主要用于设置字符缩放、字符间距、字符位置等，如图 3-12 所示。

图 3-11　"字体"选项卡

图 3-12　"高级"选项卡

a."缩放"。用于对所选文字进行缩放。如果要设定一个特殊的缩放比例，可以直接在文本框中输入 1～600 间的数值。

b."间距"。用于对所选文字的字符间距进行调整，有"标准""加宽"和"紧缩"3 个选项。选用"加宽"或"紧缩"时，右边的"磅值"框中出现数值，在其中可设置想要加宽或紧缩的磅值。

c."位置"。用于将字符位置相对于基线进行提升或降低，有"标准""提升""降低"3 个选项。选用"提升"或"降低"时，右边的"磅值"框中出现数值，在其中可设置想要提升或降低的磅值。

（3）通过浮动菜单设置字符格式

选中需要设置格式的文字，当鼠标略微移开被选文字时，立即会显示一个半透明的字体设置浮动菜单。将光标移动到半透明菜单上时，菜单以不透明方式显示。利用此浮动菜单也可以设置各种字符格式。

6. 设置段落格式

段落是 Word 文档的重要组成部分。所谓段落，是指文档中两个回车符之间的所有字符，包括段后的回车符即段落标记"↵"。段落标记表示一个段落的结束，同时也包含了该段落的格式化信息。段落标记可通过"文件"→"选项"→"显示"命令控制其显示或隐藏。设置段落格式包括设置段落的对齐方式、缩进和间距等，在 Word 2010 中主要通过"开始"选项卡的"段落"组、"段落"对话框、标尺、制表符等几种方法来实现。

设置段落格式之前，一定要先选中整个段落或者将光标插入点移至该段落内，但如果同时对多个段落进行设置，则在设置前必须先选定要进行设置的多个段落。

（1）通过"开始"选项卡设置段落格式

单击"开始"选项卡的"段落"组中的各个段落格式设置命令按钮，即可完成各种常用的段落格式设置，如图 3-13 所示。各个段落格式设置命令按钮的功能如表 3-5 所示。

图 3-13　"段落"组

表 3-5　"段落"组的命令按钮

按　钮	名　称	功　能
▤	"文本左对齐"按钮	单击此按钮，使选中段落的各行文字左对齐
▤	"居中"按钮	单击此按钮，使选中段落的各行文字在其所在行居中对齐
▤	"文本右对齐"按钮	单击此按钮，使选中段落的各行文字右对齐
▤	"两端对齐"按钮	单击此按钮，会同时将选中的文字左右两端对齐，并根据需要增加字间距，使页面左右两侧形成整齐的外观
▤	"分散对齐"按钮	单击此按钮，可以调整选中段落的各行文字的水平间距，使其均匀分布在行内，具有整齐的边缘
↕≡▾	"行和段落间距"按钮	单击此按钮，可以调整选中段落的各行间距，可以设置当前行距和段落之间的间距
▤	"减少缩进量"按钮	单击此按钮，光标所在段落或者选中行所在段落的所有行，包括没有选中的行，都向左移动一个固定数值的缩进量
▤	"增加缩进量"按钮	单击此按钮，光标所在段落或者选中行所在段落的所有行，包括没有选中的行，都向右移动一个固定数值的缩进量

（2）通过"段落"对话框设置段落格式

单击"段落"组右下角的对话框启动器按钮 ，或者在选定的段落上右击，在弹出的快捷菜单中选择"段落"命令，都可以打开"段落"对话框，该对话框有 3 个选项卡，其中的"缩进和间距"选项卡主要用于设置常用的段落格式，如图 3-14 所示。其中各选项的功能如下：

① 对齐方式。可以设置段落的对齐方式，包括左对齐、居中、右对齐、两端对齐、分散对齐。

② 大纲级别。可以设置选中段落所对应的大纲级别。

③ 缩进。可以设置段落的缩进方式，包括左缩进、右缩进和特殊格式的缩进。其中，特殊格式的缩进又包括首行缩进和悬挂缩进。悬挂缩进指的是在一段中，除第一行之外的其他行的缩进。

④ 间距。可以设置段落的间距，包括段前间距、段

图 3-14　"缩进和间距"选项卡

后间距和行距。其中，行距又分为单倍行距、1.5 倍行距、2 倍行距、最小值、固定值、多倍行距。

（3）通过标尺和制表符设置段落格式

① 通过标尺设置段落缩进。利用标尺也可以实现段落的各种缩进，操作如下：

a. 选中"视图"→"显示"→"标尺"复选框，打开标尺。水平标尺上有 4 个滑块，分别是左缩进、悬挂缩进、首行缩进、右缩进滑块。

b. 将光标定位到要缩进的段落。

c. 将鼠标移动到标尺上，拖动滑块，段落就会以单个字符为单位进行缩进。这种方法不是太精确。

d. 如果要实现更加精确的缩进，可以借助【Alt】键来实现。

② 通过制表符设置段落格式。可以使用水平标尺设置制表符来实现段落格式的排版。操作如下：

a. 选中制表符的类型：在水平标尺的最左边有一个"制表符类型"按钮，默认的制表符是"左对齐式制表符" ⌊ 。每单击该按钮一次，其制表符就会按照"居中式制表符" ⊥ 、"右对齐式制表符" ⌋、"小数点对齐式制表符" ⊥、"竖线对齐式制表符" ⌞ 、"首行缩进" ▽ 和"悬挂缩进" ⌂的顺序循环改变。可以根据需要选中所需的制表符类型。

b. 在水平标尺内设置制表符：单击要在水平标尺上添加制表符的位置，即可在单击处创建一个制表符标记。将该制表符拖动出标尺即可删除该标记。

c. 按住【Alt】键的同时拖动制表符标记，可以进行较精确的微调。完成制表符后在当前行内输入文本，再按【Tab】键，光标会移动到下一个制表符的位置处。

说明： 也可以通过单击"段落"对话框"中文版式"选项卡中的"制表位"按钮，弹出"制表位"对话框，设置制表符进行段落格式的排版即可，如图 3-15 所示。

注意： 在输入完一个段落之后，按【Enter】键，Word 2010 会自动将下一个段落的首行缩进也设置为和上一段落一样的缩进。

7. 添加项目符号和编号

在 Word 2010 中可以快速地给列表添加项目符号和编号，使文档更有层次感，易于阅读和理解。

（1）添加项目符号

① 选中要添加项目符号的段落，单击"开始"选项卡的"段落"组中的"项目符号"按钮，可以在这些段落前添加需要的项目符号。

② 添加项目符号后，如果不满意，可以自定义新的项目符号。单击"项目符号"按钮 ☰▾,在打开的下拉列表中单击"定义新项目符号"命令，弹出"定义新项目符号"对话框，如图 3-16 所示。

"定义新项目符号"对话框中包括"符号""图片""字体" 3 个按钮及"对齐方式"的设置，各个项目的使用如下：

a. "符号"按钮。单击"符号"按钮，弹出"符号"对话框，选中所需的符号，单击"确定"按钮，返回"定义新项目符号"对话框，再单击"确定"按钮，选中的项目符号将会代替原来的项目符号。

图 3-15 "制表位"对话框　　　　图 3-16 "定义新项目符号"对话框

b. "图片"按钮。单击"图片"按钮，弹出"图片项目符号"对话框，选中所需的图片，可以将该图片作为项目符号插入。单击左下角的"导入"按钮，还可以将图片库外部的图片导入并加以使用。

c. "字体"按钮。单击"字体"按钮，弹出"字体"对话框，利用该对话框可以设置项目符号的大小、颜色等属性。

d. "对齐方式"。在"对齐方式"下拉列表框中可以选择所需的对齐方式。

（2）添加编号

① 选中要添加编号的段落，单击"开始"选项卡"段落"组中的"编号"按钮 ，可以在这些段落前添加需要的编号。

② 添加编号后，如果不满意，可以自定义新的编号格式。单击"编号"下拉按钮，在打开的下拉列表中单击"定义新编号格式"命令，弹出"定义新编号格式"对话框，如图 3-17 所示。

"定义新编号格式"对话框中包括"字体"按钮及"编号样式""编号格式""对齐方式"的设置，各个项目的使用如下：

a. "编号样式"：在"编号样式"下拉列表框中可以选择所需编号的样式。

b. "编号格式"：在"编号格式"文本框内可以修改选中的编号格式。

c. "字体"按钮：单击"字体"按钮，弹出"字体"对话框，利用该对话框可以设置编号的大小、颜色等属性。

图 3-17 "定义新编号格式"对话框

d. "对齐方式"：在"对齐方式"下拉列表框中可以选择所需的对齐方式。

说明：给文档添加项目符号和编号可以在输入文档之前进行，也可以在输入文档完成后进行，并且在设定完成后，还可以对项目符号和编号进行修改。

注意：在此处设置了项目符号的字符颜色后，使用"开始"选项卡"字体"组中的"字体颜色"按钮对其不再起作用。

（3）使用多级列表

在编辑文档的过程中，经常要用不同形式的编号来表现标题或段落的层次。这时，多级列表就非常有用。它最多可以具有 9 个层级，每一层级都可以根据需要设置出不同的格式和形式。

使用多级列表的操作如下：

① 单击"开始"选项卡的"段落"组中的"多级列表"下拉按钮，打开"多级列表"下拉列表，单击其中的一种列表图案，即可创建相应的一种多级列表。

② 单击其内的"更改列表级别"命令，可以调出"更改列表级别"下拉列表，单击其中的一种图案，即可更改光标所在行的列表样式。

③ 单击其内的"定义新的多级列表"命令，弹出"定义新多级列表"对话框，如图 3-18 所示，可以修改多级列表中各级编号的样式和格式及对齐方式等。

8. 设置边框和底纹

可以为选定的文字、段落、表格、页面及各种图形设置多种颜色和样式的边框和底纹，从而美化文档。边框和底纹的设置可以通过"边框和底纹"对话框完成。

（1）设置边框

① 选定要设置边框的文字、段落或表格，单击"开始"选项卡的"段落"组中的"下框线"下拉按钮，弹出"下框线"下拉菜单，单击"边框和底纹"命令，弹出"边框和底纹"对话框，如图 3-19 所示。

图 3-18 "定义新多级列表"对话框　　　　　图 3-19 "边框"选项卡

② 选择"边框"选项卡，如图 3-19 所示。在"设置"栏中选择边框的样式；在"样式"列表中选择边框线型；单击"颜色"下拉列表框，弹出"颜色"面板，可以设置边框颜色，如果"颜色"面板中没有合适的颜色，可以单击"其他颜色"命令，打开"颜色"对话框，自行设置所需的颜色。在"应用于"下拉列表框中选择应用范围。设置完成后，单击"确定"按钮。

③ 选择"页面边框"选项卡，如图 3-20 所示。"页面边框"选项卡可以为整个页面添加边框，不仅可以设置普通的边框，还可以添加艺术型边框，使 Word 文档变得活泼、美观。如图 3-20 所示它选择了一个"艺术型"下拉列表框，在该下拉列表框中选择图案类型。在"预览"栏中可以查看设置效果，也可以选择是否要某一条边框。设置完成后，单击"确定"按钮。

（2）设置底纹

① 选定要设置底纹的文字、段落或表格，单击"开始"选项卡的"段落"组中的"下框线"下拉按钮，弹出"下框线"下拉菜单，单击"边框和底纹"命令，弹出"边框和底纹"对话框。

② 选择"底纹"选项卡，如图 3-21 所示。在"填充"下拉列表框中选择所需的填充色；在"图案"栏内的"样式"下拉列表框中选择底纹图案的填充样式；在"颜色"下拉列表框中选择底纹图案中纹的颜色；在"应用于"下拉列表框中选择应用范围。设置完成后，单击"确定"按钮。

图 3-20 "页面边框"选项卡   图 3-21 "底纹"选项卡

9. 分栏

分栏就是将一段文字分成并排的几栏，文字内容只有当填满第一栏后才移到下一栏。分栏广泛应用于报纸、杂志等内容的排版中，操作方法如下：

（1）选定要分栏的文本。

（2）单击"页面布局"选项卡的"页面设置"组的"分栏"按钮，弹出"分栏"下拉菜单，根据需要选择预设的分栏格式。单击该菜单内的"更多分栏"命令，可打开"分栏"对话框，如图 3-22 所示。利用该对话框可以对选中的文本进行精确分栏。

（3）根据需要，在"预设"栏中选择分栏的方式，或在"栏数"数字框中直接设置分栏数。

（4）选中"分隔线"复选框，可以在栏间添加一条分隔线。

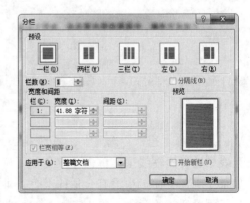

图 3-22 "分栏"对话框

（5）如果选中"栏宽相等"复选框，则 Word 会根据页面宽度自行平均分配栏的宽度；否则可以在"宽度和间距"栏中设置每栏的宽度和栏间距。

（6）在"应用于"下拉列表框中，设置作用范围。如果在打开对话框之前已经选中了文档内容，此操作可省略。

（7）设置完成后，单击"确定"按钮，即可完成对选中文本的分栏。

注意：

- 分栏前应选定需要分栏的文本，否则将默认对整个文档的内容进行分栏。
- 只有在"页面视图"和"阅读版式视图"下才能真实显示分栏效果。

10．设置段落首字下沉

首字下沉是指在报纸、杂志中经常需要对段落的第一个字进行特殊效果设置，比如字号明显较大或下沉行数等，以吸引读者的注意。操作如下：

① 将光标定位于要设置首字下沉的段落中。

② 单击"插入"选项卡的"文本"组中的"首字下沉"按钮，弹出下拉列表，如图 3-23 所示。在列表中选择一种下沉或悬挂的效果进行设置。

③ 还可以选择列表中的"首字下沉选项"命令，弹出"首字下沉"对话框，如图 3-24 所示。在对话框中可以对下沉或悬挂的首字设置字体、下沉行数及距正文的距离等。

图 3-23 "首字下沉"下拉列表

图 3-24 "首字下沉"对话框

11．格式刷

格式刷是实现快速格式化文档的重要工具。利用格式刷可以将已设置好的字符和段落的格式复制到其他文本上。

（1）使用格式刷复制文本格式

① 将鼠标指针定位在已经格式化好的原标准文本块中。

② 单击"开始"选项卡的"剪贴板"组上的"格式刷"按钮，鼠标指针变成一个刷子形状。

③ 按住鼠标左键刷过要格式化的目标文本，所刷过的目标文本就被格式化成原标准文本的格式。同时，鼠标指针恢复原样。

④ 如果要多次使用格式刷，可以在步骤②中双击"格式刷"按钮，然后就可以在文档的多处反复使用格式刷进行格式复制。若要停止格式复制，可再次单击"格式刷"按钮或按【Esc】键取消。

（2）使用格式刷复制段落格式

① 选中已经格式化好的原标准段落（含段落标记）。

② 单击"开始"选项卡的"剪贴板"组上的"格式刷"按钮，鼠标指针变成一个刷子形状。

③ 按住鼠标左键刷过要格式化的目标段落（含段落标记），所刷过的目标段落就被格式化成原标准段落的格式。同时，鼠标指针恢复原样。

④ 如果要多次使用格式刷，可以在步骤②中双击"格式刷"按钮，然后就可以在文档的多处

段落反复使用格式刷进行格式复制。若要停止格式复制，可再次单击"格式刷"按钮或按【Esc】键取消。

注意：如果段落的内容比较多，全部选中在操作上不方便，也可以通过复制段落标记来达到复制段落格式的效果。即在第①步只选中段落标记，在第③步只刷过段落标记就可以完成段落格式的复制。

🌐 拓展与提高

文档的查看方式

在使用 Word 2010 编辑文本时，需要查看文本的内容、格式、段落等效果。Word 2010 提供了多种查看方式来满足不同的需要，有页面视图、阅读版式视图、Web 版式视图、大纲视图、草稿等。可以在"视图"选项卡的"文档视图"组中进行不同查看方式的切换。

（1）草稿

在草稿中可以输入、编辑和设置文本格式，简化了页面的布局，不显示页边距、页眉和页脚、背景、图形对象以及没有设置为"嵌入型"环绕方式的图片。该视图功能相对较弱，适合编辑内容、格式简单的文章。

（2）页面视图

页面视图适用于浏览整个文章的总体效果。它可以显示出页面大小、布局，编辑页眉和页脚，查看、调整页边距，处理分栏及图形对象等。"页面视图"可以显示 Word 2010 文档的打印结果外观，是最接近打印结果的视图。

（3）大纲视图

使用大纲视图可以迅速了解文档的结构和内容梗概，可以清晰地显示文档的结构，文档标题和正文文字被分级显示出来，根据需要，一部分的标题和正文可以被暂时隐藏起来，以突出文档的总体结构。可以通过大纲视图来浏览整个文档以把握文档的总体结构，然后再详细了解文档的各部分内容。

在创作一篇文档时，可以先在大纲视图中列出它的提纲和各级标题，然后再根据提纲逐步充实文档的内容。

在大纲视图中，在每个标题的左边都显示了一个符号。表示带有下一级标题（包括子标题和正文）。

正文是大纲中除标题以外的任何段落文字。在大纲视图中，段落左边的小方框表示该段落为正文。正文可以看成是最低一级的标题。

要显示文档的大纲，首先切换到大纲视图。通过单击"视图"选项卡的"文档视图"组中的"大纲视图"命令，可以切换到大纲视图。

在大纲视图中组织文档的操作步骤如下：

① 建立新的文档，并切换到大纲视图中。

② 输入各个标题，刚输入的标题 Word 2010 会自动设为内置标题样式"标题 1"。输入完毕后，按【Enter】键可以输入下一个标题。

③ 如果将标题指定到别的级别并设置相应的标题样式，可以利用"大纲"工具栏中的升降

级按钮。也可以通过拖动标题前面的符号来实现：如果想将标题级别降至较低级别，向右拖动符号；如果想将标题升至较高级别，向左拖动符号。

④ 在建立满意的文档组织结构后，切换到普通视图或页面视图以添加详细的正文内容。

⑤ 也可以在大纲样式编号列表中输入标题和子标题。文字必须设置为内置标题样式。为各个标题指定大纲级别。由此建立分层结构的文档，然后可以在大纲视图或文档结构图中编辑该文档，这样可以不改变文字的显示方式。

（4）Web版式视图

使用Web版式视图可以预览具有网页效果的文本。在这种方式下，原来换行显示两行的文本，重新排列后在一行中就全部显示出来，与浏览器的效果保持一致。使用Web版式可快速预览当前文本在浏览器中的显示效果，便于做进一步的调整。

（5）阅读版式

阅读版式视图以图书的分栏样式显示Word 2010文档，"文件"按钮、功能区等窗口元素被隐藏起来。在阅读版式视图中，用户还可以单击"工具"按钮选择各种阅读工具。

阅读版式视图方式下最适合阅读长篇文章。阅读版式将原来的文章编辑区缩小，而文字大小保持不变。如果字数多，它会自动分成多屏。在该视图下同样可以进行文字的编辑工作，但视觉效果好，眼睛不会感到疲劳。阅读版式视图会隐藏除"阅读版式"和"审阅"工具栏以外的所有工具栏，这样的好处是扩大显示区且方便用户进行审阅编辑。

阅读版式视图的目标是增加可读性，可以方便地增大或减小文本显示区域的尺寸，而不会影响文档中的字体大小。想要停止阅读文档时，可单击"阅读版式"工具栏上的"关闭"按钮，可以从阅读版式视图切换回来。如果要修改文档，只需在阅读时简单地编辑文本，而不必从阅读版式视图切换出来。"审阅"工具栏自动显示在阅读版式视图中，这样可以方便地使用修订记录和注释来标记文档。

思考与练习

将自己所写的一篇论文按照期刊要求的格式排版。

任务二　毕业论文的高级排版

任务要求

毕业论文初稿完成之后，要求利用文档的高级排版功能对论文进行美化设计，例如，设置页眉页脚，插入各种非文本的对象（表格、图形、图片、文本框、艺术字、SmartArt图形等），自动生成目录等。最终使论文图文并茂，体现出个人的特色。

任务分析

为实现上述任务要求，需要完成以下工作：

① 插入表格。

② 绘制图形。

③ 插入图片。

④ 绘制文本框。

⑤ 绘制艺术字。

⑥ 插入 SmartArt 图形。

⑦ 插入分节符。

⑧ 插入分页符。

⑨ 创建样式。

⑩ 创建目录。

⑪ 插入页码。

⑫ 设置页眉和页脚。

任务实现

1. 插入表格

表格是文档处理过程中的一项重要内容。Word 2010 的表格处理功能非常强大，包括表格的创建、表格的编辑与格式化、表格中的公式和计算、表格数据的排序等。

（1）表格的基本概念

① 表格。由横竖对齐的数据和数据周围的边框线组成的特殊文档。

② 单元格。表格中容纳数据的基本单元。

③ 表格的行。表格中横向的所有单元格组成一行，行号的范围是 1～32 767。

④ 表格的列。表格中竖向的所有单元格组成一列。最多可以有 63 列，列号的范围是 A～BK。

⑤ 行高。表格中一行的高度。

⑥ 列宽。表格中一列的宽度。

（2）创建表格

创建表格有以下 4 种常用的方法：

① 使用"表格网格"创建表格，将光标定位于需要插入表格的位置，单击"插入"选项卡的"表格"组中的"表格"按钮，弹出"表格面板"，其中显示一个 8×10 的示意网格，如图 3-25 所示。按下鼠标左键向下拖动指针选定所需行数、向右拖动指针选定所需列数，当达到预定所需的行列数后，释放鼠标，就会在文档中插入一个表格。

② 使用"插入表格"对话框创建表格。将光标定位于需要插入表格的位置，单击"插入"选项卡的"表格"组中的"表格"按钮，在下拉菜单中选择"插入表格"命令，弹出"插入表格"对话框，如图 3-26 所示。在"列数"和"行数"数值框中分别输入表格的列数和行数，单击"确定"按钮，即可创建表格。

③ 使用"绘制表格"创建表格。单击"插入"选项卡的"表格"组中的"表格"按钮，在下拉菜单中选择"绘制表格"命令，此时鼠标指针变为铅笔形状，将笔形指针移到文本区中需要插入表格的位置，从要创建的表格的一角拖动至其对角，可以确定表格的外围边框。在创建的外框或已有表格中，利用笔形指针绘制横线、竖线、斜线，按照要求完成表格的创建。

图 3-25　"表格"面板　　　　　　　　　　图 3-26　"插入表格"对话框

④ 使用"快速表格"创建表格。将光标定位于需要插入表格的位置，单击"插入"选项卡的"表格"组中的"表格"按钮，将鼠标指针移到其下拉菜单中的"快速表格"命令上，即可显示内置的表格库，即表格模板，如图 3-27 所示。单击选中一种表格样式，即可在光标处创建一个选中样式的表格。然后输入所需数据，即可替换掉原来的数据，完成表格的创建。

图 3-27　内置表格库模板

说明："插入表格"对话框中各选项的功能如下。

- "固定列宽"单选按钮。选中它，则可以在其右边的数值框中输入列宽的数值，或者选择默认的"自动"选项，这时页面宽度将在指定的列数间平均分配。
- "根据内容调整表格"单选按钮。选中它，Word 会根据单元格内的文字数量，随时调整列宽。
- "根据窗口调整表格"单选按钮。选中它，Word 会根据窗口大小自动调整表格大小，以便能置于窗口中。如果窗口大小发生了变化，则表格的大小会根据变化后的窗口自动调整。
- "为新表格记忆此尺寸"复选框：选中它，则以后新建的表格将使用当前设置。

（3）选定表格

对表格进行各种编辑操作之前，应先选定表格的相关内容。表格的选定包括单元格、表格行、表格列和整个表格的选定。

① 选定单元格。将鼠标指针移到要选定单元格的左边线内侧时，当鼠标指针变为指向右上方的小黑箭头时，单击。

② 选定表格行。

a. 将鼠标指针移到要选定表格行的左框线之外，当鼠标指针变为指向右上方的空心箭头时，单击。

b. 或者将光标插入到要选定的表格行中，单击"布局"选项卡的"表"组中的"选择"→"选择行"命令。

③ 选定表格列

a. 将鼠标指针移到要选定表格列的上框线之外，当鼠标指针变为指向下方的小黑箭头时，单击鼠标。

b. 或者将光标插入到要选定的表格列中，单击"布局"选项卡的"表"组中的"选择"→"选择列"命令。

④ 选定单元格区域。将鼠标指针移到要选定单元格区域的左上角，按下鼠标左键不放，拖动鼠标到选定单元格区域的右下角。

⑤ 选定多行表格。先选定多行表格的第一行，按下鼠标左键不放，拖动鼠标选定多行。

⑥ 选定多列表格。先选定多列表格的第一列，按下鼠标左键不放，拖动鼠标选定多列。

⑦ 选定整个表格。

a. 将光标插入到表格中的任一单元格中，单击"布局"选项卡的"表"组中的"选择"→"选择表格"命令。

b. 或者将鼠标指针移到表格的左上角外，当出现方框中有双向十字小箭头时，将鼠标指针指向它，此时鼠标指针变成"双向十字小箭头"，单击。

c. 或者利用拖动鼠标，从表格左上角拖到右下角也可以选定整个表格。

（4）插入和删除表格

① 插入单元格。将光标定位到表格中要插入单元格的位置，单击"布局"选项卡的"行和列"组中的对话框启动器按钮，弹出"插入单元格"对话框，如图 3-28 所示。根据需要选择一项，单击"确定"按钮，即可完成单元格的插入。

② 插入行。

图 3-28 "插入单元格"对话框

a. 将光标移到表格中要插入行的位置，单击"布局"选项卡的"行和列"组中的"在上方插入"或"在下方插入"命令，就可以在当前行的上方或下方插入新行。

b. 选定一行，右击，在弹出的快捷菜单中单击"插入"→"在上方插入行"或"在下方插入行"命令，也可插入一行。

c. 或者将光标插入到要插入行的右框线外，按【Enter】键，也可在下面插入一行。

③ 插入列。

a. 将光标定位到表格中要插入列的位置，单击"布局"选项卡的"行和列"组中的"在左侧插入"或"在右侧插入"命令，就可以在当前列的左侧或右侧插入新列。

b. 选定一列，右击，在弹出的快捷菜单中单击"插入"→"在左侧插入列"或"在右侧插入列"命令，也可插入一列。

④ 删除单元格、行或列。删除单元格、行或列时，先选定所要删除的对象，然后单击"布局"选项卡的"行和列"组中的"删除"→"删除单元格"或"删除列"或"删除行"命令即可。

（5）调整表格

① 调整行高与列宽。

a. 将鼠标指针移到表格的列边框线上，当鼠标指针变为左右指向的双向箭头时，按住鼠标左键左右拖动，可以调整列宽。

b. 将鼠标指针移到表格的行边框线上，当鼠标指针变为上下指向的双向箭头时，按住鼠标左键上下拖动，可以调整行高。

c. 将光标移到要调整的行（列）的任意一个单元格上，单击"布局"选项卡的"表"组中的"属性"命令，弹出"表格属性"对话框，如图 3-29 所示。单击"行（列）"标签，打开"行（列）"选项卡，选择"指定高度"或"指定宽度"复选框，输入所需要的行高（列宽）值。单击"下一行（后一列）"或"上一行（前一列）"按钮，继续设置"下一行（后一列）"或"上一行（前一列）"的行高或列宽，全部设置完成后，单击"确定"按钮。

图 3-29 "表格属性"对话框

d. 若需要平均分布表格中的行高或列宽，则需要选定要平均分配尺寸的行或列，单击"布局"选项卡的"单元格大小"组中的"分布行"或"分布列"按钮，将表格中的各行（列）按照表格大小平均分布。

② 合并与拆分单元格。

a. 合并单元格。选定需要合并的单元格，单击"布局"选项卡的"合并"组中的"合并单元格"按钮，即可完成单元格的合并。

b. 拆分单元格。选定需要拆分的单元格，单击"布局"选项卡的"合并"组中的"拆分单元格"按钮，弹出"拆分单元格"对话框，如图 3-30 所示，输入要拆分的行数和列数，单击"确定"按钮。

图 3-30 "拆分单元格"对话框

③ 拆分表格。

a. 选中表格拆分处的下一行。

b. 单击"布局"选项卡的"合并"组中的"拆分表格"按钮，即可完成表格的拆分。

④ 合并表格。删除要合并的两个表格之间的所有文字和回车换行符，即可完成两个表格的合并。

（6）格式化表格

① 重复显示表格标题行。当表格中的内容多于一页时，由于从第 2 页开始就不显示标题行了，因此查看表格数据时很容易混淆。在 Word 2010 中可以通过设置重复标题行，使标题行出现

在表格每一页的表头，以便于表格内容的理解，满足表格打印的要求。操作方法如下：

选定表格中作为标题的行，单击"布局"选项卡的"数据"组中的"重复标题行"按钮，即可满足标题行的重复显示。

② 设置单元格内容的对齐方式。

a. 将光标移到要设置对齐方式的单元格内，单击"布局"选项卡的"对齐方式"组中的某一种对齐方式按钮，即可完成单元格内容对齐方式的设置。

b. 选定要设置对齐方式的单元格，右击并在弹出的快捷菜单中单击"单元格对齐方式"中的某一种对齐方式，也可完成单元格内容对齐方式的设置。

③ 设置表格文字方向。

a. 将光标移到要改变文字方向的单元格内，单击"布局"选项卡的"对齐方式"组中的"文字方向"按钮，选择一种需要的文字方向，即可改变单元格内文字的方向。

b. 选定要更改文字方向的单元格，右击并在弹出的快捷菜单中选择"文字方向"命令，弹出"文字方向–表格单元格"对话框，如图 3-31 所示，单击"方向"栏内的一个图案，即可改变单元格内文字的方向。

④ 设置单元格边距和间距。单元格边距是指单元格中填充内容和单元格边框之间的距离。单元格间距是指每个单元格之间的距离。设置单元格边距和间距的操作如下：

a. 将光标定位到表格中，单击"布局"选项卡的"表"组中的"属性"按钮，弹出"表格属性"对话框，如图 3-29 所示，选择"表格"选项卡。

b. 单击"选项"按钮，弹出"表格选项"对话框，如图 3-32 所示。

c. 在"默认单元格边距"选项区域内，输入"上""下""左""右"4 个边距所需要的数值来设置单元格边距。

d. 选择"默认单元格间距"选项区域内的"允许调整单元格间距"复选框，输入所需要的数值来设置单元格的间距。

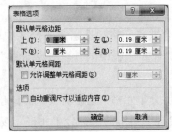

图 3-31 "文字方向–表格单元格"对话框　　　　图 3-32 "表格选项"对话框

⑤ 设置表格边框和底纹。设置表格的边框和底纹可以利用"边框和底纹"对话框完成，操作类似于本单元任务一的"设置边框和底纹"，此处不再赘述。以下 3 种方法均可打开"边框和底纹"对话框，如图 3-33 所示。

a. 将光标定位到表格任一单元格中，右击并在弹出的快捷菜单中选择"边框和底纹"命令。

b. 在快捷菜单中选择"表格属性"命令，弹出"表格属性"对话框，在"表格"选项卡中单击"边框和底纹"按钮。

c. 单击"布局"选项卡的"表"组中的"属性"按钮，弹出"表格属性"对话框，在"表格"选项卡中单击"边框和底纹"按钮。

⑥ 套用内置表格样式。套用 Word 2010 提供的表格样式，可以给表格添加上边框、颜色以及其他的特殊效果，使得表格具有非常专业化的外观。操作方法如下：

a. 将光标移到表格中，选择"设计"选项卡的"表格样式"组，将鼠标指针停留在需要的某个表格样式上，如图 3-34 所示，会显示该表格样式的名称，同时光标所在表格的样式也随之改变。

图 3-33 "边框和底纹"对话框

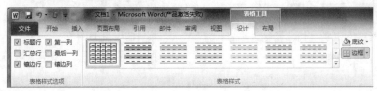

图 3-34 "表格工具–设计"选项卡

b. 要查看更多样式，可以单击"表格样式"组右下角的"其他"按钮 ，弹出"表格样式"面板，在展开的样式列表中单击需要的样式图案，就可以将所选择的样式应用到表格上，如图 3-35 所示。

c. 选择"设计"选项卡的"表格样式选项"组，可以在其中选中或取消选中每个表格元素旁边的复选框，以此修改选中样式的表格，如图 3-34 所示。

d. 单击"表格样式"下拉列表框中的"新建表样式"命令，如图 3-35 所示。弹出"根据格式设置创建新样式"对话框，利用该对话框可以新建一个表格样式。

e. 单击"表格样式"下拉列表框中的"修改表格样式"命令，弹出"修改样式"对话框，利用该对话框可以修改当前选中的表格样式。

f. 单击"表格样式"下拉列表框中的"清除"命令，可以删除选中的表格样式。

⑦ 设置表格的对齐方式。在 Word 2010 文档中，如果所创建的表格没有完全占用 Word 文档页边距以内的页面，则可以为表格设置相对于页面的对齐方式，操作如下：

a. 将光标移到表格中，单击"布局"选项卡"表"组中的"属性"按钮，弹出"表格属性"对话框，选择"表格"选项卡，如图 3-36 所示。

b. 在"对齐方式"栏内选择一种对齐方式，如果选择"左对齐"，还可以设置"左缩进"的数值。

c. 在"文字环绕"栏内设置表格与文字是否环绕。

（7）表格计算

Word 2010 的表格具有一定的计算功能，经过公式计算所得结果是一个域，当公式中的源数据发生变化时，其计算结果经过更新也会随之改变。Word 2010 只能做一些简单的表格计算，比如求和、求平均值等。

① 单元格、单元格区域。单元格是组成表格的基本单位。在进行表格计算时，是通过单元格的名称来引用单元格中的数据的。单元格名称又称单元格地址，它是由列标和行号来标识的，

列标在前，行号在后，列标用 A，B，C，…，Z，AA，AB，…，AZ，BA，BB，…表示，最多可达 63 列；行号用 1，2，3，…表示，最多可达 32 767 行。

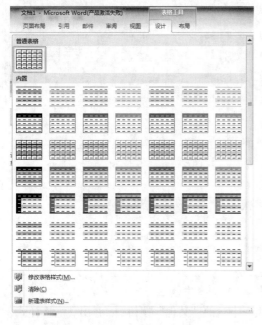

图 3-35 "表格样式"面板   图 3-36 "表格属性"对话框的"表格"选项卡

单元格区域的表示方法是用该区域左上角的单元格地址和右下角的单元格地址中间用冒号连接起来表示，例如 A1:B3、C2:E4 等。

② 表格计算。Word 2010 的计算功能是通过公式来实现的。下面以计算成绩表的总分为例介绍表格的计算方法，表格计算前的源数据如图 3-37（a）所示。

a. 将光标定位到存放计算结果的单元格中，比如白一鸣的"总分"单元格。

b. 单击"布局"选项卡的"数据"组中的"公式"按钮，弹出"公式"对话框，如图 3-38 所示。

c. Word 会根据当前单元格与周围存放数字数据的单元格之间的关系，在"公式"框中自动显示计算公式，本例将显示"=SUM（LEFT）"；也可以在"公式"框中手动输入"=B2+C2+D2"或"=SUM（B2:D2）"；也可以单击"粘贴函数"下拉按钮，选择符合要求的函数将其快速粘贴到"公式"框中。单击"确定"按钮，系统会自动计算出表中"白一鸣"的总分。按此方法，调整求和公式参数可计算出其他人的总分，表格计算后的结果如图 3-37（b）所示。

姓　名	语　文	数　学	英　语	总　分	姓　名	语　文	数　学	英　语	总　分
白一鸣	80	82	77		白一鸣	80	82	77	239
陆海滨	93	87	90		陆海滨	93	87	90	270
罗晓兵	87	89	69		罗晓兵	87	89	69	245
蔡　峰	85	95	94		蔡　峰	85	95	94	274

（a）表格计算前的源数据   （b）表格计算后的结果

图 3-37 表格计算

注意：Word 2010 表格计算中有 3 个函数参数，分别是 LEFT、ABOVE、RIGHT，通过指出运算的方向进而指明计算的源数据。

- LEFT。对当前单元格左侧的单元格数据进行计算。
- ABOVE。对当前单元格上方的单元格数据进行计算。
- RIGHT。对当前单元格右侧的单元格数据进行计算。

③ 表格中计算结果的更新。选中存放公式计算结果的单元格，单元格中的结果会自动显示灰色的底纹，因为它是一个域，属于公式域。

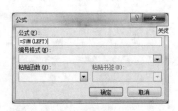

图 3-38 "公式"对话框

域是 Word 的四大核心技术（样式、模板、域和宏）之一。所谓域，实际上就是隐藏在文档中由一组特殊代码组成的指令。系统在执行这组指令时，得到的结果就会插入到文档中并显示出来。在 Word 2010 中许多功能的完成都是靠域来支持的，如页眉和页脚、页码、邮件合并、目录和索引等。

若公式中的源数据发生了改变，必须对公式域进行手动更新才能显示最新结果。方法是：选中单元格中的计算结果，右击，在快捷菜单中选择"更新域"命令。快捷菜单中的"切换域代码"命令用来在显示公式域和显示计算结果之间切换。

（8）表格排序

Word 2010 可以按照用户的要求快速、准确地将表格中的数据按照升序或者降序进行排序。操作方法如下：

① 将光标置于表格内任意单元格中，单击"布局"选项卡的"数据"组中的"排序"按钮，弹出"排序"对话框，如图 3-39 所示。

② 在"排序"对话框中选择排序关键字、排序的类型及升序或降序。还需要确定排序时是否带有标题行。

③ 单击"确定"按钮，完成排序。

图 3-39 "排序"对话框

2. 绘制图形

Word 2010 可以在文档中绘制出各种形状的图形，包括线条、矩形、圆形、箭头、流程图、标注等，并且能实现图形的编辑及组合。

（1）绘制形状图形

① 单击"插入"选项卡的"插图"组中的"形状"按钮，打开"形状"面板，如图 3-40（a）所示。

② 单击该面板内的某个图形样式图标，此时鼠标指针变成十字形，再在页面内按下鼠标左键拖动，即可绘制出一幅选中的图形样式的图形。

说明： 如果要绘制正方形或圆形，就需按住【Shift】键拖动鼠标。

（2）编辑形状图形

在编辑图形之前，首先选中需要编辑的图形。

① 更改图形形状。单击"格式"选项卡的"插入形状"组中的"编辑形状"按钮，打开"编辑形状"下拉菜单，选择其内的"更改形状"命令，打开"形状"面板，如图 3-40（b）所示，

可以改变选中图形的形状；选择其内的"编辑顶点"命令，即可在选中图形的四周产生一些黑色矩形控制柄，拖动控制柄，也可以更改图形的形状。

（a）"形状"面板 1 　　　　　　　　　　　　（b）"形状"面板 2

图 3-40 "形状"面板

② 给图形添加文字。单击"格式"选项卡的"插入形状"组中的"文本框"按钮，此时鼠标指针变成十字形，再在页面内按下鼠标左键拖动，即可绘制出文本框，利用文本框添加文字；或者在选中的图形上右击，打开快捷菜单，选择"添加文字"命令，也可以在图形中添加文字。

（3）设置图形样式

① 设置图形样式。选中一幅图形对象，单击"格式"选项卡的"形状样式"组中的"形状样式"列表框中的一种样式，如图 3-41 所示。可以给选中的图形同时设置预先设置好的填充和线条。

② 图形填充。单击"格式"选项卡的"形状样式"组中的"形状填充"按钮，打开"形状填充"下拉列表，如图 3-42 所示，可以调整选中图形填充的颜色，可以设置图片、渐变或纹理的填充。

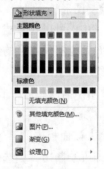

图 3-41 "形状样式"下拉列表框 　　　　　　图 3-42 "形状填充"下拉列表

③ 调整图形轮廓。单击"格式"选项卡的"形状样式"组中的"形状轮廓"按钮，打开"形状轮廓"下拉列表，如图 3-43 所示，可以改变选中图形轮廓的颜色、宽度、线型。

④ 设置图形效果。单击"格式"选项卡的"形状样式"组中的"形状效果"按钮，打开"形状效果"下拉列表，如图 3-44 所示，可以给图形添加阴影、映像、发光、柔化边缘或三维旋转等效果，使图形更加生动。

（4）图形中文本的编辑

① 设置图形中文本的样式。单击"格式"选项卡的"艺术字样式"组中的"文本填充""文本轮廓""文本效果"按钮，可以设置图形中文本的颜色、轮廓、效果等，操作类似于上述的图形填充、图形轮廓、图形效果的设置，此处不再赘述。

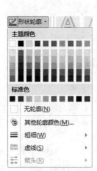

图 3-43　"形状轮廓"下拉列表　　　　图 3-44　"形状效果"下拉列表

② 图形中文本的编辑。单击"格式"选项卡的"文本"组中的"文字方向""对齐文本"按钮，可以设置图形中文本的文字方向、对齐方式等。

（5）排列图形

① 调整图形位置。单击"格式"选项卡的"排列"组中的"位置"按钮，打开"位置"下拉列表，可以选择设置图形的某一种位置方式，如图 3-45 所示。如果需要精确调整图形位置，则可以选择"其他布局选项"命令，弹出"布局"对话框，利用该对话框的"位置"选项卡可以精确调整选中图形的位置，如图 3-46（a）所示。

② 设置文字环绕方式。单击"格式"选项卡的"排列"组中的"自动换行"按钮，在下拉菜单中可以选择设置图形的一种文字环绕方式，如图 3-47 所示。或者在下拉菜单中选择"其他布局选项"命令，弹出"布局"对话框，选择"文字环绕"选项卡，也可以设置图形的文字环绕方式，如图 3-46（b）所示。

图 3-45　"位置"下拉列表

（a）"位置"选项卡　　　　　　　（b）"文字环绕"选项卡

图 3-46　"布局"对话框

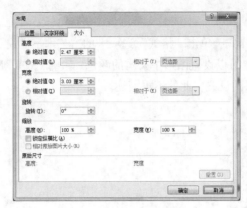

（c）"大小"选项卡

图 3-46 "布局"对话框（续）

③ 调整图形的叠放次序。单击"格式"选项卡的"排列"组中的"上移一层"或"下移一层"按钮，可以将重叠图形中选中的图形上移一层、下移一层、置于顶层、置于底层、浮于文字上方、衬于文字下方。

④ 设置图形的隐藏与显示。选中要编辑的图形，单击"格式"选项卡的"排列"组中的"选择窗格"按钮，弹出"选择和可见性"任务窗格，如图 3-48 所示。利用该窗格可以将该页内显示的所有图片、剪贴画、艺术字实现隐藏或显示。

图 3-47 "自动换行"下拉菜单　　　　图 3-48 "选择和可见性"窗格

⑤ 设置图形的对齐、组合和旋转。利用"格式"选项卡的"排列"组内最右边的 3 个按钮："对齐""组合""旋转"，可以用来调整选中的多个对象的组合与取消组合，调整对象的对齐方式和旋转角度。

a. 对齐。选中一个或多个图形，单击"格式"选项卡"排列"组中的"对齐"按钮，弹出"对齐"菜单，如图 3-49 所示。利用它可以将选中的多个对象的边缘对齐或将选中的对象与工作区边缘对齐，还可以进行水平或垂直均匀分布。选择不同的命令，可以进行不同方式的对齐或分布。

b. 旋转。选中一个或多个对象，单击"格式"选项卡的"排列"组中的"旋转"按钮，弹出"旋转"下拉菜单，如图 3-50 所示。利用该菜单可以将选中对象进行旋转或翻转。选择"其他旋转选项"命令，打开"布局"对话框的"大小"选项卡，如图 3-46（c）所示。利用该选项卡可以调整选中对象的高度、宽度、大小和旋转角度。

图 3-49　"对齐"下拉菜单　　　　　　　　　图 3-50　"旋转"下拉菜单

c. 组合。按住【Shift】键，同时依次单击选中多个对象，单击"组合"按钮，弹出"组合"菜单，单击其内的"组合"命令，即可将选中的多个对象组合在一起，形成一个组合，将其作为一个对象处理。选中一个组合，单击"组合"→"取消组合"命令，可将组合取消，分解成原来的多个独立对象。

（6）调整图形大小

利用"格式"选项卡中的"大小"组可以精确调整选中图形的高度和宽度。还可以单击"大小"组的对话框启动器按钮，打开"布局"对话框的"大小"选项卡，如图 3-46（c）所示。利用该选项卡可以精确调整选中图形的高度和宽度。

上述对形状图形的各种编辑和格式化操作也可以通过"设置形状格式"对话框完成，操作如下：

单击"格式"选项卡的"形状样式"组中的对话框启动器按钮，弹出"设置形状格式"对话框，在左边栏内通过切换选项卡可以选择各种命令，对图形进行填充、线条颜色、线型、阴影、映像、发光和柔化边缘、三维格式、三维旋转、图片颜色等各种格式的设置。例如：选择"填充"选项卡，选中其中的"渐变填充"单选按钮，如图 3-51 所示。可以给选中的图形填充一种渐变色。

图 3-51　"填充"选项卡

3. 插入图片

（1）插入图片

利用 Word 2010 中的"插入"选项卡的"插图"组，可以向文档中插入图片、剪贴画、屏幕截图、图表等图片对象。

① 插入图片。

a. 将光标定位到插入图片的位置，单击"插入"选项卡的"插图"组中的"图片"命令，弹出"插入图片"对话框，如图 3-52 所示。

图 3-52 "插入图片"对话框

b. 在对话框左边窗格中找到插入图片所在的文件夹，在右边窗格中选中要插入的图片文件，单击"插入"按钮，即可将图片插入到文档中。

说明：借助 Word 2010 提供的"插入和链接"功能，不仅可以将图片插入到 Word 文档中，而且在原始图片发生变化时，Word 文档中的图片可以进行更新。在"插入图片"对话框中，单击"插入"下拉按钮，在下拉列表中选择"插入和链接"命令，当原始图片内容发生变化（文件未被移动或重命名）时，重新打开 Word 文档将看到插入的图片已经更新。如果原始图片位置被移动或图片被重命名，则 Word 文档将保留最近的图片版本。

如果选择"链接到文件"命令，则当原始图片位置被移动或图片被重命名时，Word 文档将不显示图片。

② 插入剪贴画。

a. 将光标定位到插入剪贴画的位置，单击"插入"选项卡的"插图"组中的"剪贴画"命令，弹出"剪贴画"任务窗格。

b. 单击"搜索"按钮，在下方将显示搜索出的剪贴画，如图 3-53 所示。也可以在"搜索文字"文本框内输入所需搜索的剪贴画关键字，单击"搜索"按钮，"剪贴画"窗格内将显示搜索到的全部剪贴画。

c. 单击选定剪贴画右侧的下拉按钮，选择"插入"命令或直接单击要插入的剪贴画，所选剪贴画就插入到文档中的指定位置。

③ 插入屏幕截图。

a. 首先打开准备屏幕截图的窗口，不要设置为最小化。

b. 打开要插入屏幕截图的 Word 2010 文档页面，将光标定位到插入屏幕截图的位置，单击"插入"选项卡的"插图"组中的"屏幕截图"按钮，弹出"屏幕截图"下拉列表，如图 3-54 所示。

c. 在"屏幕截图"面板内的"可用视窗"栏内选择截取的窗口图片。如果当前屏幕上有多个窗口没有最小化，则会在这个小窗口中显示多个图片。

d. 单击选中的窗口截图图片，该图片将被自动插入到当前文档的指定位置中。

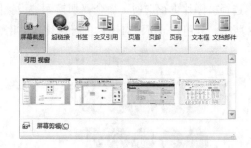

图 3-53　"剪贴画"任务窗格	图 3-54　"屏幕截图"下拉列表

说明：还可以将屏幕上任意窗口的一部分截图当作图片插入到 Word 2010 文档中。操作如下。

- 将需要截图的窗口打开，显示在可视范围之内。
- 打开要插入屏幕截图的 Word 2010 文档页面，将光标定位到插入屏幕截图的位置，单击"插入"选项卡的"插图"组中的"屏幕截图"按钮，打开"屏幕截图"下拉列表，如图 3-54 所示。
- 在"可用视窗"栏内选择"屏幕剪辑"命令。
- 拖动鼠标选择需要截图的窗口的一部分并释放鼠标，则选取的部分将作为图片插入到 Word 2010 文档页面中。

④ 插入图表。在 Word 2010 中可以插入图表，图表能直观地显示出 Excel 工作表中行和列的数据关系。当工作表中的数据更新后，图表中的数据会自动更新。在插入图表时，不需要事先在 Excel 中创建工作表。操作方法如下：

a. 将光标定位到插入图表的位置，单击"插入"选项卡的"插图"组中的"图表"按钮，即可在光标所在位置插入一个图表，如图 3-55 所示。同时调出 Excel，并自动在 Excel 中创建一个二维表格，如图 3-56 所示。可以看到图表所依据的是 Excel 中创建的一个二维工作表的数据。

b. 在 Excel 中修改二维工作表中的数据，同时图表中的数据和图表也会随之改变。

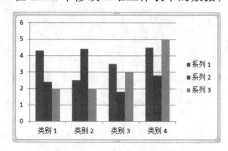

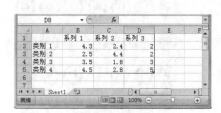

图 3-55　Word 中的图表	图 3-56　Excel 中的工作表

（2）调整图片

调整图片之前，首先需要选中要调整的图片。

① 调整图片的锐化和柔化、亮度和对比度。

a. 单击"格式"选项卡的"调整"组中的"更正"按钮，弹出"更正"下拉列表，如图 3-57 所示，单击锐化和柔化、亮度和对比度下的不同图案，可以将该图案的锐化和柔化、亮度和对比度的效果应用于选中图片。

b. 选择"图片更正选项"命令，切换到"设置图片格式"对话框的"图片更正"选项卡，如图 3-58 所示。利用它也可以对图片进行锐化和柔化、亮度和对比度等各种格式的调整。

图 3-57 "更正"下拉列表

图 3-58 "图片更正"选项卡

② 调整图片颜色。

a. 单击"格式"选项卡的"调整"组中的"颜色"按钮，弹出"颜色"下拉列表，其内有不同颜色、色调和饱和度的图案，如图 3-59 所示。单击不同图案，可以调整选中图片的颜色。

b. 选择"其他变体"命令，可以弹出一个"颜色"面板，利用该面板可以给选中的图片更改颜色。

c. 选择"设置透明色"命令，鼠标指针变成 ✍，单击选中图片内的某种颜色，可以使这种颜色以及接近的颜色透明。

d. 选择"图片颜色选项"命令，切换到"设置图片格式"对话框的"图片颜色"选项卡，如图 3-60 所示，利用它也可以调整图片颜色的饱和度和色调等参数。

图 3-59 "颜色"下拉列表

图 3-60 "图片颜色"选项卡

③ 调整图片艺术效果。单击"格式"选项卡的"调整"组中的"艺术效果"按钮，弹出"艺术效果"下拉列表，单击其内的图案，可将该图案的艺术效果应用于选中图片，如图 3-61 所示。选择"艺术效果选项"命令，切换到"设置图片格式"对话框的"艺术效果"选项卡，单击其内的按钮，也可以弹出"艺术效果"下拉列表，如图 3-62 所示，利用它也可以调整图片的艺术效果。

图 3-61　"艺术效果"下拉列表　　　　图 3-62　"艺术效果"下拉列表

④ 压缩图片。单击"格式"选项卡的"调整"组中的"压缩图片"按钮，弹出"压缩图片"对话框，如图 3-63 所示。利用该对话框可以设置压缩图片的范围、文档分辨率等与压缩有关的参数。

⑤ 更改图片。单击"格式"选项卡的"调整"组中的"更改图片"按钮，弹出"插入图片"对话框，如图 3-52 所示。利用该对话框可以导入外部其他图片，替代选中的原图片。

图 3-63　"压缩图片"对话框

⑥ 重设图片。单击"格式"选项卡的"调整"组中的"重设图片"按钮，在弹出的下拉列表中选择"重设图片"命令，可以将修改后的图片还原为原图状态；选择"重设图片和大小"命令，可以将修改和缩放后的图片还原为原始图片，恢复修改和原大小。

（3）设置图片样式

① 设置图片样式。用户可以为选中的图片更改多种图片样式，包括透视、映像、框架、投影等，操作方法如下：

a. 选中需要更改样式的图片。

b. 打开"格式"选项卡的"图片样式"组的"图片样式"列表，选中合适的图片样式即可。当鼠标指针悬停在一个图片样式上方时，该图片会即时预览实际效果。

② 设置图片轮廓。利用"格式"选项卡的"图片样式"组中的"图片边框"按钮，可以设置图片轮廓的颜色、宽度、线型等。

③ 设置图片效果。选中需要设置效果的图片，单击"格式"选项卡的"图片样式"组中的"图片效果"按钮，在下拉列表中的"预设、阴影、映像、发光、柔化边缘、棱台及三维旋转"等多种效果中选择一种，即可完成图片效果的设置。

④ 设置图片版式。利用"格式"选项卡的"图片样式"组中的"图片版式"按钮可以设置图片的各种版式。

（4）排列图片

利用"格式"选项卡的"排列"组中的"位置""自动换行""上移一层""下移一层""选择窗格""对齐""组合""旋转"等按钮可以实现图片的位置、文字环绕方式、叠放次序、隐藏与显示、对齐、组合、旋转等的设置，操作类似于前面介绍的图形的排列，此处不再赘述。

（5）调整图片大小

选中要编辑的图片，利用"格式"选项卡的"大小"组可以调整图片的大小，以及裁剪图片等。操作方法如下：

① 调整图片大小。在"格式"选项卡的"大小"组中的"高度"和"宽度"数值框内分别输入图片的高度和宽度值，即可设置需要调整图片的大小。另外，单击"大小"组中的对话框启动器按钮，弹出"布局"对话框的"大小"选项卡，也可以调整图片的大小。

② 裁剪图片。单击"格式"选项卡的"大小"组中的"裁剪"按钮，打开"裁剪"下拉列表，如图 3-64 所示。选择"裁剪"命令，选中对象的四周会出现 8 个调整大小的控制柄和 8 个裁剪控制柄。将鼠标指针移动到裁剪对象的控制柄处，拖动鼠标即可调整裁剪对象的形状。按【Enter】键或单击图片外部，即可完成图片的裁剪。选择"裁剪为形状""纵横比""填充""调整"等命令可以根据需要对对象进行相应的裁剪。

图 3-64 "裁剪"下拉列表

4．绘制文本框

文本框是一种绘图对象。在其中能够输入文本，也可以插入图片。通过使用文本框，可以将文本很方便地放置到页面的任意指定位置，而不必受到段落格式、页面设置等因素的影响。在以前的版本中，文本框必须自己绘制、手工设置。而在 Word 2010 中，在允许用户绘制文本框的同时，还为用户提供了 36 种已设置好的文本框样式供用户使用，同时还允许用户把自己制作好的文本框样式保存到样式库中备用，极大地提高了文本框的使用效率。

（1）插入文本框

① 将光标定位到插入文本框的位置，单击"插入"选项卡的"文本"组中的"文本框"按钮，在打开的内置文本框列表中选择一种合适的文本框样式单击，即可在文档的指定位置插入一个文本框。

② 所插入的文本框处于选中状态，直接输入文本内容即可。

③ 如果没有合适的文本框样式，则在内置文本框列表中选择"绘制文本框"命令，鼠标变成十字形，此时在文档中按下鼠标左键拖动鼠标到指定位置松开，即可在文档中手工绘制出文本框。

注意：在第③步中，如果选择"绘制竖排文本框"命令，则文本框中的文字为竖排版。

（2）编辑文本框

① 选中需要编辑的文本框，切换到"格式"选项卡，对文本框的编辑类似于前面介绍的图形的编辑，通过"格式"选项卡可以设置文本框的样式及文本框的填充、轮廓、文本、阴影、映像、发光、柔化、三维旋转等效果，调整文本框的排列位置及大小、对齐方式等。

② 选中需要编辑的文本框，单击"格式"选项卡的"艺术字样式"组中的对话框启动器按钮，弹出"设置文本效果格式"对话框的"文本框"选项卡，如图 3-65 所示。利用该选项卡可以设置文本框内文字的对齐方式、文字方向、内部边距等。切换到其他选项卡，还可以设置文本框的填充、边框、轮廓样式、阴影、映像、发光和柔化边缘、三维格式及旋转等。

5. 绘制艺术字

（1）插入艺术字

① 将光标定位于插入艺术字的位置，单击"插入"选项卡的"文本"组中的"艺术字"按钮，打开"艺术字样式"下拉列表，如图 3-66 所示。

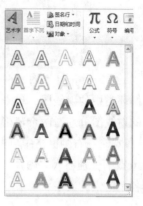

图 3-65 "设置文本效果格式"对话框   图 3-66 "艺术字样式"下拉列表

② 选择一种艺术字样式单击，打开"艺术字文本"编辑框，如图 3-67 所示。在其中输入要设置艺术字的文本。

③ 选中艺术字，切换到"开始"选项卡，在"字体"组中可以给艺术字设置"字体""字形""字号"等格式。

图 3-67 "艺术字文本"编辑框

注意：如果要将正文中的文字转变为艺术字，可先选中文字，再进行插入艺术字的操作。

（2）编辑艺术字

① 选中要编辑的艺术字，切换到"格式"选项卡，利用该选项卡中的"艺术字样式""文本""排列""大小"组，可以设置艺术字的样式、文本填充、文本轮廓、文本效果、文字方向、调整艺术字的排列位置、文字环绕方式、大小、对齐方式、旋转及组合等。

② 选中要编辑的艺术字，右击，在弹出的快捷菜单中通过选择"编辑文字"、"置于顶层"、"置于底层"、"设置形状格式"等命令可以设置艺术字的文字内容、位置、填充效果、线条颜色、线型、阴影、映像、发光和柔化边缘、三维效果等。如图 3-68 所示。

6. 插入 SmartArt 图形

Word 2010 新增了 SmartArt 图形，用于演示流程、层次结构、循环或关系。SmartArt 图形包括图形列表、流程图、组织结构图及射线图和维恩图等。熟悉这一工具，可以更加快捷地制作出精美文档。

图 3-68 "编辑艺术字"
快捷菜单

例如，要在文档中插入一个射线图，操作如下：

① 单击"插入"选项卡的"插图"组中的"SmartArt"按钮，弹出"选择 SmartArt 图形"对话框，如图 3-69 所示。在对话框中可看到其图形库，Word 2010 提供了 80 种不同类型的模板，有列表、流程、循环、层次结构、关系、矩阵、棱锥图、图片八大类，在每个类别下还分为很多子类。

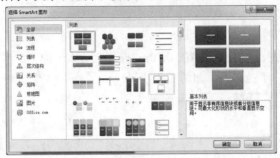

图 3-69　"选择 SmartArt 图形"对话框

② 选择循环类中的射线图，单击"确定"按钮，将在文档中插入射线图。

③ 插入的射线图分左右两个窗格，左侧窗格以树形结构显示射线图的结构，右侧窗格中以图形显示结构，在左侧或右侧窗格中单击"文本"区域，鼠标变为插入状态，在中间节点中输入"插图"，在周边节点中分别输入"图片""剪贴画""形状"及"图表"。

④ 选择各个输入的文字，单击"开始"选项卡中的"字体"组为文字设置字体、字形、字号及颜色等格式。

⑤ 要加入一个节点形状用于输入"SmartArt"，选中"形状"节点，右击，在弹出的快捷菜单中选择"添加形状"→"在后面添加形状"命令。

⑥ 在插入的新节点上右击，选择"编辑文字"命令，在形状节点中输入文本"SmartArt"，最后效果如图 3-70 所示。

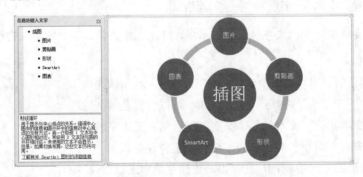

图 3-70　在文档中插入一个射线图的最终效果图

7．插入分节符

节是独立的编辑单位，每一节都可以设置成不同的格式。插入分节符即可将文档分成多节，然后根据需要设置每节的不同格式。分节排版可以美化页面，达到丰富多彩的排版效果。插入分节符的操作如下：

① 将光标定位到需要分节的文档位置。

② 单击"页面布局"选项卡的"页面设置"组中的"分隔符"按钮，弹出"分隔符"下拉列表，如图 3-71 所示。在列表中选择"分节符"栏中的某一个分节符类型，就可以插入一个分

节符。各分节符类型的含义如下：

　　a. 下一页。在光标所在位置插入分节符并在下一页上开始新节。

　　b. 连续。在光标所在位置插入分节符并在同一页上开始新节。

　　c. 偶数页。在光标所在位置插入分节符并在下一偶数页上开始新节。

　　d. 奇数页。在光标所在位置插入分节符并在下一奇数页上开始新节。

　　③ 在"分节符类型"栏中，选择"下一页"单选按钮，分节符就插入到光标所在位置，新节从下一页开始。

8. 插入分页符

　　在 Word 2010 文档中，当文本或图形等内容写满一页时，会自动插入一个分页符，开始新的一页。如果想确保长文档中章节标题总在新的一页开始，需要在某个特定位置强制分页，可手动插入分页符。操作如下：

　　① 将光标定位到需要分页的位置。

　　② 单击"页面布局"选项卡的"页面设置"组中的"分隔符"按钮，打开"分隔符"下拉列表，如图 3-71 所示。在列表中选择"分页符"栏中的分页符，就可以在光标位置插入一个分页符。

9. 创建样式

　　样式是用样式名表示的一组预先设置好的格式，如字符的字体、字形和字号，段落的对齐方式、行距和段间距等。利用已经设置好格式的一种样式，可以套用在所选文本中，实现对文本地快速格式化。

　　Word 2010 提供了多种内置样式供用户使用，如标题样式、正文样式等。用户还可以根据需要自己创建样式，并利用这些新样式来快速格式化编辑的文档。

图 3-71　"分隔符"下拉列表

（1）创建样式

　　① 单击"开始"选项卡的"样式"组中的对话框启动器按钮，弹出"样式"窗格，如图 3-72 所示。

　　② 单击左下角的"新建样式"按钮，弹出"根据格式设置创建新样式"对话框，如图 3-73 所示。

图 3-72　"样式"窗格

图 3-73　"根据格式设置创建新样式"对话框

③ 在"名称"文本框中输入新建样式的名称，并设置"样式类型""样式基准""后续段落样式"等内容。

④ 在"格式"区域，根据用户需要设置字体、字形、字号、颜色、段落对齐方式等各种字符格式及段落格式，也可以单击左下角的"格式"按钮进行设置，设置完毕，单击"确定"按钮。

（2）应用样式

① 选定要应用样式的文本。

② 在"开始"选项卡的"样式"组中选择需要的样式，如图 3-74 所示。如果不满意，可以单击图中的"其他"按钮，则显示所有的预定义样式。可以在其中选择一种需要的样式，单击确认，则所选定的文本将会按照选择的新样式重新被格式化。

（3）修改样式

文档中的内容在应用了系统预设的样式后，格式可能不完全符合实际需要，这时就需要对预设的样式进行修改。Word 2010 提供了对内置样式和自定义样式修改的功能。修改了样式以后，所有套用该样式的文本块或段落会自动随之改变，以反映新的格式变化。操作如下：

① 选择要修改的样式。可以通过在图 3-74 所示的 "开始"选项卡的"样式"列表中选择要修改的样式，也可以通过在"样式"窗格中选择要修改的样式。

② 右击要修改的样式名，在弹出的快捷菜单中选择"修改"命令，弹出"修改样式"对话框，如图 3-75 所示。

图 3-74 "样式"组　　　　　　　　　图 3-75 "修改样式"对话框

③ 保持"样式基准"和"后续段落样式"内的"正文"不变。

④ 根据要修改样式的内容，在"格式"选项区域中对"字体""字号""字形""颜色""段落对齐方式""行距""段间距"等进行设置，也可以单击左下角的"格式"按钮进行设置，设置完毕，单击"确定"按钮，即可完成样式的修改。

（4）删除样式

① 删除样式。

a. 在"样式"窗格的列表框中，右击要删除的样式名。

b. 在弹出的快捷菜单中单击"删除"命令，系统弹出一个"是否从文档中删除样式"的消息框，单击"是"按钮，就可以删除样式。

② 删除样式应用。

a. 选择要取消样式应用的文本。

b. 在"样式"窗格中选择"全部清除"命令。或在"开始"选项卡的"样式"列表中单击图中的"其他"按钮，在弹出的下拉列表中选择"清除格式"命令，均可将文本所应用的样式全部删除，使选中的文本不应用任何样式。

10. 创建目录

目录通常是长文档不可缺少的部分，通过目录，用户可以迅速地了解文档的内容，实现快速查找。Word 2010 提供了自动生成目录的功能，使目录的制作变得简单易行，而且在文档发生改变之后，还可以利用更新目录的功能来适应文档的变化。Word 2010 一般是利用大纲级别或标题样式来创建目录，所以在创建目录前，应确定希望出现在目录中的标题应用了标题样式或大纲级别的样式。

（1）使用大纲级别创建目录

① 单击"视图"选项卡中的"大纲视图"按钮，将文档切换到"大纲视图"状态，同时在功能区调出并切换到"大纲"选项卡，如图 3-76 所示。

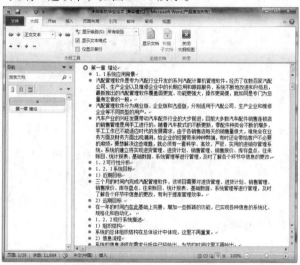

图 3-76 "大纲"选项卡

② 在文档中选中要在目录中显示的第一个标题。

③ 利用"大纲"选项卡的"大纲工具"组打开"大纲级别"下拉列表框，为此标题选择一个大纲级别。

④ 对希望包含在目录中的每个标题重复进行上述的步骤②和步骤③。

⑤ 将光标定位于要插入目录的位置。

⑥ 在"引用"选项卡的"目录"组中单击"目录"按钮，弹出下拉列表，如图 3-77 所示。在下拉列表中选择"自动目录"命令，则将文档内已设置了大纲级别样式的标题内容插入到目录中。

⑦ 也可以在图 3-77 所示的下拉列表中选择"插入目录"命令，弹出"目录"对话框，如图 3-78 所示。可以设置是否显示页码、页码对齐方式、制表符前导符、显示标题的级别等内容。设置完成后，单击"确定"按钮，即可完成目录的插入。

（2）使用标题样式创建目录

① 创建每一级标题的样式。

② 对要显示在目录中的各级标题内容分别应用各级标题样式。

③ 将光标定位于要插入目录的位置。

④ 在"引用"选项卡的"目录"组中单击"目录"按钮，弹出下拉列表，如图 3-77 所示。在下拉列表中选择"自动目录"命令，则将文档内已设置了标题样式的标题内容插入到目录中。

⑤ 也可以在图 3-77 的下拉列表中选择"插入目录"命令，弹出"目录"对话框，如图 3-78 所示。可以设置是否显示页码、页码对齐方式、制表符前导符、显示标题的级别等内容。设置完成后，单击"确定"按钮，即可完成目录的插入。

图 3-77 "目录"下拉列表

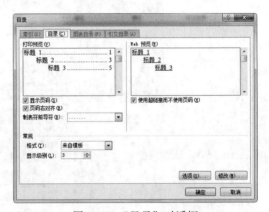

图 3-78 "目录"对话框

11. 插入页码

（1）插入页码

单击"插入"选项卡的"页眉和页脚"组中的"页码"按钮，打开"页码"下拉列表，如图 3-79 所示，可以在文档的不同位置插入页码。

（2）修改页码格式

在图 3-79 所示的"页码"下拉列表中，选择"设置页码格式"命令，弹出"页码格式"对话框，如图 3-80 所示，可以在该对话框中设置页码的各种格式。

图 3-79 "页码"下拉列表

图 3-80 "页码格式"对话框

说明:

● 如果一个文档分为几节,为使整个文档的页码连续,可选择"续前节"单选按钮。

● 如果需要页码从某个数字开始编排,可选择"起始页码"单选按钮。

12. 设置页眉和页脚

在很多书籍或杂志的页面顶部或底部都有页眉和页脚,页眉位于页面中的上页边距线的上方,页脚位于页面中的下页边距线的下方。页眉和页脚的内容不是随文档输入的,而是专门设置的。页眉和页脚只有在页面视图下才能看到,创建页眉和页脚必须先切换到页面视图下。

(1)插入页眉和页脚

① 单击"插入"选项卡的"页眉和页脚"组中的"页眉"按钮,打开"页眉"下拉列表,如图 3-81 所示。在列表中单击所需的页眉样式,页眉即被插入到文档的每一页中。同时光标定位于页眉位置,Word 进入页眉编辑状态,在页眉编辑区内输入页眉内容,如文字和图片。此时正文不可编辑。

② 如果要插入页脚,只要单击"设计"选项卡的"导航"组中的"转至页脚"按钮,切换到页脚,在页脚中输入内容即可。在输入页眉和页脚内容时,可以使用"设计"选项卡的"插入"组中的各种按钮插入日期和时间、图片、剪贴画等,如图 3-82 所示。

③ 单击"设计"选项卡的"关闭页眉和页脚"按钮,切换到正文编辑状态,完成操作。此时,页眉和页脚的内容变灰,表示此时页眉和页脚的内容不可编辑,正文内容恢复到可编辑状态。

图 3-81 "页眉"下拉列表

图 3-82 "插入"组

(2)修改页眉和页脚

① 编辑页眉和页脚:双击页眉或页脚区域,进入页眉或页脚的编辑状态,并切换到"设计"选项卡。将光标移到要编辑的页眉或页脚区域内,删除或修改内容,Word 2010 会自动将文档中与该页眉或页脚内容设置一致的其他页的页眉或页脚内容一起进行删除或修改。也可以单击图3-81 所示的"页眉"或"页脚"下拉列表中的"编辑页眉"或"编辑页脚"命令,进入页眉或页脚的编辑状态。

② 更改页眉和页脚的样式。单击"插入"选项卡的"页眉和页脚"组中的"页眉"按钮,在打开的下拉列表中单击内置的另外一种页眉样式,整个文档的页眉都会改变。页脚的操作同页眉,不再赘述。

③ 页眉和页脚的格式设置。在"页面布局"选项卡中,单击"页面设置"组中的对话框启动器按钮,弹出"页面设置"对话框,选择"版式"选项卡,如图 3-83 所示。在"页眉和页脚"区域可以设置文档的页眉和页脚的奇偶页不同、首页不同及距边界的距离等格式属性。也可以双

击页眉或页脚区域，进入页眉和页脚的编辑状态，通过"页眉和页脚工具–设计"选项卡中的"页眉和页脚""插入""导航""选项""位置"5 个组中的各个按钮设置页眉和页脚的各种格式。

④ 将页眉和页脚保存到样式库。如果要将创建的页眉和页脚保存到页眉和页脚样式库中，则需要先选择页眉和页脚中的文本或图形，再单击"页眉和页脚工具–设计"选项卡的"页眉和页脚"组中的"页眉"或"页脚"按钮，在弹出的下拉列表中选择"将所选内容保存到页眉库""或"将所选内容保存到页脚库""命令即可。

（3）删除页眉和页脚

图 3–83 "版式"选项卡

单击"插入"选项卡的"页眉和页脚"组中的"页眉"或"页脚"按钮，在弹出的的下拉列表中选择"删除页眉"或"删除页脚"命令即可完成删除页眉或页脚的操作。

说明：如果文档分为几节，可以在每一节插入、更改、删除不同的页眉和页脚，也可以在所有节中使用相同的页眉和页脚。

在需要创建不同的页眉和页脚的节内单击，单击"插入"选项卡的"页眉和页脚"组中的"页眉"或"页脚"按钮，在弹出的下拉列表中选择"编辑页眉"或"编辑页脚"命令。在"设计"选项卡的"导航"组中，单击"链接到前一条页眉"或"链接到前一条页脚"按钮，以便断开新节中的页眉和页脚与前一节中的页眉和页脚之间的链接。

当 Word 2010 不在页眉和页脚的右上角显示"与上一节相同"信息时，即可更改本节现有的页眉和页脚，或创建新的页眉和页脚，而不影响其他节的页眉和页脚设置。

思考与练习

找一本封面精美的图书，按照其样式制作封面。

任务三　毕业论文的打印

任务要求

毕业论文的高级排版完成后，可以进行页面设置及打印，最后装订成册交稿。

任务分析

为实现上述任务要求，需要完成以下工作：

① 页面设置。

② 打印预览。

③ 打印文档。

![任务实现]

1．页面设置

页面设置主要包括设置纸张、页边距、版式和文档网格等。

（1）设置纸张

① 设置纸张方向。单击"页面布局"选项卡的"页面设置"组中的"纸张方向"按钮，在打开的下拉列表中可以选择"横向"或"纵向"命令，即可完成纸张方向的设置。也可以单击"页面布局"选项卡的"页面设置"组右下角的对话框启动器按钮，弹出"页面设置"对话框，切换到"页边距"选项卡，如图 3-84 所示，完成纸张方向的设置。

② 设置纸张大小。单击"页面布局"选项卡的"页面设置"组中的"纸张大小"按钮，在打开的下拉列表中可以选择已有的尺寸。若在列表中没有合适大小的纸张，则可以在列表中选择"其他页面大小"命令，弹出如图 3-85 所示的"页面设置"对话框的"纸张"选项卡，通过输入纸张的"宽度"和"高度"，自定义纸张大小。

（2）设置页边距

① 单击"页面布局"选项卡的"页面设置"组中的"页边距"按钮，在打开的下拉列表中单击所需的页边距类型，整个文档会自动更改为已选择的页边距类型，如图 3-86 所示。

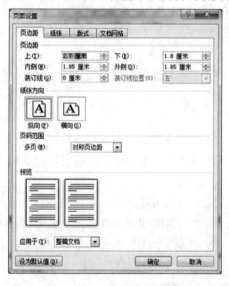

图 3-84　"页边距"选项卡

图 3-85　"纸张"选项卡

② 也可以自己定义需要的页边距。在打开的"页边距"下拉列表中，单击"自定义边距"命令，弹出"页面设置"对话框的"页边距"选项卡，如图 3-84 所示。

③ 分别在"页边距"区域的"上""下""内侧""外侧"文本框中输入新的页边距值即可完成页边距的设置。

（3）设置版式

① 单击"页面布局"选项卡的"页面设置"组右下角的对话框启动器按钮，弹出"页面设置"对话框，切换到"版式"选项卡，如图 3-87 所示。

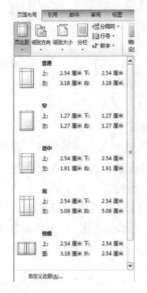

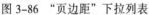

图 3-86 "页边距"下拉列表   图 3-87 "版式"选项卡

② 在"节"选项区域中可以设置节的起始位置。

③ 在"页眉和页脚"选项区域中可以设置页眉和页脚的格式及距边界的距离。

④ 在"页面"选项区域中可以设置页面的垂直对齐方式。

（4）设置文档网格

切换到"页面设置"对话框中的"文档网格"选项卡，可以设置页面中每页的行数、每行的字符数、"文字排列"方向、分栏数、网格的设置等。

2．打印预览

通过打印预览，可以在打印前查看文档打印到页面上的实际效果，起到"所见即所得"的作用。如果感到不满意，可以在打印之前进行相应的编辑和修改，直到符合要求再打印，以减少纸张的浪费。

单击"文件"选项卡中的"打印"命令，可进入文档的打印预览状态，如图 3-88 所示。左侧窗格是"文件"选项卡的各个命令选项组成的"选项"栏，用来选择对文件的一种操作；中间窗格是打印命令下的"打印""打印机""设置"栏，用来控制文档打印和文档的打印设置；右侧窗格是"预览"区域，"预览"区域内左下角的按钮和文本框用来选择预览页码，右下角是"显示比例调整器"，用来调整"预览"区域内显示的文档的页数和大小。

3．打印文档

对文档进行了页面设置并通过打印预览后，如果感到满意，就可以打印了。

单击"文件"选项卡中的"打印"命令，可进入文档的打印状态，如图 3-88 所示。下面介绍该界面中间窗格的"打印""打印机""设置"三栏的主要选项的打印设置功能：

① "打印"栏。连接好打印机，完成打印设置，在"份数"数值框中输入要打印的份数，然后单击"打印"按钮，即可进行打印。

② "打印机"下拉列表。用来选择打印机。

图 3-88 "打印"界面

③ "设置"栏。

a. "打印所有页"按钮。单击此按钮，弹出下拉列表，如图 3-89 所示。通过选择下拉列表中的各个选项可以设置打印的页码范围及文档属性。

b. "单面打印"按钮。单击此按钮，弹出下拉列表，如图 3-90 所示。通过选择下拉列表中的各个选项可以设置单面打印还是手动双面打印。

图 3-89 "打印所有页"下拉列表

图 3-90 "单面打印"下拉列表

c. "调整"按钮。单击此按钮，弹出下拉列表，如图 3-91 所示。在打印"份数"数字框中输入要打印的份数后，如果在该下拉列表中选择"调整"选项，则表示打印完一份完整文档后，再打印下一份；如果在该下拉列表中选择"取消排序"选项，则表示每一页打印完设定的份数后，再打印下一页。

d. "纵向"按钮。单击此按钮，弹出下拉列表，如图 3-92 所示。通过选择下拉列表中的各个选项可以设置纵向打印还是横向打印。

e. "A4"按钮。单击此按钮，弹出下拉列表，如图 3-93 所示。通过选择下拉列表中的各个选项可以设置打印纸张和页面大小等属性，选择其内的"其他页面大小"命令，弹出"页面设置"对话框的"纸张"选项卡，可进行页面的纸张设置。

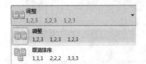

图 3-91　"调整"下拉列表

图 3-92　"纵向"下拉列表

　　f.　"正常边距"按钮。单击此按钮，弹出下拉列表，如图 3-94 所示。通过选择下拉列表中的各个选项可以设置打印纸张的页边距，选择其内的"自定义边距"命令，弹出"页面设置"对话框的"页边距"选项卡，可进行页面的页边距设置。

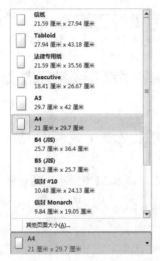

图 3-93　"A4"下拉列表

图 3-94　"正常边距"下拉列表

　　g.　"每版打印 1 页"按钮。单击此按钮，弹出下拉列表，如图 3-95 所示。通过选择下拉列表中的各个选项可以设置每版打印的页数，选择其内的"缩放至纸张大小"命令，弹出下一级列表，如图 3-96 所示，用来选择纸张大小。每版打印的页数决定于页面的大小，页面越大，每版可以打印的页数越少；反之，页面越小，每版可打印的页数就越多。

图 3-95　"每版打印一页"下拉列表

图 3-96　"缩放至纸张大小"下拉列表

思考与练习

打印毕业论文。

任务四　编制准考证

任务要求

学校组织计算机等级考试，要求利用 Word 2010 的"邮件合并"功能批量编制准考证。

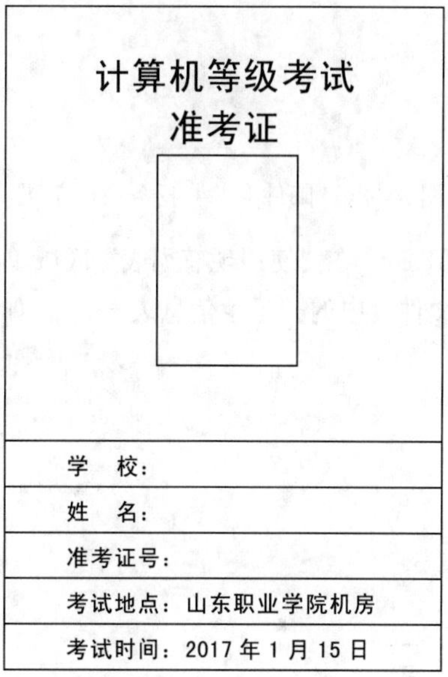

任务分析

为实现上述任务要求，需要完成以下工作：

① 创建主文档：制作"准考证"模板，如图 3-97 所示。

② 创建数据源：建立 Excel 考生信息数据表。

③ 建立主文档与数据源的关联：在主文档中插入合并域。

④ 生成准考证：合并主文档与数据源。

计算机等级考试
准考证

学　校：
姓　名：
准考证号：
考试地点：山东职业学院机房
考试时间：2017 年 1 月 15 日

图 3-97　准考证模板

任务实现

1. 创建主文档：制作"准考证"模板

① 创建"准考证"文件夹，在其中新建 Word 文档"准考证.docx"。

② 参照图 3-97 的模板，在文档中插入一个 15 行×1 列的表格，合并上面的 10 行。

③ 参照图 3-97 的模板，在表格中输入相应的文本（黑体），并进行格式化。

④ 参照图 3-97 的模板，在表格第一行中间位置插入文本框，并在其中输入"照片"字样。

2. 创建数据源：建立 Excel 考生信息数据表

① 启动 Excel 2010，在"准考证"文件夹中创建"考生信息表.xlsx"。

② 在工作表中创建主要字段有"学校""姓名""准考证号"等。

③ 采集学生相应的报名信息，并将其录入到"考生信息表.xlsx"中。

3. 建立主文档与数据源的关联：在主文档中插入合并域

① 打开 Word 文档"准考证.docx"，将光标定位于"学校"后，单击"邮件"选项卡的"开始邮件合并"组中的"开始邮件合并"→"邮件合并分步向导"命令，弹出"邮件合并"任务窗格 1，如图 3-98 所示。在"选择文档类型"区域，选择"信函"单选按钮。

② 单击"下一步：正在启动文档"命令，弹出"邮件合并"任务窗格 2，如图 3-99 所示。在"选择开始文档"区域，选择"使用当前文档"单选按钮。

③ 单击"下一步：选取收件人"命令，弹出"邮件合并"任务窗格 3，如图 3-100 所示。

图 3-98 "邮件合并"任务窗格 1　图 3-99 "邮件合并"任务窗格 2　图 3-100 "邮件合并"任务窗格 3

④ 在"使用现有列表"区域单击"浏览"命令，弹出"选取数据源"对话框，选择"准考证"文件夹内的"考生信息表.xlsx"，如图 3-101 所示。

图 3-101 "选取数据源"对话框

⑤ 单击"打开"按钮，弹出"确认数据源"对话框，如图 3-102 所示。单击"确定"按钮，弹出"选择表格"对话框，如图 3-103 所示。

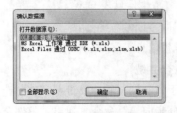

图 3-102 "确认数据源"对话框　　　　图 3-103 "选择表格"对话框

⑥ 单击"确定"按钮，弹出"邮件合并收件人"对话框，如图 3-104 所示。在其中可以通过对复选框的选取或取消来添加或删除合并的收件人，以决定为哪些人编制生成准考证，设置完成后，单击"确定"按钮，关闭"邮件合并收件人"对话框。弹出"邮件合并"任务窗格 4，如图

3-105 所示。

图 3-104　"邮件合并收件人"对话框

⑦ 单击"下一步：撰写信函"命令，弹出"邮件合并"任务窗格 5，如图 3-106 所示。

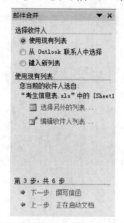

图 3-105　"邮件合并"任务窗格 4　　　　　图 3-106　"邮件合并"任务窗格 5

⑧ 将光标定位于"学校"后面，单击"其他项目"命令，弹出"插入合并域"对话框，如图 3-107 所示。选择"学校"域，单击"插入"按钮，单击"关闭"按钮，完成"学校"域的插入。

⑨ 将光标定位于"姓名"后面，按照步骤⑧完成"姓名"域的插入；用同样方法将"准考证号"域插入到"准考证号"后面。插入所有域后的效果如图 3-108 所示。

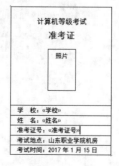

图 3-107　"插入合并域"对话框　　　　　图 3-108　插入域后的准考证

⑩ 所有域插入完成后，单击图 3-106 所示的"邮件合并"任务窗格 5 中的"下一步：预览

信函"命令，弹出"邮件合并"任务窗格 6，如图 3-109 所示。在"预览信函"区域中可以使用左右箭头来依次查看生成的各个准考证的预览效果。在"准考证.docx"中可以看到准考证生成后的预览效果，如图 3-110 所示。

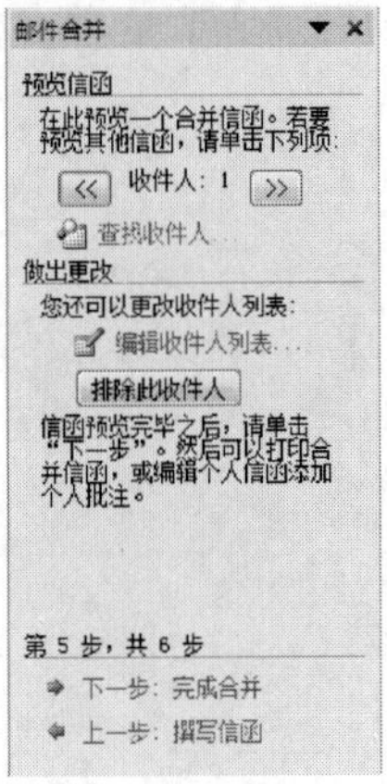

4．生成准考证：合并主文档与数据源

① 单击"邮件合并"任务窗格 6 中的"下一步：完成合并"命令，弹出"邮件合并"任务窗格 7，如图 3-111 所示。

② 单击"合并"区域的"编辑单个信函"命令，弹出"合并到新文档"对话框，如图 3-112 所示。选择"全部"单选按钮，单击"确定"按钮，即可生成一个新文档"信函 1"，里面包含所有同学的准考证，如图 3-113 所示。

③ 单击"合并"区域的"打印"命令，弹出"合并到打印机"对话框，如图 3-114 所示。利用该对话框可以选择编辑合并部分记录并进行打印。

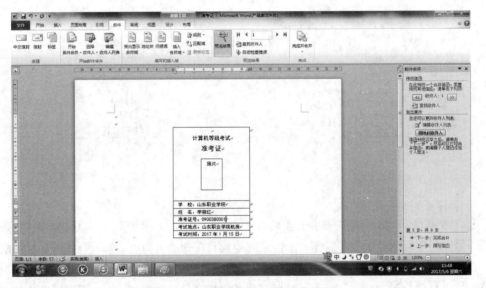

图 3-110　准考证生成后的预览效果

图 3-111　"邮件合并"任务窗格 7

图 3-112　"合并到新文档"对话框

图 3-109　"邮件合并"
任务窗格 6

图 3-113　"信函 1"中前 2 个准考证

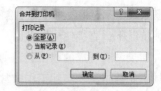

图 3-114　"合并到打印机"对话框

拓展与提高

1. 邮件合并的概念

"邮件合并"就是在邮件文档（主文档）的固定内容中，合并与发送信息相关的一组可变信息（即通信资料），从而批量生成需要的邮件文档，大大提高工作的效率。如果用户希望批量创建一组格式相同的文档时，例如发送大量的格式相同的邀请函、准考证、信函、成绩单、录取通知书等，可以通过邮件合并功能来实现。

邮件合并技术包括主文档和数据源两部分：

① Word 主文档。Word 主文档包括所有文件的共有内容，在合并的过程中，这些内容不会改变。例如未填写的准考证模板。

② 数据源。数据源可以是 Excel 数据表等，为主文档提供变化的信息，例如填写的考生信息等。

使用邮件合并功能在主文档中插入数据源中包含的变化的信息，合成后的文件用户可以保存为 Word 文档，也可以打印出来。

2. 邮件合并的应用领域

当需要制作文档的数量比较多，而且这些文档内容分为固定不变的部分和变化的部分。此时就可以应用邮件合并。邮件合并常用的应用领域如下：

① 批量制作信件、明信片。从数据表中调用收件人，替换信件（明信片）中的收件人信息，信件（明信片）的基本内容固定不变。

② 批量制作请柬。从数据表中调用邀请人，替换请柬中邀请人信息，请柬基本内容固定不变。

③ 批量制作学生录取通知书、成绩单、准考证。从数据表中调用学生信息，替换录取通知书（成绩单、准考证）中的学生信息，录取通知书（成绩单、准考证）的基本内容固定不变。

④ 批量制作各类获奖证书。

3. 邮件合并的 3 个基本过程

（1）创建主文档

"主文档"就是固定不变的主体内容，比如准考证模板、邀请函中固定不变的内容等。使用邮件合并之前先建立主文档。一方面可以考查预计中的工作是否适合使用邮件合并，另一方面主文档的建立，为数据源的建立或选择提供了标准和思路。

（2）创建数据源

数据源就是含有标题行的数据记录表，其中包含着相关的字段和记录内容。数据源表格可以是 Word、Excel、Access 或 Outlook 中的数据表。

在实际工作中，数据源通常是现成存在的。例如，当需要制作学生成绩单时，学生信息可能早已做成了 Excel 表格，其中含有制作成绩单需要的"学号""姓名""班级""成绩"等字段。在这种情况下，直接使用即可。

如果没有现成的数据源，则需要根据主文档对数据源的要求，使用 Word、Excel、Access 等工具建立数据源。实际工作中常常使用 Excel 建立数据源。

（3）利用邮件合并把数据源合并到主文档中

将数据源中的相应字段合并到主文档的固定内容之中，表格中的记录行数决定着主文档生成的份数。整个合并操作过程将利用 Word 的"邮件"选项卡的"开始邮件合并"组中的"邮件合并分布向导"进行。

🅠 思考与练习

利用邮件合并功能打印自己所在班级所有学生的期末成绩单。

实训　制作电子报纸

🅢 实训描述

电子报纸是运用文字、绘画、图形、图像处理软件创作的电子报刊。要求使用 Word 2010 制作电子报纸，报纸名称、内容、栏目可以自行设计。

🅢 实训要求

① 电子报纸中应含有报名、出版人、出版日期、导读栏等报纸所包含的要素，在导读栏中应设置超链接。主要以文字表达为主，图片、视频或动画辅之，根据所选主题及内容自行排版，画面（图片、视频或动画）不得超过报刊总版面的 20%。

② 电子报纸中应包含分栏、文本框、艺术字、图片、表格、页眉页脚等设置，体现出图文混排的效果。

③ 素材可以自行选择，要做到内容丰富、有可读性。

④ 电子报纸的文件格式为 Word 文档，页面设置：纸张大小 A3，版面横排。

⑤ 电子报纸要反映出作者的审美能力，主题突出，设计合理，图文并茂，版面生动、活泼、新颖，文字清晰易读。

🅢 实训提示

电子报纸排版可使用文本框、表格、分栏等手段。

实训评价

完成实训后，将对职业能力、通用能力进行评价，实训评价表如表3-6所示。

表3-6　实训评价表

能力分类	测 评 项 目	评 价 等 级		
		优秀	良好	及格
职业能力	掌握文档的基本排版			
	能熟练掌握图文混排			
	能对长文档进行综合排版			
	文档打印			
通用能力	自学能力、总结能力、合作能力、创造能力等			
能力综合评价				

单元 四
Excel 2010 基本应用

Excel 2010 是微软公司的 Office 系列办公组件之一，是一款功能强大、技术先进、使用方便灵活的电子表格软件，可以用来制作电子表格、完成复杂的数据运算，使用它可以方便地进行数据编辑、计算处理、进行数据分析，并且具有强大的制作图表的功能及打印功能，是目前世界上最流行的电子表格处理软件。

Excel 2010 其中主要的功能概括如下：

① 创建统计表格

② 数据计算

③ 对计算后的数据进行统计分析，如排序、筛选、汇总及数据透视表等分析操作。

④ 建立多样化的统计图表，更加直观地显示数据之间的关系

学习目标：

● 了解工作表、工作簿的概念。

● 掌握批注、数据清单的概念。

● 理解掌握排序、筛选、分类汇总、图表、数据透视表的概念。

● 能利用 Excel 2010 进行工作簿的创建、编辑等操作。

● 能利用 Excel 2010 对工作表的各类数据进行输入、编辑、自动填充、复制、移动、清除等。

● 能利用 Excel 2010 对工作表中的行、列或单元格进行复制、插入、删除等操作。

● 能利用 Excel 2010 对工作表中的单元格格式进行设置并且能够添加与编辑批注。

● 能够利用 Excel 2010 对工作表进行插入、重命名、移动、复制、删除等操作。

● 能够利用 Excel 2010 中的公式、函数进行数据的计算。

● 能够利用 Excel 2010 进行工作表的页面设置与打印。

● 能够利用 Excel 2010 进行数据的排序、筛选、分类汇总。

● 能够利用 Excel 2010 添加数据透视表、图表对工作表数据进行分析。

任务一　制作学生总评成绩登记表

任务要求

利用 Excel 2010 制作四个班级的学生总评成绩登记表数据，根据需要使用公式与函数填充单元格数据，设置单元格格式、合理添加批注，设置页面等，效果如图 4-1 所示。

山东职业学院总评成绩登记表

2016-2017 学年第1学期

开课部门：多媒体应用技术	班级：计算机网络1631	任课教师：朱海宁	学分：6
课程名称：平面图像设计	课程性质：必修课	考核方式：考试	填表日期：2017-1-7

学号	姓名	平时	期中	实验	期末	总评	备注	学号	姓名	平时	期中	实验	期末	总评	备注
201605073201	曹传义	96		84	88	88.6		201605073235	王舒冰	74		82	80	79.0	
201605073202	陈超超	96		82	86	87.3		201605073236	王素华	94		74	80	81.6	
201605073203	陈少彬	92		82	85	85.8		201605073237	王志强	91		69	76	77.4	
201605073204	董汉强	84		84	84	84		201605073238	魏浩轩	91		69	76	77.4	
201605073205	翟元帅	84		86	85	85.2		201605073239	徐炳阳	87		86	86	86.4	
201605073206	丁宁	88		91	90	89.9		201605073240	许晓梅	78		90	86	85.4	
201605073207	范琳琳	86		90	89	88.5		201605073241	续元伟	76		82	80	79.7	
201605073208	付琦	95		95	95	95		201605073242	薛盛松	82		89	87	86.3	
201605073209	高述刚	76		92	87	85.9		201605073243	杨建鹏	95		86	89	89.4	
201605073211	郝凤平	82		82	82	82		201605073244	于高翔	92		78	82	83.3	
201605073211	侯为梅	95		74	80	82		201605073245	袁堂智	86		82	83	83.5	
201605073212	胡永	92		95	94	93.9									
201605073213	姬忠村	86		82	83	83.5									
201605073214	金泰	94		83	86	87.2									
201605073215	晋森	82		88	86	85.7									
201605073216	李东睿	84		81	82	82.1									
201605073217	李梦阳	86		92	90	89.7									
201605073218	李瑞旺	91		85	87	87.3									
201605073219	李璐尧	98		90	92	93									
201605073220	李箐箐	66		47	53	54.2									
201605073221	林栋梁	94		74	80	81.6									
201605073222	刘基壮	89		76	80	80.9									
201605073223	刘赢	82		76	78	78.3									
201605073224	刘玉凯	87		86	86	86.4									
201605073225	马珉	94		83	86	87.2									
201605073227	任峰磊	57		55	56	55.8									
201605073227	沈树江	82		80	81	80.8									
201605073228	宋响阳	88		70	75	76.8									
201605073229	宋晓敏	92		76	81	82.1									
201605073230	宋泽宇	88		82	84	84.3									
201605073231	孙泽晓	90		92	91	91.2									
201605073232	田德军	95		74	80	82									
201605073233	王大鹏	92		78	82	83.3									
201605073234	王洁	82		80	0	32.4									

总评 = 平时 20 %+期中 0 +实验 20 %+期末 60 %

总评成绩分析

百分制	人数	百分比	统计	人数
90分以上	4.0	9%	应考	45
80—89分	32.0	73%	实考	44
70—79分	6.0	14%	缓考	0
60—69分	0	0%	作弊	0
40—59分	2.0	5%	旷考	0
40分以下	1.0	2%	平均分	82.3

教师：	签字	教研室主任：	签章	学院章：

图 4-1　学生总评成绩登记表

任务分析

为实现上述任务要求，需要完成以下工作：

① 启动 Excel 2010。

② 新建、保存、打开、关闭工作簿，退出 Excel。

③ 管理工作表。

④ 输入数据。

⑤ 使用批注。

⑥ 单元格内容的修改、复制、移动、清除、数据的查找与替换。

⑦ 单元格的基本操作。

⑧ 行、列的基本操作。

⑨ 使用公式与函数计算并填充数据。

⑩ 格式化工作表。

⑪ 工作表的页面设置与打印。

⑫ 人工分页符。

⑬ 窗口管理。

任务实现

1. 启动 Excel 2010

启动 Excel 2010 主要有以下 4 种方法：

① 利用 Windows 7 的"开始"菜单启动。

② 利用 Windows 7 的桌面快捷图标启动，双击快捷图标也可启动 Excel 2010。

③ 利用已经创建的工作簿启动。在 Windows 7 的"计算机"窗口中找到已保存的 Excel 文件或其快捷方式，然后双击该 Excel 文件即可启动 Excel，并打开 Excel 窗口。

④ 使用"运行"对话框启动。单击"开始"→"运行"命令，在弹出的"运行"对话框中输入"Excel"，然后单击"确定"按钮，即可启动 Excel 2010。

Excel 2010 启动成功后，屏幕上出现 Excel 2010 窗口，该窗口主要由标题栏、快速访问工具栏、功能区、编辑栏、工作表编辑区、行号、列标、水平与垂直滚动条、工作表标签、状态栏等元素组成，如图 4-2 所示。

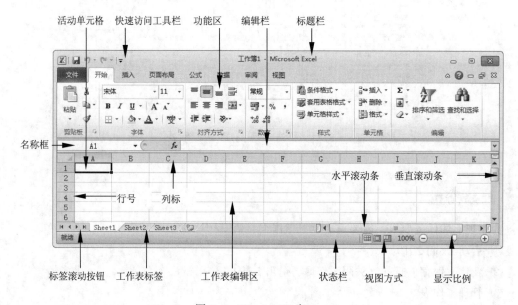

图 4-2　Excel 2010 窗口

Excel 特有的组成元素功能如下：

（1）编辑栏

编辑栏左侧从左向右依次是名称框、插入函数按钮。名称框显示活动单元格的地址（也称单元格的名称），或者在输入公式时用于从其下拉列表中选择常用函数如图 4-3 所示。Excel 2010 的编辑栏，用于显示、输入或修改工作表单元格中的数据或公式。若要向某个单元格输入数据，则应先单击该单元格，然后输入数据，这些数据将在该单元格和编辑栏中显示，按【Enter】键，输入的数据便插入到当前单元格中；在完成输入数据之前，若要取消输入的数据，则按【Esc】键即可。如果用户向单元格输入、编辑数据或公式，可以先选取单元格，然后直接在编辑栏中输入数据（与单元格输入数据联动），再按【Enter】键确认。

当在单元格中编辑数据或者公式时如图 4-3 所示，名称框右侧的工具按钮区就会出现"取消"按钮、"输入"按钮和"插入函数"按钮，分别用于撤销和确认刚才在当前单元格中的操作及输入和编辑的函数。

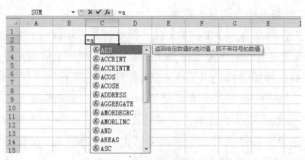

图 4-3　单元格输入公式

编辑栏还有一个非常重要的作用：看一个单元格里面真正的内容就是选中它后看编辑栏中的内容。有时活动单元格显示的内容是公式计算的结果或是前一格显示不下的内容。

（2）工作表编辑区

Excel 2010 的一切操作如输入数据、存储数据、处理数据和显示数据等都在工作表编辑区进行，是基本工作区。

编辑区纵向为列，每列用字母标识，称作列标，列标从左到右依次为 A、B、…、Y、Z、AA、AB、…、AY、AZ、BA、BB、…、XFD，共 16 384 列。横向为行，每行用数字标识，称作行号，行号从上到下依次为 1、2、…、1 048 576，共 1 048 576 行。每个行列交叉部分称为单元格，每个工作表中最多可有 1 048 576×16 384=17 179 869 184 个单元格。

单元格地址由列标与行号组成，如 A4。当前被选取的单元格称为活动单元格（又称单元格指针，用粗线框表示）。图 4-2 中的单元格 A1 为活动单元格。Excel 中只有活动单元格才能进行输入和编辑。单元格区域是多个相邻单元格形成的矩形区域。命名方式为左上角"单元格名称"："右下角单元格名称"。例如，单元格区域 A2:D8 表示的是左上角从 A1 开始到右下 D8 结束的一片矩形区域。单元格地址不区分大小写。

（3）工作表标签

每个工作表都有一个工作表标签作为标识该工作表的名字，其默认的工作表标签初始名称为Sheet1、Sheet2、Sheet3，并显示在工作簿窗口的左下角，单击某工作表标签名可以激活它成为当前工作表，当前工作表的工作表标签的背景颜色为白色。如果工作表标签没有全部显示，可以单击标签滚动按钮来显示隐藏的工作表。

（4）视图方式与显示比例

通过调节工作区右下角的视图方式，可以调整工作区为"普通""页面布局""分页预览"3种方式显示工作表。通过"视图"选项卡"工作簿视图"组，可以调整除了前面 3 种方式之外，还可以调整工作区为 "自定义视图""全屏显示"来显示工作表。

通过调节工作区右下角的显示比例，可以调整工作区的显示比例。调整视图显示比例还可以通过调整"视图"选项卡中的与"显示比例"组进行调节，视图显示比例的调节范围在 10%～400%间选择。

（5）工作簿和工作表的基本概念

在 Excel 中，一个 Excel 文件就是一个工作簿。工作簿由多个工作表组成，工作表由一个个单元格组成，单元格是工作簿的最小单位。工作簿与工作表的关系类似于账务工作中的账簿和账页。下面介绍一些有关工作簿和工作表的基本概念。

① 工作簿。一个工作簿即为一个 Excel 文件，创建新的工作簿时，系统默认的名称为"工作簿 1"，这也是 Excel 的文件名，工作簿文件是 Excel 存储在磁盘上的最小独立单位，它由多个工作表组成，在 Excel 中数据和图表都是以工作表的形式存储在工作簿文件中的。一个工作簿文件，其扩展名是".xlsx"，工作簿模板文件扩展名是".xltx"。每一本工作簿可以拥有许多不同的工作表，新建工作簿的工作表数目默认为 3 个，最多可设为 255。

② 工作表。工作表是工作簿文件的组成部分，由行和列组成，又称为电子表格，是存储和处理数据的区域，是用户主要操作对象。工作表是单元格的集合，是 Excel 进行一次完整作业的基本单位，通常称作电子表格。若干个工作表构成一个工作簿。

③ 单元格。工作表中行、列交叉处的长方形称为单元格，它是工作表中用于存储数据的基本单位，可拆分或者合并。单个数据的输入和修改都是在单元格中进行的。用户可以向单元格中输入文字、数据、公式，也可以对单元格进行各种格式的设置，如字体、颜色、长度、宽度、对齐方式等。单元格的位置是通过它所在的行号和列标来确定的。

④ 单元格区域。单元格区域是一组被选中的相邻或不相邻的单元格。被选中的单元格都会高亮度显示，取消选中时又恢复原样显示。对一个单元格区域的操作就是对该区域内的所有单元格执行相同的操作。

单元格或单元格区域可以一个变量的形式引入到公式中参与计算。为了便于使用，需要给单元格或单元格区域命名，这就是单元格引用。

⑤ 行与列。单元格是 Excel 独立操作的最小单位，用户的数据只能输入在单元格内。同一水平位置的单元格构成一行，每行由行号来标识该行。选定行号即选定了所选行的所有单元格；同一垂直位置的单元格构成一列，每列由列标来标识。选定列标即选定了所选列的所有单元格。

⑥ 当前工作表（活动工作表）。正在操作的工作表称为当前工作表，也可以称为活动工作表，当前工作表的名称下有一下画线，用以区别于其他工作表，创建新工作簿时系统默认名为"Sheet1"的工作表为当前工作表，用户可以通过单击不同的工作表标签来进行工作表之间的切换；同时，被选中的工作表成为活动工作表，活动工作表仅有一个。

⑦ 活动单元格。活动单元格是指当前正在操作的单元格，与其他非活动单元格的区别是活动单元格呈现为粗线边框████，它是工作表中数据编辑的基本单元。活动单元格的右下角处有一个小黑方块称为填充柄。

⑧ 名称框。名称框在编辑栏左边，用来标记当前活动单元格的地址。也可以在名称框中输入单元格名称或单元格区域名称进行选择。

2. 新建、保存、打开、关闭工作簿

（1）新建工作簿

Excel 2010 中新建工作簿主要有以下 3 种方法：

① 在启动 Excel 2010 后，将自动建立一个全新的工作簿 1。

② 单击"文件"→"新建"命令，在 Excel 的各种模板选项区域中选择一项，单击"创建"按钮。

③ 按快捷键【Ctrl+N】，可直接创建空白工作簿。

（2）保存工作簿

Excel 2010 中保存工作簿主要有以下 3 种方法：

① 单击"文件"→"保存"命令。

② 单击快速启动栏中的"保存"按钮 ■。

③ 按快捷键【Ctrl】+【S】保存工作簿。

（3）打开工作簿

Excel 2010 打开中工作簿主要有以下 3 种方法：

① 单击"文件"→"打开"命令，弹出"打开"对话框。

② 单击快速启动栏中的"打开"按钮 ■，弹出"打开"对话框。

③ 单击"文件"→"最近所用文件"，打开"最近所用的工作簿"

（4）关闭工作簿，退出 Excel

① 关闭工作簿。

● 单击 Excel 窗口标题栏右上角的"关闭"按钮 ✕ 退出。

如果在退出 Excel 之前，当前正在编辑的工作簿文件还没有存盘，则退出时 Excel 会提示是否保存对工作簿文件的更改。

● 单击"文件"→"关闭"命令。

● 或者按【Alt+F4】组合键。

● 或者单击标题栏中左上角的控制菜单图标 ✕，在弹出的控制菜单中单击"关闭"命令。

② 退出 Excel 2010。选择 Excel 2010 窗口"文件"选项卡中"退出"命令退出。

3．管理工作表

（1）插入工作表

插入工作表的常用方法如下：

① 选定一个工作表，然后在"开始"选项卡的"单元格"组中单击"插入"按钮，在弹出的下拉菜单中选择"插入工作表"命令，如图 4-4 所示，即可插入一个新的工作表。

图 4-4　插入工作表

② 或者选中一个工作表后，单击工作表标签右侧的"插入工作表"按钮，也可以插入一个新的工作表。

③ 选中一个工作表后，按快捷键【Shift+F11】，也可以插入一个新的工作表。

④ 选定一个工作表后，在其标签名称位置右击，在弹出的快捷菜单中选择"插入"命令，即可插入新工作表。

提示：新建工作簿的工作表数目默认为 3 个，如果要将新建工作簿的工作表数目默认为 4 个，可以选择"文件"选项卡中的常规命令，打开"Excel 选项"对话框，在常规中进行设置，如图 4-5 所示。

图 4-5 "Excel 选项"

说明：如果要添加多张工作表，则同时选定与待添加工作表相同数目的工作表标签，然后再右击，选择快捷菜单中的"插入"命令，弹出"插入"对话框，在"常规"选项卡中选择"工作表"选项，单击"确定"按钮，即可插入与选定工作表数相同数目的工作表。

（2）选定工作表

在对工作表中进行操作之前必须先选定工作表。选定工作表的操作分为以下 4 种：

① 选定单个工作表。单击要选定的工作表标签，使其变成白色，成为当前活动工作表即可。

② 选定多个工作表。

a. 选定多个连续的工作表，在选定第 1 个工作表之后，按住【Shift】键，然后单击最后一个工作表标签。

b. 选定多个不连续的工作表，在选定第 1 个工作表之后，按住【Ctrl】键，然后逐个单击工作表标签选定其他工作表。

③ 选定全部工作表。在任意工作表标签上右击，在弹出的快捷菜单中选择"选定全部工作表"命令，如图 4-6 所示。

图 4-6　右键快捷菜单

说明：如果标签栏中没有显示出所需要的工作表标签，可以使用标签滚动按钮将所需要的工作表标签显示出来。

（3）删除工作表

删除工作表的常用方法如下：

① 先选定待删除的工作表，然后在"开始"选项卡的"单元格"组中单击"删除"按钮，在弹出的下拉列表中选择"删除工作表"命令，如图 4-7 所示。

② 或者在要删除的工作表标签名称位置右击，在弹出的快捷菜

图 4-7　"删除"下拉列表

单中选择"删除"命令即可删除当前工作表。

用户删除有数据的工作表前，系统会询问用户是否确定要删除，如图 4-8 所示，如果确认删除，则单击"删除"按钮；否则单击"取消"按钮。

图 4-8 删除提示框

（4）重命名工作表

工作表重命名的常用方法如下：

① 双击要修改名称的工作表标签，当工作表标签名称变为黑底白字时，直接输入新的工作表标签名称，确定名称无误后按【Enter】键，新的名称便会出现在工作表的标签上。

② 在需要重命名的工作表标签名称位置右击，在弹出的快捷菜单中选择"重命名"命令，当工作表标签名称变为黑底白字时输入新的名称，确定无误后按【Enter】键即可。

在本任务中新建工作簿中默认的工作表名称没有含义，不便于表示是哪一个班的成绩，因此需要重命名工作表。将工作表 Sheet1~Sheet4 分别重命名为"网络 1631""多媒体 1631""动漫 1631""动漫 1632"。

（5）移动或复制工作表

用户既可以在一个工作簿中移动或复制工作表，也可以在不同工作簿之间移动或复制工作表。

① 移动工作表。

a. 在同一个工作簿中移动工作表。单击要移动的工作表标签，拖动鼠标，在鼠标指针箭头上出现一个文档标记"🗋"符号，同时在工作表标签区域上出现一个黑色三角"▼"标记，该标记用来指示工作表拖动的位置，到达目标位置处松开鼠标左键，工作表的位置就改变了，如图 4-9 所示。

图 4-9 移动工作表

b. 在不同工作簿中移动工作表。在工作表标签区域中选定要移动的工作表，右击并在弹出的快捷菜单中选择"移动或复制"命令，弹出如图 4-10 所示"移动或复制工作表"对话框，在"工作簿"下拉列表框中选择一个目标工作簿，在"下列选定工作表之前"列表框中选定要移动到的位置，然后单击"确定"按钮。如果在"工作簿"下拉列表框中选择的目标工作簿是当前工作簿，也可以实现在同一个工作簿中移动工作表。

② 复制工作表。

a. 在同一个工作簿中复制工作表。与同一个工作簿中移动工作表操作相似，只需按住【Ctrl】键即可。插入的新表名字以"源工作表名（2）"命名。

图 4-10 "移动或复制工作表"对话框

b. 复制工作表到另一个工作簿。同移动工作表操作相似，只需在图 4-10 中选中"建立副本"复选框即可。

（6）隐藏或显示工作表

在 Excel 2010 中，可以有选择地隐藏工作簿的一个或多个工作表，被隐藏的工作表，其内容将无法显示。

① 隐藏工作表。需要隐藏的工作表标签上右击，在弹出的快捷菜单中选择"隐藏"命令即可。

② 显示（取消隐藏）工作表。

a. 在任意工作表标签上右击，在弹出的快捷菜单中选择"取消隐藏"命令，将弹出"取消隐藏"对话框，如图 4-11 所示。

b. 选择要取消隐藏的工作表，单击"确定"按钮。

图 4-11 "取消隐藏"对话框

（7）工作表标签颜色

右击工作表标签，在弹出的快捷菜单中，将鼠标指针移至"工作表标签颜色"命令上，如图 4-12 所示，单击需要的颜色即可。

4．输入数据

创建一个工作表，首先要向单元格中输入数据。Excel 2010 可以输入到单元格中的数据类型包含多种类型，具体分为中文汉字、英文字符、数字、符号、日期、逻辑值（True 或 False）、错误值、普通公式、数组公式。

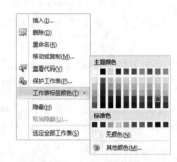

图 4-12 "工作表标签颜色"面板

最常用的数据类型可以分为文本（或称字符、文字）、数字、日期和时间、公式与函数。

在数据的输入过程中，系统自行判断所输入的数据是哪一种类型并进行适当的处理。在输入数据时，必须按照 Excel 2010 的规则进行。

（1）输入或编辑数据

向单元格输入或编辑数据的方式如下：

① 单击选择需要输入数据的单元格，然后直接输入数据。输入的内容将直接显示在单元格内和编辑栏中。如果原来单元格中有数据，直接输入数据将会覆盖原来的数据。

② 单击单元格，然后单击编辑栏，可在编辑栏中输入或编辑当前单元格的数据。

③ 双击单元格，单元格内出现插入光标，移动光标到所需的位置，即可进行数据的输入或编辑修改。

④ 如果要同时在多个单元格中输入相同的数据，可先选定相应的单元格，然后输入数据，按【Ctrl+Enter】组合键，即可向这些单元格同时输入相同的数据。

说明：如果要在某个单元格中输入多行数据，则在输完一行后，按【Alt+Enter】组合键即可输入下一行数据，即实现单元格中的换行。或者在"单元格格式"对话框中的"对齐"选项卡中选择"自动换行"复选框，也可以实现单元格中的数据换行。

注意：如果输入结束，单击"输入"按钮，确定输入内容；如果取消输入内容，单击"取消"按钮。

（2）输入常用的不同类型的数据（见表 4-1）

表 4-1　常用的不同数据类型

数据类型	组　成	对齐方式	输　入　方　法	
文本	ASCII 码字符、汉字	左对齐	普通文本、直接输入 特殊文本（如数字文本）：前加单引号'	
数值	0～9 + -（正负号） ,　（千分位号） /　（分数） $　（货币符号） %　（百分号） .　（小数点） E、e（科学计数符）	右对齐	负数：①前加负号- 　　　②前加圆括号() 真分数：前加零和空格 假分数：整数和分数之间加空间	
日期和时间	合法的日期和时间	右对齐	日期：①年/月/日、②年-月-日	同一单元格。 日期　时间
			时间：时:分:秒	十二小时制： 时间　P 或 A

①　文本型数据的输入。Excel 2010 中的文本可以是英文字母、汉字、数字、空格和其他字符，也可以是它们的组合。

输入文字时，文字出现在活动单元格和编辑栏中。

在工作区中输入文本可以先选取单元格，直接输入文本内容，按【Enter】键或单击其他单元格即可完成输入。

在默认状态下，单元格中的所有文本都是"左对齐"。若输入全部由数字字符组成的字符串，如邮政编码、电话号码等，为了避免被认为是数值型数据，在输入数字字符前添加英文状态的"'"来区分是"数字字符串"而非数值型数据。Excel 2010 会自动在该单元格左上角加上绿色三角标记，说明该单元格中的数据为文本。

若一个单元格中输入的文本过长，Excel 2010 允许其覆盖右边相邻的无数据的单元格；若相邻的单元格中有数据，则过长的文本将被截断，部分隐藏显示，选取该单元格时，在编辑栏中可以看到该单元格中输入的全部文本内容。

文本型数据输入时注意以下几点：

a. 在当前单元格中，一般文字如字母、汉字等直接输入即可。如"学生成绩表"中输入"学号""姓名"等。

b. 如果把数字作为文本输入（如身份证号码、电话号码、=3+5、2/3 等），应先输入一个半角字符的单引号"'"再输入相应的字符。例如，输入"'01085526366""'=3+5""'2/3"。

在本任务中，学号一般也是将其视为文本型数据，如果在单元格中直接输入学号"201605073201"，按【Enter】键确认，"201605073201"右对齐并且显示为"201605073201"。双击此单元格，在"2"前面输入英文状态下的"'"，数值型"201605073201"即成为文本类型，相对单元格左对齐。

②　数值型数据的输入。在 Excel 2010 中，单元格中数值型数据除了可以输入 0～9 的数字字

符，也可以输入以下数字符号：

    a. 正负号："+""−"。

    b. 货币符号："¥""$""€"。

    c. 左右括号："（""）"。

    d. 分数线"/"、千位符","、小数点"."、百分号"%"。

    e. 指数标识"E"和"e"。

在默认状态下，单元格中的数值型数据默认都是"右对齐"，数字与非数字的组合均作为文本型数据处理。

输入数值型数据时，应注意以下几点：

    a. 输入分数时，应在分数前输入 0（零）及一个空格，如分数 2/3 应输入"0 2/3"。如果直接输入"2/3"或"02/3"，则系统将把它视作日期，认为是 2 月 3 日。

    b. 输入负数时，应在负数前输入负号，或将其置于括号中。如"−8"应输入"−8"或"(8)"。

    c. 输入多位的长数据时，一般带千位分隔符","输入，在数字间用千位分隔符号","隔开，但在编辑栏中显示的数据没有千位分隔符","，如输入"17,002"，单元格中显示"17,002"，编辑栏中显示"17002"。

    d. 单元格中的数字格式决定 Excel 2010 在工作表中显示数字的方式。如果在"常规"格式的单元格中输入数字，Excel 2010 将根据具体情况套用不同的数字格式。例如，如果输入$16.88，Excel 2010 将套用货币格式。如果要改变数字格式，则先选定包含数字的单元格，然后单击"开始"选项卡的"数字"组右下角的对话框启动器按钮，弹出"设置单元格格式"对话框；或者右击，在打开的快捷菜单中选择"设置单元格格式"命令，弹出"设置单元格格式"对话框，根据需要选定相应的分类和格式。

    e. "常规"格式是输入数字时 Excel 应用的默认数字格式。大多数情况下，"常规"格式的数字以输入时的方式显示。但是，如果单元格的宽度不足以显示完整数字，"常规"格式会对带小数点的数字进行四舍五入。"常规"数字格式还对较大的数字（具有 12 位或更多位数）使用科学计数（指数）表示法。当数字的长度超过单元格的宽度时，Excel 2010 会自动使用科学计数法来表示输入的数字。例如，输入"7169543287"时，Excel 2010 会在单元格中用"6.17E+09"，来显示该数字，但在编辑栏中可以显示出全部数字。

    f. 无论显示的数字的位数如何，Excel 2010 都只保留 15 位的数字精度。如果数字长度超出了 15 位，则 Excel 2010 会将多余的数字位转换为 0（零）。

    ③ 日期和时间型数据及输入。Excel 2010 将日期和时间视为数字处理。工作表中的时间或日期的显示方式取决于所在单元格中的数字格式。在输入了 Excel 2010 可以识别的日期或时间型数据后，单元格格式显示为某种内置的日期或时间格式。

在默认状态下，日期和时间型数据在单元格中右对齐。如果 Excel 2010 不能识别输入的日期或时间格式，输入的内容将被视作文本，并在单元格中左对齐。

在控制面板的"区域和时间选项"中的"日期"选项卡和"时间"选项卡中的设置，将决定当前日期和时间的默认格式，以及默认的日期和时间符号。输入时注意以下几点：

    a. 一般情况下，日期分隔符使用"/"或"−"。例如，2012/2/16、2012−2−16、16/Feb/2012 或 16−Feb−2012 都表示 2012 年 2 月 16 日。

b. 如果只输入月和日，Excel 2010 就取计算机内部时钟的年份作为默认值。例如，在当前单元格中输入 2-16 或 2/16，按【Enter】键后显示 2 月 16 日，当再把刚才的单元格变为当前单元格时，在编辑栏中显示 2012-2-16（假设当前是 2012 年）。Excel 2010 对日期的判断很灵活。例如，输入 2012-7-16 时，Excel 2010 经过判断将认为是日期型数据；输入 16-Feb、16/Feb、Feb-16 或 Feb/16 时，都认为是 2 月 16 日。

c. 时间分隔符一般使用冒号":"。例如，输入 7:3:1 或 7:03:01 都表示 7 时 3 分 1 秒。可以只输入时和分，也可以只输入小时数和冒号，还可以输入小时数大于 24 的时间数据。如果要基于 12 小时制输入时间，则在时间（不包括只有小时数和冒号的时间数据）后输入一个空格，然后输入 AM 或 PM（也可以是 A 或 P），用来表示上午或下午，否则，Excel 2010 将基于 24 小时制计算时间。例如，如果输入 3:00 而不是 3:00 PM，将被视为 3:00 AM。

d. 如果要输入当天的日期，则可按【Ctrl+;】组合键。如果要输入当前的时间，则可按【Ctrl+Shift+:】组合键。如果在单元格中既输入日期又输入时间，则中间必须用空格隔开。

（3）数据的自动填充

Excel 2010 有自动填充功能，可以自动填充一些有规律的数据。如填充相同数据、填充数据的等比数列、等差数列和日期时间序列等，还可以输入自定义序列。利用"自动填充柄"向单元格中快速输入有一定规律或重复的数字序列。

① 数字自动的填充

a. 数字的单独复制与自动增 1 或减 1 填充。通常使用的方法是在一个单元格中输入数值，例如，输入数值"1"，将鼠标指针移动到单元格的右下角，当鼠标指针变成粗体的"+"（即"自动填充柄"）时，沿行或列方向拖动鼠标至某一单元格，释放鼠标后就会将数值"1"复制到鼠标拖动过的单元格区域内，如图图 4-13 所示。

如果在拖动过程中按住【Ctrl】键，鼠标指针变成"+·"，则以自动增 1 的方式进行填充（沿左侧或上方拖动鼠标递减序列填充，沿右侧或下方拖动鼠标递增序列填充），例如。沿右侧或下方拖动鼠标填充数值序列为"2，3，4…"，如图 4-14 所示。

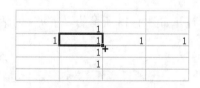

图 4-13　复制填充

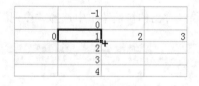

图 4-14　等差填充

b. 左键拖动填充任意等差序列：

- 选定待填充数据区的起始单元格，输入序列的初始值。
- 选定相邻的另一单元格，输入序列的第二个数值。这两个单元格中数值的差额将决定该序列的增长步长。
- 选定包含初始值和第二个数值的单元格，用鼠标拖动填充柄经过待填充区域。如果在拖动过程中按住【Ctrl】键，则会以复制的形式将数值复制到其他单元格。

例如，如果输入"3、6、9、…"或者"9、7、5、…"这样的等差数列，在单元格中输入前两个数据并且选中这两个单元格，然后拖动填充柄到目标位置即可如图 4-15 所示。

    c. 右键拖动填充柄填充。右键拖动填充柄填充可以填充等差、等比等不同的序列。在单元格中输入数值，将鼠标移动到单元格右下角，沿行或沿列方向右键拖动鼠标，拖动到指定位置后松开右键，会在填充区域的右下角出现一个"自动填充选项"按钮，单击它将打开一个填充选项列表，从中选择不同选项，即可修改默认的自动填充效果。如图 4-16 左图所示。

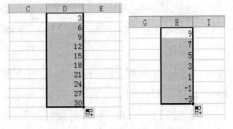

图 4-15　任意等差序列填充

通过右键拖动填充柄可以进行复制单元格、填充序列、仅填充格式、不带格式填充、等差序列、等比序列、序列等操作。

    说明：初始数据不同，自动填充选项列表的内容也不尽相同。例如，图 4-16 左图所示为输入普通数值型数据的效果，中图为输入日期的效果，右图为输入纯文本的效果。

图 4-16　不同初始数据右键拖动填充时不同的自动填充选项

    比如要使用鼠标直接输入等比序列，则先选中已输入数字的两个单元格，再按住鼠标右键拖动填充柄，在到达填充区域的最后单元格时松开鼠标右键，在弹出的快捷菜单中选择"等比序列"命令，如图 4-17 所示。

    如果在弹出的快捷菜单中选择"序列"命令，就会打开如图 4-18 所示的"序列"对话框，

图 4-17　自动填充的等比数列

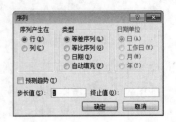

图 4-18　"序列"对话框

    说明：也可以在"开始"选项卡中的"编辑"组单击"填充"按钮，打开如图 4-19 所示的下拉列表，选择"系列"命令，也可以打开"序列"对话框。

    在"序列"对话框中可以根据需要选择相应的序列类型。例如利用"序列"对话框输入等比序列

"2、4、8、16、32、64"，具体步骤如下：

- 选取一个单元格并输入序列数据的第一个数据，这里输入"2"。
- 单击"开始"选项卡的"编辑"组中的"填充"按钮，在打开的下拉列表中选择"系列"命令，可以打开序列对话框

图 4-19　"填充"下拉列表

- 在"序列产生在"选项区域中，根据序列数据的输入情况选中"行"或"列"单选按钮，这里选中"列"单选按钮。
- 在"类型"选项区域中选中"等比序列"单选按钮。
- 在"步长值"文本框中输入此等比数列的步长值，这里是2；在"终止值"文本框中输入此等比数列的终止值64，如图 4-20 所示。

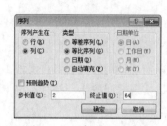

- 单击"确定"按钮，Excel 将根据设置的参数自动填充等比数列。

图 4-20　"序列"对话框

上面几种填充方法，主要是针对数值序列的填充。如果进行文本序列的填充就要涉及自定义序列。

思考：如果要填充"1000，900，800，700，600，500"这样的序列应该怎样操作？

② 文本的自动填充

在 Excel 2010 中，已经创建了一些文本序列，例如，常见的星期，天干地支等。在单元格中输入"星期一"，拖动鼠标，即在其连续单元格区域中出现"星期二，星期三…"序列值的填充。

自定义序列为数据填充提供了极大的方便，可以将经常使用的姓名、部门、分类方法等自定义成序列，输入时只需要输入第一个词组，拖动鼠标，其连续单元格区域内即可实现所有文本序列的填充。

a. 填充由数字组成的有规律的文本型数据。由于成绩表中"学号"列中是有规律的文本型数据，故单击 A6 单元格，将鼠标指针指向右下角的填充柄（黑色小方块），当鼠标指针变成黑色十字形时，按住鼠标左键向下拖动至 A39 单元格，学号由"201605073201"填充到"201605073239"，共 39 个。

说明：填充由数字组成的有规律的文本型数据，按住【Ctrl】键的同时拖动鼠标左键，可复制数据项。

b. 填充相同文本数据。对于数字和不具有增减可能的文本，直接拖动填充柄可填充相同数据。例如：

- 在单元格中输入数据，例如，输入"计算机"。
- 将光标移到当前单元格右下角的填充柄（黑色小方块），此时光标变成黑色十字形。
- 按住鼠标左键，将光标拖动到需要填充数据的最后单元格。
- 释放鼠标左键，系统在所选区域中自动填充相同数据，如图 4-21 所示。

c. 填充文本序列

- 在单元格中输入数据，例如，输入"星期一"。

- 将光标移到当前单元格右下角的填充柄（黑色小方块），此时光标变成黑色十字形。
- 按住鼠标左键，将光标拖动到需要填充数据的最后单元格。
- 释放鼠标左键，系统在所选区域中自动填充文本序列，如图 4-22 所示。

图 4-21　填充相同数据

图 4-22　填充文本序列

③ 日期的自动填充。日期的自动填充可以拖动鼠标左键或鼠标右键进行填充，拖动左键可以实现日期的复制与自动增 1 或减 1 填充，右键拖动会出现填充快捷菜单（见图 4-16 中图），可以实现日期按年、按月、按工作日等的填充。如图 4-23 所示为日期的各种自动填充效果。

相同日期	日期增1序列	工作日	年填充	月填充
2017年6月10日	2017年6月7日	2017年6月7日	2017年6月8日	2017年6月9日
2017年6月10日	2017年6月8日	2017年6月8日	2018年6月8日	2017年7月9日
2017年6月10日	2017年6月9日	2017年6月9日	2019年6月8日	2017年8月9日
2017年6月10日	2017年6月10日	2017年6月12日	2020年6月8日	2017年9月9日
2017年6月10日	2017年6月11日	2017年6月13日	2021年6月8日	2017年10月9日
2017年6月10日	2017年6月12日	2017年6月14日	2022年6月8日	2017年11月9日
2017年6月10日	2017年6月13日	2017年6月15日	2023年6月8日	2017年12月9日
2017年6月10日	2017年6月14日	2017年6月16日	2024年6月8日	2018年1月9日
2017年6月10日	2017年6月15日	2017年6月19日	2025年6月8日	2018年2月9日
2017年6月10日	2017年6月16日	2017年6月20日	2026年6月8日	2018年3月9日
2017年6月10日	2017年6月17日	2017年6月21日	2027年6月8日	2018年4月9日
2017年6月10日	2017年6月18日	2017年6月22日	2028年6月8日	2018年5月9日

图 4-23　日期填充效果

说明：

- 初值为纯数字型数据或文字型数据时，拖动填充柄在相应单元格中填充相同数据（即复制填充）。若拖动填充柄的同时按住【Ctrl】键，可使数字型数据自动增 1 或减 1。
- 初值为文字型数据和数字型数据混合体，填充时文字不变，数字递增减。如初值为 A1，则填充值为 A2、A3、A4 等。
- 初值为 Excel 预设序列中的数据，则按预设序列填充。
- 初值为日期时间型数据及具有增减可能的文字型数据，则自动增 1 减 1。若拖动填充柄的同时按住【Ctrl】键，则在相应单元格中填充相同数据。

④ 创建自定义序列。用户可以通过工作表中现有的数据项或输入序列的方式创建自定义序列，并可以保存起来供以后使用。

a. 利用现有数据创建自定义序列。

- 如果已经输入了将要用作填充序列的数据清单，则可以先选定工作表中相应的数据区域。单击"文件"→"选项"命令，弹出"Excel 选项"对话框，在左侧列表选择"高级"命令，在右侧列表向下推动右侧滚动条到底端，如图 4-24 所示，单击"编辑自定义列表"按钮，弹现如图 4-25 所示的"自定义序列"对话框。

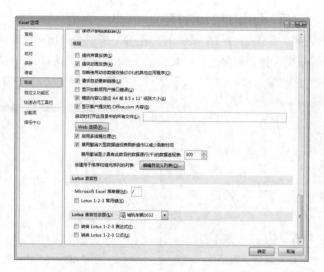

图 4-24 "Excel 选项"

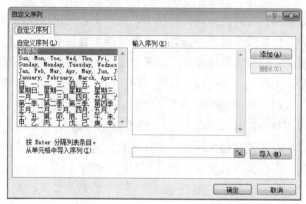

图 4-25 "自定义序列"选项卡

- 在"自定义序列"对话框中，单击"导入"按钮，即可使用工作表现有数据创建自定义序列。

b. 利用输入序列方式创建自定义序列。在"自定义序列"对话框中的"输入序列"编辑列表框中，从第一个序列元素开始输入新的序列。在输入每个元素后，按【Enter】键。整个序列输入完毕后，单击"添加"按钮。

（4）从外部获取数据

使用"数据"选项卡的"获取外部数据"组中的各个功能按钮，可以实现从外部获取数据，如图 4-26 所示，从中选择要获取的外部数据的类型。

图 4-26 "获取外部数据"组

可以单击"自 Access"按钮从 Access 数据库获取外部数据，单击"自网站"按钮获取来自网站的数据，单击"自文本"按钮从文本文件获取数据或者单击"自其他来源"按钮，获取其他来源的外部数据。

例如，要从文本文件获取数据，单击"自文本"按钮，弹出"文本导入向导"对话框，如图 4-27 所示，利用向导，从文本文件获取数据。

　　工作簿获取外部数据后，每次打开工作簿都会出现更新对话框，如果不再更新文件，可以取消与外部数据文件的连接。单击图 4-26 所示的"连接"按钮，弹出"工作簿连接"对话框，如图 4-28 所示，在对话框中选择要删除连接的文件，单击"删除"按钮。

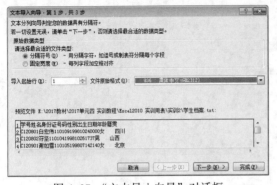

图 4-27　"文本导入向导"对话框

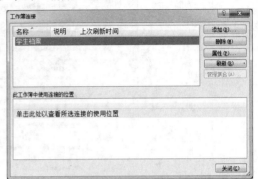

图 4-28　"工作簿连接"对话框

（5）数据有效性

　　在往表格中输入数据时，有时因为数据量很大，会产生一些错误输入。例如，在输入身份证号或电话号码时，漏掉一位数或多输入一位数，这些错误不容易被发现，但可能会产生较大的影响，所以最好能尽量避免。在输入数据前通过设置单元格的数据有效性，可以减少这类失误。

　　以输入"身份证号"为例：选中需输入身份证的区域，单击"数据"选项卡的"数据工具"组中的"数据有效性"按钮，在弹出的对话框中按图 4-29 所示进行设置，即可实现对身份证号输入的检验。如果输入的身份证号码不是 18 位，则会提示出错。

　　数据有效性还可以用来实现在输入时提供下拉列表。例如，在输入中的"性别"时，就可按如下所示进行操作：选中要输入性别区域，单击"数据"选项卡的"数据工具"组中的"数据有效性"按钮，在弹出的对话框中按图 4-30 所示进行设置，即可在输入性别时出现下拉选项"男"，"女"供用户选择，如图 4-31 所示。

图 4-29　"数据有效性"对话框 1

图 4-30　"数据有效性"对话框 2

	A	B	C	D	E	F	G
1	姓名	性别	准考证号	证件编号	民族	工作单位	从事职业
2	傅林焘	▼	3706217160001	370214　　4589	汉族	山东职业学院	非师范生
3	赵杰	男女	3706217160002	370724　　1850	汉族	山东职业学院	非师范生
4	卖从重		3706217160003	370724　　362X	汉族	山东职业学院	非师范生
5	陈璇		3706217160004	370112　　5147	汉族	山东职业学院	非师范生
6	孙哲		3706217160005	370112　　8020	汉族	山东职业学院	非师范生
7	王秀秀		3706217160006	371427　　2828	汉族	山东职业学院	非师范生
8	韩子璇		3706217160007	370829　　002X	汉族	山东职业学院	非师范生
9	曹雪曼		3706217160008	370828　　402X	汉族	山东职业学院	非师范生

图 4-31　序列设置

5. 使用批注

在 Excel 2010 中，用户还可以为工作表中某些单元格输入批注进行注释，用以说明该单元格中数据的含义或强调某些信息。当在单元格中添加批注后，该单元格的右上角将会显示一个红色三角，将鼠标指针移动到该单元格时，就会显示出添加的批注内容。

（1）插入批注

在工作表中输入批注的具体操作步骤如下：

① 选取需要添加批注的单元格。

② 右击单元格，在弹出的快捷菜单中选择"插入批注"命令，或者选择"审阅"选项卡的"批注"组中的"新建批注"按钮，或者按【Shift+F2】组中键，在该单元格的旁边弹出的批注框中输入批注内容，如图 4-32 所示。

图 4-32　在批注框中输入批注内容

③ 输入完成后，单击工作表区域任意单元格，关闭批注框。

（2）修改批注

① 在单元格中右击，从弹出的快捷菜单中选择"编辑批注"命令，批注的输入框出现，即可对批注进行修改。

② 或者选择有批注的单元格，单击"审阅"选项卡的"批注"组中的"编辑批注"按钮

（3）删除批注

① 选择要删除批注的单元格，右击并在弹出的快捷菜单中的选择"删除批注"命令即可。

② 或者选择有批注的单元格，然后单击"审阅"选项卡的"批注"组中的"删除"按钮，或者选择"开始"选项卡的"编辑"组中的"清除"→"清除批注"命令。

（4）复制批注

① 选择批注单元格，右击并选择"复制"命令。

② 选择添加批注的目标单元格。

③ 右击，在弹出的快捷菜单中选择"选择性粘贴"命令，弹出"选择性粘贴"对话框，选择"批注"选项，单击"确定"按钮，完成批注的复制。

（5）显示/隐藏批注

① 选择批注单元格，选择"审阅"选项卡的"批注"组中的"显示/隐藏批注"按钮。

② 选择"审阅"选项卡的"批注"组中的"显示所有批注"按钮，可显示与隐藏工作表中所有的批注。

6．单元格内容的修改、复制、移动、清除及数据的查找与替换

（1）修改单元格中的数据

① 单击单元格并输入新内容，使用新内容覆盖旧内容。

② 双击单元格并修改其中的内容。

③ 单击单元格，然后按【F2】键修改其中的内容。

④ 单击单元格，然后单击编辑栏并修改其中的内容。

（2）复制或移动单元格数据

移动单元格或单元格区域数据是指将某个或某些单元格中的数据移动至其他单元格中，复制单元格或单元格区域数据是指将某个或某些单元格中的数据复制到其他单元格中，原位置的数据仍然存在。

移动或复制单元格或单元格区域的方法基本相同。

① 通过剪贴板移动或复制步骤如下：

● 选取要移动或复制数据的单元格或单元格区域，单击"开始"选项卡的"剪贴板"组中的"剪切"或"复制"按钮。或者按【Ctrl+X】或【Ctrl+C】组合键，此时被选取区域显示闪动的边框。

● 鼠标定位要粘贴数据的单元格或单元格区域左上角的单元格。

● 单击"开始"|"剪贴板"|"粘贴"按钮，或者按"Ctrl+V"组合键，即可将单元格或单元格区域的数据移动或复制到新位置。

② 也可以用鼠标左键拖放来进行数据移动或复制：

● 选择源区域，将鼠标指针指向源区域的四周边界。

● 如果移动数据直接按下鼠标拖动到目标区域释放即可。如果复制数据，按【Ctrl】键，此时鼠标指针变成右上角带有一个小十字的空心箭头，按下鼠标拖动到目标区域释放即可。

说明： 学习函数与公式以后可以利用填充柄进行数据或公式的移动或复制。

（3）选择性粘贴

选择性粘贴是 Excel 强大的功能之一，通过使用选择性粘贴，用户能够将剪贴板中的内容粘贴为不同于内容源的格式。"选择性粘贴"对话框如图 4-33 所示。可以把它划成 4 个区域，从上到下依次是粘贴方式区域、运算方式区域、特殊处理设置区域、按钮区域。其中，粘贴方式、运算方式、特殊处理设置相互之间可以同时使用。比如，可以在"粘贴"方式中选择公式，然后在"运算"区域内选择"加"，同时还可以在特殊设置区域内选择"跳过空单元格"和"转置"复选框，单击"确定"按钮后，所有选择的项目都会粘贴上。

在进行单元格或单元格区域复制操作时，如果需要复制其中的特定内容而不是所有内容，则可以使用"选择性粘贴"命令来实现，具体操作步骤如下：

① 选取需要复制的单元格或单元格区域，单击"开始"选项卡的"剪贴板"组中的"复制"按钮。

② 选取目标区域的左上角单元格，单击"开始"选项卡中的"粘贴"按钮，选择"选择性粘贴"命令，弹出对话框，如图 4-33 所示。

图 4-33 "选择性粘贴"对话框

③ 在对话框中选择所需的选项，单击"确定"按钮即可。

说明 1：用剪贴板复制数据与 Word 中的操作相似，稍有不同的是在源区域执行复制命令后，区域周围会出现闪烁的虚线。只要闪烁的虚线不消失，粘贴可以进行多次，一旦虚线消失，粘贴则无法进行。如果只需要粘贴一次，在目标区域直接按【Enter】键即可。

选择目标区域时，可选择目标区域的第一个单元格或起始的部分单元格，或选择与源区域一样大小的区域，当然，选择区域也可以与源区域不一样大。

说明 2：鼠标拖动复制数据的操作方法也与 Word 有所不同：选择源区域和按下【Ctrl】键后鼠标指针应指向源区域的四周边界而不是源区域内部。

当数据为纯字符或纯数值且不是自动填充序列的一员时，使用鼠标自动填充的方法也可以实现数据复制。

数字的移动与复制类似，可以利用剪贴板的先"剪切"再"粘贴"方式，也可以用鼠标拖动，但不按【Ctrl】键。

说明 3："选择性粘贴"除了打开"选择性粘贴"对话框选择粘贴选项，也可以在右键快捷菜单中选择粘贴选项。

（4）数据的清除与删除

在 Excel 2010 中，数据删除有两个概念：数据清除和数据删除。

① 数据清除可以单击"开始"选项卡的"编辑"组中的"清除"按钮，弹出如图 4-34 所示的下拉列表，可以有选择地清除，如"全部清除""清除格式""清除内容""清除批注""清除超链接"等。

② 数据删除的对象是单元格，即单元格删除，可以单击"开始"选项卡的"单元格"组中的"删除"按钮，弹出如图 4-35 所示的下拉列表，选择"删除单元格"命令。

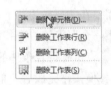

图 4-34　"清除"下拉列表　　　　　图 4-35　"删除"下拉列表

说明：

- 数据清除的对象是数据，单元格本身并不受影响。
- 数据删除的对象是单元格，删除后选取的单元格连同里面的数据都从工作表中消失。

（5）数据查找与选择

查找和选择功能可以在工作表中快速地定位用户要找的信息，并且可以有选择地用其他值代替。"查找"功能用来在工作表中快速搜索用户所需要的数据，"替换"功能则用来将查找到的数据自动用一个新的数据代替。

在 Excel 2010 中，用户既可以在一个工作表中进行查找和替换，也可以在多个工作表中进行

查找和替换。基本步骤是:

① 选定需要搜索的单元格区域，包括单元格区域或整个工作表等（若要搜索整张工作表，则单击任意单元格）。

② 在"开始"选项卡的"编辑"组件单击"查找和选择"按钮，弹出如图 4-36 所示的下拉列表，可以选择"查找"或"替换""批注""公式"等命令。

在弹出的下拉列表中选择"查找"命令，或者按快捷键【Ctrl+F】，弹出"查找和替换"对话框，如图 4-37 所示。

图 4-36 查找与选择快捷菜单   图 4-37 "查找和替换"对话框

① 执行查找操作时，只需在"查找和替换"对话框的"查找内容"下拉列表框中输入待查找的内容。也可以单击"选项"按钮，展开该对话框，在其中进行详细的设置。

如果要查找指定内容下一次出现的位置，则单击"查找下一个"按钮；如果要查找上一次出现的位置，则在单击"查找下一个"按钮的同时按住【Shift】键；如果要查找指定内容的全部位置，则单击"查找全部"按钮。

② 执行替换操作时，先切换到"替换"选项卡，除了在"查找内容"下拉列表框中输入待查找的内容，还需要在"替换为"下拉列表框中输入替换的内容。

单击"查找下一个"按钮，查找符合条件的内容，然后再单击"替换"按钮进行替换；单击"全部替换"按钮，将所有符合条件的内容一次性全部进行替换。

③ 查找或者替换操作完成后，单击"关闭"按钮返回工作表。

Excel 不仅可以查看并编辑指定的文字或数字，也可以查找出包含相同内容（例如公式）的所有单元格，还可以查找出与活动单元格中内容不匹配的单元格。

7. 单元格的基本操作

在 Excel 2010 中，对工作表的操作都是建立在对单元格或单元格区域操作的基础上，所以对当前的工作表进行各种操作，必须以选取单元格或单元格区域为前提。

（1）选取单元格

① 选取一个单元格。打开工作簿后，单击要编辑的工作表标签使其成为当前工作表。具体操作方法如下:

a. 用鼠标选取单元格。首先将鼠标指针定位到需要选取的单元格上并单击，该单元格即为当前单元格。如果要选取的单元格没有显示在窗口中，可以通过拖动滚动条使其显示在窗口中，然后再选取单元格。

　　b. 使用键盘选取单元格。使用【↑】【↓】【←】【→】方向键，可移动当前单元格，直至所需选取的单元格成为当前单元格。

　　② 选取单元格区域。在 Excel 2010 中，使用鼠标和键盘结合的方法，可以选取一个连续单元格区域或多个不相邻的单元格区域。

　　a. 选取一个单元格区域。先单击该区域左上角的单元格，按住鼠标左键拖动，到区域的右下角后释放即可；若想取消选取，只需要在工作表中单击任意单元格即可。

　　b. 选取较大范围单元格区域。单击区域左上角单元格，按住【Shift】键，然后单击区域右下角单元格，释放【Shift】键。

　　c. 选取多个不相邻的单元格区域。先选取第一个单元格区域，然后按住【Ctrl】键，再选取其他单元格区域即可。

　　③ 选取特殊单元格区域。

　　a. 整行：单击工作表中的行号。

　　b. 整列：单击工作表中的列标。

　　c. 整个工作表：单击工作表行号和列标的交叉处，即"全选"按钮，或者使用快捷键【Ctrl+A】。

　　d. 相邻的行或列：在工作表行号或列标上按下鼠标左键，并拖动选取要选择的所有行或列，或者先选择开始的行号或列标，然后按住【Shift】键，单击最后要选择的行号或列标。

　　e. 不相邻的行或列：单击第一个行号或列标，按住【Ctrl】键，再单击其他行号或列标。

　　说明：选取单元格或者区域还可以在名称框中直接输入单元格地址，然后按【Enter】键即可选中单元格或者区域。学习引用运算符后，就可以在单元格名称框里表示任意的单元格区域。

　　（2）插入单元格或单元格区域

　　① 选中单元格或单元格区域，右击，在弹出的快捷菜单中选择"插入"命令

　　② 或者单击"开始"选项卡的"单元格"组中的"插入"按钮，弹出的快捷菜单中选择"插入单元格"命令，弹出如图 4-38 所示对话框。选中相应的单选按钮，单击"确定"按钮即可。

　　（3）删除单元格或单元格区域

　　① 选中要删除的单元格或单元格区域，右击，在弹出的快捷菜单中选择"删除"命令

　　② 或者单击"开始"选项卡的"单元格"组中的"删除"按钮，弹出的快捷菜单中选择"删除单元格"命令，弹出如图 4-39 所示的对话框。选中相应的单选按钮，单击"确定"按钮即可。

图 4-38　"插入"对话框

图 4-39　"删除"对话框

　　（4）合并单元格

　　标题一般位于表的中间位置，由于标题一般比较长，在一个单元格中不能完整显示全称，因

此需要合并单元格。

合并单元格就是将多个单元格合并成一个。合并后居中单元格方法如下：

① 先选中所要合并的单元格区域，单击"开始"选项卡的"对齐方式"组中的"合并后居中"按钮，弹出如图 4-40 所示的下拉列表，选择"合并单元格"命令，如果需要文字居中对齐，则选择"合并后居中"命令。

② 或者在选中的区域右击，弹出快捷菜单，选择"设置单元格格式"命令，弹出"设置单元格格式"对话框，选择"对齐"选项卡。在"对齐"选项卡中选中"文本控制"中的"合并单元格"复选框，如图 4-41 所示，单击"确定"按钮即可。如果需要文字居中对齐，则选择文本对齐方式选项组中的"水平对齐"或"垂直对齐"中的居中。

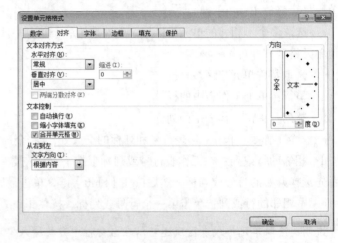

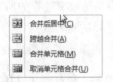

图 4-40　"合并后居中"下拉列表　　　　图 4-41　"设置单元格格式"对话框

8．行和列的基本操作

（1）行和列的选中

① 要选中一行，比如第 3 行，可单击行号 3；要选中 2、3、4 三行，可从行号 2 拖动到行号 4；要选中不连续的行，比如第 3 行和第 5 行，先单击行号 3，然后按住【Ctrl】键，再单击行号 5。

② 要选中一列，比如 B 列，可单击列标 B；要选中 A、B、C 三列，可从列标 A 拖动到列标 C。要选中不连续的列，比如 B 列和 D 列，先单击列标 B，然后按住【Ctrl】键，再单击列标 D。

（2）行和列的插入

在输入数据的过程中，如果发现第 10 行前少输了一行，可以在行号 10 上右击，在弹出的快捷菜单中选择"插入"命令，当前位置会增加一行，原来的第 10 行向下移动变成了第 11 行；如果希望一次插入多行，比如在 10 行前插入两行，可以选中 10、11 两行，右击，在弹出的快捷菜单中选择"插入"命令，即可一次插入两行。

同理，如果要在第 D 列前增加一列，可以在列标 D 上右击，在弹出的快捷菜单中选择"插入"命令，当前位置会增加一列，原来的第 D 列向右移动变成了第 E 列；如果要一次插入多列，比如在 D 列前插入两列，可以选中 D 列和 E 列，右击，在弹出的快捷菜单中选择"插入"命令，一次就可以插入两列。

说明：插入行或列还可以单击"开始"选项卡的"单元格"组中的"插入"按钮，弹出如图4-42所示的下拉列表，选择"插入工作表行"或"插入工作表列"命令

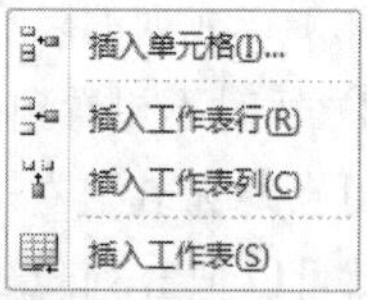

（3）行和列的删除

当工作表的某些数据不需要时，可以按【Delete】键清除内容。工作表中删除不需要的行、列，具体操作步骤如下：

① 选取要删除的行、列。

图4-42　"插入"下拉列表

② 右击并在弹出的快捷菜单中选择"删除"命令。

③ 选中相应的单选按钮，单击"确定"按钮即可。

如果要删除多列，可以同时选择多行或多列，执行删除命令。

（4）行高和列宽设置

① 调整行高。把鼠标指针放在两个行号中间的横线上，鼠标指针变成上下双向箭头，拖动鼠标，屏幕上显示出行高：前面的数值以磅为单位，括号中的数值以像素为单位，到所需位置松开，即可改变行高。要精确设定行高，可以单击"开始"选项卡的"单元格"组中的"格式"按钮，在弹出的下拉列表中选择"行高"命令，弹出"行高"对话框，如图4-43所示，对话框中显示的数值以磅为单位，输入需要的值，单击"确定"按钮，即可以把行高设为指定值。

图4-43　"行高"对话框

② 调整列宽。把鼠标指针放在两个列标中间的竖线上，鼠标变为水平双向箭头，左、右拖动鼠标，屏幕上显示出列宽：前面的数值以1/10英寸为单位，括号中的数值以像素为单位，到所需位置松开，即可改变列宽。要精确设定列宽，可以单击"开始"选项卡的"单元格"组中的"格式"按钮，在弹出的下拉列表中选择"列宽"命令，弹出"列宽"对话框，如图4-44所示，对话框中显示的数值以1/10英寸为单位，输入需要的值，单击"确定"按钮，即可以把列宽设为指定值。

图4-44　"列宽"对话框

说明1：把鼠标指针放在两个行号中间的横线上，鼠标变成上下双向箭头，双击，就可以把行高设为最合适的值；把鼠标指针放在两个列标中间的竖线上，鼠标变成为水平双向箭头，双击，就可以把列宽设为最合适的值。

说明2：如果选中行号或列标，右击，在弹出的快捷菜单中选择"行高"或"列宽"命令，也可以打开"行高"或"列宽"对话框。

（5）行或列的互换

在使用Excel的过程中，有时需要将相邻的两行或两列互换。如果现在需要互换第2行和第3行，可单击行号2，选中第2行，把鼠标指针放在第2行的行号右边线上，鼠标形状变为四向箭头时，按住【Shift】键，向下拖动到第3行的下边线处，松开鼠标，就实现了两行的互换。同理，要将A列和B列的互换，可以单击列标A，选中A列，把鼠标指针放在A列的列号的下边线上，鼠标形状变为四向箭头时，按【Shift】键，向右拖动到B列的右边线处，此时屏幕上有一条粗的竖直虚线，松开，两列进行了互换。利用上述方法可以将任意的行或列移动到其他位置。

（6）行或列的隐藏

① 暂时不想看到的行或列可以将其隐藏。比如要隐藏第 2 列，可在列标 B 上右击，在弹出的快捷菜单中选择"隐藏"命令，就可以把 B 列隐藏了。要重新显示 B 列，可以选中 A 列和 C 列，跨越被隐藏的列，右击，在弹出的快捷菜单中选择"取消隐藏"命令。同理可实现行的隐藏和取消。

② 或者可以单击"开始"选项卡的"单元格"组中的"格式"按钮，在弹出的下拉列表中的可见性区域选择"隐藏和取消隐藏"命令，在列表中选择"隐藏行"或"隐藏列"实现行或列的隐藏，如图 4-45 所示。同理可取消隐藏行或取消隐藏列。

说明：隐藏行或列，实际上就是将行高或列宽设置为 0。

图 4-45　格式列表

9. 使用公式与函数计算并填充数据

（1）公式的基本知识

公式是 Excel 2010 最重要的内容之一，充分灵活地运用公式，可以实现数据处理的自动化。公式对于那些需要填写计算结果的表格非常有用，当公式引用的单元格的数据修改后，公式的计算结果会自动更新。

Excel 2010 中公式是在单元格中对数据进行计算和分析的表达式，与数学表达式基本相同，它由数字、运算符、单元格引用和函数构成。输入公式要以等号"="开头，输完确认后，单元格中显示计算结果，但真正存储的是公式（可在编辑栏中看到输入时的公式）。

（2）公式的创建

公式的输入操作类似输入文字型数据，不同的是在输入公式时以"="号作为开头，然后输入公式的表达式。在工作表中输入公式后，单元格中显示的是公式计算的结果，而在编辑栏中显示输入的公式。输入公式步骤如下：

① 选中要输入公式的单元格，在单元格或编辑栏中输入等号"="（在 Excel 2010 中创建公式时，必须以一个等号"="作为开头，其作用是表示数学操作的开始，并通知 Excel 2010 将等号后面的表达式作为公式而不是常规的数据存储起来）。

② 输入由数据、运算符、单元格引用以及函数等组成的公式。

③ 按【Enter】键或者单击编辑栏左边的"输入"按钮，就可以显示其结果。如果在输入公式的过程中取消操作，则单击"取消"按钮即可。

（3）公式中的运算符

在 Excel 2010 中有 4 类运算符：算术运算符、比较运算符、字符连接运算符和引用运算符。

① 算术运算符：+（加号）、-（减号或负号）、*（星号或乘号）、/（除号）、%（百分号）、^（乘方）。用于完成基本的数学运算，返回值为数值。例如，在单元格中输入"=2+5^2"后按【Enter】键，结果为 27。

② 比较运算符：=（等号）、>（大于）、<（小于）、>=（大于等于）、<=（小于等于）、<>（不等于），用以实现两个值的比较，结果是逻辑值 True 或 False。若条件相符，则产生逻辑

真值 TRUE（非 0）；若条件不符，则产生逻辑假值 FLASE（0）。例如，在单元格中输入"=3 < 8"，结果为 True。

③ 字符连接运算符：&，用来连接一个或多个文本数据以产生组合的文本。例如，在单元格中输入 "="职业"&"学院""（注意文本输入时须加英文引号）后按【Enter】键，将产生"职业学院"的结果。输入 "="职业"&"技术"&"学院""，将产生"职业技术学院"的结果。

④ 引用运算符：

- 单元格引用运算符：:（冒号）。
- 联合运算符：,（逗号）。将多个引用合并为一个引用。
- 交叉运算符：空格。产生同时属于两个引用的单元格区域的引用。

4 类运算符总结如表 4-2 所示。

表 4-2 运算符

类　型	运算符	名　称	含　义	示　例
算术运算符	+	加号	进行加法运算	B1+3，4+2=6
	–	减号或负号	进行减法运算	B1–C1–8
	*	乘号或星号	进行乘法运算	B1*C1，2*3 相当于 2×3=6
	/	除号或斜杠	进行除法运算	B1/9，9/3 相当于 9÷3=3
	^	脱字符或乘方	进行乘方运算	4^2 相当于 4^2=16
	%	百分号	显示百分比	90%
比较运算符	>	大于	比较两个数值并产生逻辑值。表达式成立时结果为逻辑真 True，否则结果为逻辑假 False	D2>3，A1>B1
	<	小于		D2<12
	>=	大于等于		D2>=8
	<=	小于等于		D2<=7
	=	等于		D2=5
	<>	不等于		D2<>10
字符连接运算符	&	连字符	用于将两个或多个文本连接值在一起，生成一个新文本	=C3&E5，结果为 C3 与 E5 两个单元格内容连接起来 ="实发"&"工资"，结果为"实发工资" = "销售"&C4，结果为"销售排名"（假定单元格 C4 的内容是"排名"）
引用运算符	:	区域运算符	对两个引用之间包括两个引用在内的所有单元格进行引用	E3:K8 表示引用从 E3 到 K8 的所有单元格
	,	联合运算符	将多个引用合并为一个引用	SUM(A2,D4,F6) 表示三个单元格，SUM(J3:J27,E3:E27) 表示引用 J3:J27 和 E3:E27 的两个单元格区域
	（空格）	交叉运算符	产生同时属于两个引用的单元格区域，表示几个单元格区域所重叠的那些单元格	SUM(C3:F27 E3:G27)表示引用交叉的单元格区域 E3:F3

（4）公式中的常见错误

使用 Excel 可能都会遇到一些看起来似懂非懂的错误值信息，如# N/A!、#VALUE!、#DIV/O!

等，出现这些错误的原因有很多种，使用公式错误信息以及错误原因总结如表 4-3 所示。

表4-3 公式常见错误信息

错误信息	错误原因
# DIV/0!	公式的除数为零，如除数使用了指向空格单元格或包含零值的单元格的单元格
#N/A	内部函数或自定义函数中缺少一个或多个参数；在数组公式中使用的参数的行或列不包含数组公式的区域的行或列不一致；在尚未排序的数据表中使用了 VLOOKUP、HLOOKUP 或 MATCH 函数来追踪数值
# NAME?	不能识别的名字。如在公式中输入文本时没有使用双引号；函数名称的拼写错误；公式中使用了错误的名称，或使用了不存在的名称。
# NULL!	制定的两个区域不相交。如使用了不正确的区域运算符或不正确的单元格引用
# NUM!	在需要数字参数的函数中使用了不能接受的函数；使用了迭代计算的函数，例如 IRR 或 RATE，并且函数不能产生有效的结果；由公式产生的数字太大或太小，Excel 不能表示
# REF!	公式中引用了无效的单元格。如删除了由其他公式引用的单元格
# VAULE!	参数或操作数的类型有错误。如在需要数字或逻辑值是输入了文本
####!	公式产生的结果太长，单元格容纳不下；或者单元格的日期、时间公式产生了一个负值

（5）公式中的运算顺序

在一个混合运算的公式中，必须了解公式的运算顺序，即运算的优先级。每个运算符都有一个优先级，对于不同优先级的运算，按照优先级从高到低的顺序进行计算；对于同一优先级的运算，按照从左到右的顺序进行。如果要改变运算顺序，可以使用括号把公式中优先级低的运算用括号括起来。各种运算符的优先级从高到低依次为：

:（冒号）、空格、,（逗号）→%（百分比）→^（乘幂）→*（乘）、/（除）→+（加）、–（减）→&（连接符）→=、<、>、<=、>=、<>（比较运算符）

说明：

① 输入和编辑公式选择要在其中输入公式的单元格，先输入等号，或者通过单击编辑栏中的"编辑公式"按钮或工具栏中的"粘贴函数"按钮自动插入一个等号，接着输入运算表达式，最后按【Enter】键确认。

② 公式中单元格的地址可以键盘输入，也可以单击相应的单元格得到相应的单元格地址。

③ 如果需要修改某公式，则先单击包含该公式的单元格，在编辑栏中修改即可；也可以双击该单元格，直接在单元格中修改。

注意：

① 运算符必须是在英文半角状态下输入。

② 公式的运算量要尽量引用单元格地址，以便于复制引用公式。

（6）公式的编辑

创建了公式之后，经常需要对公式进行编辑，即进行修改、复制等。

① 修改公式。

a. 双击需要修改公式的单元格，进入公式编辑状态，公式中所引用的单元格以不同的颜色显示出来，然后直接在单元格中或在编辑栏中对公式进行修改，修改完后，按【Enter】键完成。

b. 或者单击需要修改公式的单元格，按【F2】键，也可进入公式编辑状态，修改公式后按
【Enter】键确认。

② 复制公式。

图 4-46 粘贴选项

a. 选中要复制公式的单元格，单击"开始"选项卡的"剪贴板"组中的
"复制"按钮；然后选中目标单元格，单击"开始"选项卡的"剪贴板"组中
的"粘贴"按钮，弹出如图 4-46 所示的粘贴选项。

b. 或者右击要复制公式的单元格，在弹出的快捷菜单中单击"复制"命
令；右击目标单元格，在弹出的快捷菜单中单击"粘贴"命令。

c. 如果复制公式的位置与当前公式所在单元格连续，可以拖动公式所在
单元格的填充柄也可以完成公式的复制，并将计算结果显示出来。

（7）单元格的引用

单元格的引用是把单元格的数据和公式联系起来，标识工作表中单元格或单元格区域，指明
公式中使用数据的位置。

通过单元格引用可以在一个公式中使用工作表不同部分中包含的数据，也可以在多个公式中
使用同一个单元格的值。还可以引用同一个工作簿中其他工作表上的单元格和其他工作簿中的数
据。引用其他工作簿中的单元格被称为链接或外部引用。

默认情况下，Excel 通过列标和行号来引用某个单元格。例如，B2 表示引用列 B 和行 2 交叉
处的单元格。单元格引用的常见形式如表 4-4 所示。

表 4-4 单元格引用

引 用 样 式	引 用 区 域
A10:E20	列 A 到列 E 和行 10 到行 20 之间的单元格区域
B15:E15	在行 15 中，列 B 到列 E 之间的单元格区域
5:5	行 5 中的全部单元格
5:10	行 5 到行 10 之间的全部单元格
H:H	列 H 中的全部单元格
H:J	列 H 到列 J 之间的全部单元格

Excel 单元格的引用有 3 种基本的方式：相对引用、绝对引用、混合引用，默认方式为相对引
用，还可以进行跨工作表的单元格引用和跨工作簿的单元格引用。

① 相对引用。相对引用是指直接使用行列标志，如果公式所在的单元格位置发生改变，引
用也相应地发生改变。

例如，向单元格 A5 输入公式"=A1+A2+A3+A4"，将其复制到 E5、F5 单元格后，公式自动
变成"=E1+E2+E3+E4""=F1+F2+F3+F4"。

如果不希望在复制公式时公式中的引用随之改变，这就要用到绝对引用。

② 绝对引用。绝对引用是指在单元格的行列标志前面都加上绝对引用"$"，如$A$1、$B$1。
在公式中绝对引用的单元格地址不随公式所在位置的变化而变化，即无论将此公式复制到什么位
置，引用都不会发生变化。

例如，向单元格 A5 中输入公式"=$A$1+$A$2+$A$3+$A$4"，将其复制到 C5、D5 单元格后，

该公式还是“=$A$1+$A$2+$A$3+$A$4”。

③ 混合引用。混合引用是指行固定而列不固定或者列固定而行不固定的单元格引用，如$A3、A$3都是混合引用。

例如，向单元格A5中输入公式“=$C5+D$5”，将其复制到B5后，B5单元格和A5属于同一行，该公式变为“=$C5+E$5”；将其复制到A6后，A6单元格和A5属于同一列，该公式变为“=$C6+D$5”。

如图4-47所示的学生成绩统计表，分差等于总分减优秀线，总分所在的单元格区域地址在复制公式的过程中需要变化，因此要用相对引用，优秀线所在单元格区域地址在复制公式的过程中不需要变化，因此要用绝对引用。整个公式中既有相对引用又有绝对引用，所以是混合引用。

H3 =G3-$I$3

	A	B	C	D	E	F	G	H	I
1	学生成绩统计表								
2	学号	姓名	语文	数学	外语	物理	总分	分差	优秀线
3	001	王昆	88.5	80.5	78.5	75.0	322.5	2.5	320
4	002	曾田文	60.0	65.5	70.0	73.5	269.0	-51.0	
5	003	于燕燕	78.5	80.0	85.5	88.5	332.5	12.5	
6	004	孙昭红	45.0	60.0	53.5	57.5	216.0	-104.0	
7	005	赵永敏	93.0	85.5	87.0	80.0	345.5	25.5	
8	006	姜浩彬	88.5	82.5	81.5	70.0	322.5	2.5	
9	007	黄永良	80.0	73.0	87.5	65.5	306.0	-14.0	
10	008	梁泉涌	76.5	70.0	72.0	60.0	278.5	-41.5	
11	009	任广明	58.0	52.0	60.0	54.5	224.5	-95.5	
12	010	郝海平	95.0	92.5	93.5	91.5	372.5	52.5	

图4-47 学生成绩统计表

说明：

a. 绝对引用和相对引用的区别在于：当复制使用相对引用的公式时，被复制到新单元格公式中的单元格引用将被更新。

b. 在Excel中输入公式时，只要正确使用【F4】键，就能简单地对单元格的相对引用和绝对引用进行切换。

④ 三维地址引用。在Excel中，不但可以引用同一工作表中的单元格，还能引用不同工作簿不同工作表中的单元格，同一工作簿的不同工作表之间的单元格引用格式为“工作表名！单元格地址”；对其他工作簿的单元格引用格式为“[工作簿文件名]工作表名！单元格地址”。

例如，在工作簿Book1中引用工作簿Book2的Sheet1工作表中的第3行第5列单元格，可表示为“= [Book2] Sheet1!E3”。

比如，在成绩表中“学号”填充好之后，将“姓名”“平时”“实验”“期末”几列相应数据填好。接下来计算“总评”（总评=平时*0.2+实验*0.2+期末*0.6），操作步骤如下：

a. 单击G6单元格，在其中输入公式“=C6*0.2+E6*0.2+F6*0.6”，按【Enter】键，G6单元格出现计算结果“88.6”。

b. 将鼠标指针放到G6单元格填充柄位置，按住鼠标左键向下拖动至G39单元格，然后再选中G39单元格复制公式，再选中Q6单元格粘贴公式；选中Q6单元格，将鼠标指针放到Q6单元格填充柄位置，按住鼠标左键向下拖动至Q16单元格，“总成绩”全部被计算出来，如图4-48所示。

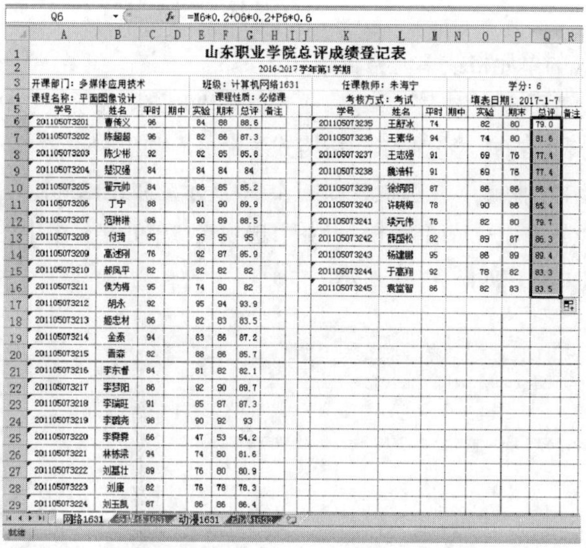

图 4-48 利用公式计算总成绩

（8）定义名称

在 Excel 中，名称是代表单元格、单元格区域、公式或常量值的单词或字符串。

① 把一个区域定义为名称，引用这个区域时，可直接使用名称。

② 把一个公式定义为名称时，重复使用这个公式时，可直接使用名称。

③ 使用定义名称，可打破函数 30 个参数的限制。

④ 宏表函数需要定义为名称才能使用。

名称必须符合下列规则：

- 名称中的第一个字符必须是字母、下画线或反斜杠"/"。名称中的其余字符可以是字母、数字、句点和下画线。
- 名称不能与单元格引用相同（例如：Z$100 或 R1C1）。
- 在名称中不允许使用空格。
- 一个名称最多可以包含 255 个字符。

注意： 默认情况下，名称使用绝对单元格引用。

名称的相关操作集中在"公式"选项卡的"定义的名称"组中，如图 4-49 所示。可以通过"定义名称"和"根据所选内容创建"来创建名称，也可以通过名称管理器来编辑管理名称。

图 4-49 "定义的名称"组

名称的作用很多，例如，公式"=sum(a1:a100)，如果 A1：A100 定义成名称"数据"的话，就可以直接带入"=sum(数据)"。简单的应用看不出来名称的优势，关键问题是名称定义是可以使用公式的，也就是说名称规定的区域可以是动态的，这样应用名称就可以解决公式中数据更新的问题。

（9）隐藏公式

在工作表中，如果不希望看到使用的计算公式，可以将公式隐藏起来。单元格中的公式隐藏后，再次选中该单元格，原来的公式将不会出现在编辑栏中。

① 隐藏公式。

a. 选中要隐藏公式的单元格或单元格区域。

b. 右击，选择"设置单元格格式"命令，或者单击"开始"选项卡"单元格"组中的"格式"按钮，在弹出的下拉列表，选择"设置单元格格式"命令，弹出"设置单元格格式"对话框，选择"保护"选项卡，选中"隐藏"复选框，如图 4-50 所示，单击"确定"按钮。

c. 在工作表标签位置右击，或者单击"开始"选项卡"单元格"组中的"保护工作表"按钮，弹出"保护工作表"对话框，如图 4-51 所示。

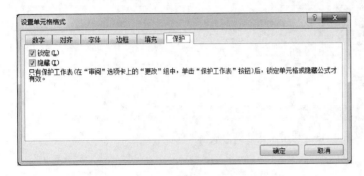

图 4-50 "保护"选项卡　　　　　　图 4-51 "保护工作表"对话框

d. 在"取消工作表保护时使用的密码"文本框中输入密码，单击"确定"按钮，弹出"确认密码"对话框，输入密码后单击"确定"按钮。

e. 设置完成后，公式被隐藏，不再出现在编辑框，上述操作起到保护公式的作用。

如果双击隐藏公式的单元格，会出现如图 4-52 所示的对话框。

图 4-52 提示对话框

② 取消公式隐藏。在工作表标签位置右击，或者单击"开始"选项卡的"单元格"组中的"撤销工作表保护"按钮，弹出"撤消工作表保护"对话框如图图 4-53 所示，在密码文本框中输入密码，单击"确定"按钮，即可取消工作表保护，取消公式的隐藏。

图 4-53 "撤销工作表保护"对话框

（10）函数的基本概念与输入方法

函数是 Excel 2010 内部预先定义的特殊公式，它可以对一个或多个值进行操作，并返回一个或多个值。可以作为公式的组成部分。函数通过引用参数接收数据，并返回计算结果。函数由函数名及参数构成，函数名用大写字母，参数在函数名后的小括号内，参数可以是常量、单元格引用、公式或其他函数，参数个数和类别由函数的性质决定。在进行复杂运算时，应尽可能使用 Excel 2010 系统提供的内部函数，而不要使用自己编写的公式，这样工作表占用的内存较小，系统运行速度较快，并且可以提高工作效率和减少错误。

Excel 函数一共有 11 类，分别是数据库函数、日期与时间函数、工程函数、财务函数、信息函数、逻辑函数、查询和引用函数、数学和三角函数、统计函数、文本函数以及用户自定义函数。

函数的语法形式为：函数名称(参数 1，参数 2，…)。

函数的结构以函数名称开始，后面是左圆括号、以逗号分隔的参数和右圆括号。

例如，求和函数"SUM(C3:C32, F7)"。

在单元格输入函数方法如下：

① 手工输入函数。对于一些简单函数，可以手工输入，手工输入的方法同在单元格中输入公式的方法一样。

　a. 选定需要输入函数的单元格，输入一个等号。

　b. 在等号右面输入函数，例如输入"=SUM(D2:D6)"。

　c. 按【Enter】键。

② 利用函数对话框插入函数。Excel 2010 一般使用"插入函数"按钮 f_x 来创建或使用函数。

方法一：

　a. 选定需要插入函数的单元格。

　b. 单击编辑栏中的"插入函数"按钮 f_x，则在单元格和编辑栏中系统自动添加等号"="，弹出"插入函数"对话框，在"或选择类别"下拉列表框中选择要插入的函数类型，在"选择函数"列表框中选择使用的函数，如图 4-54 所示。

　c. 单击"确定"按钮，弹出"函数参数"对话框，如图 4-55 所示，其中显示了函数的名称、函数功能、参数的描述、函数的当前结果等。

图 4-54　"插入函数"对话框

图 4-55　sum "函数参数"对话框

　d. 在参数文本框中输入数值、单元格引用区域，或者用鼠标在工作表中选定数据区域，单击"确定"按钮，单元格中显示出函数计算结果。

方法二：

　a. 选定需要插入函数的单元格。

　b. 单击"公式"选项卡的"函数库"组中的"插入函数"按钮 f_x，或直接选择要插入的分项函数下拉列表中的函数，如图 4-56 所示。

　c. 弹出"函数参数"对话框后，如同方法一的 c、d 步，设置参数后确定即可。

图 4-56　"插入函数"下拉列表

（11）常用函数

Excel 2010 提供了 200 多个函数，这些函数分为统计函数、日期与时间函数、数学与三角函数、数据库函数、文本函数、财务函数、逻辑函数等。在此介绍一些常用的函数。

① SUM() 函数。

函数格式：SUM(number1,number2,…)

函数功能：计算所有参数数值的和。

参数说明：number1、number2…代表需要计算的值，可以是具体的数值、引用的单元格（区域）、逻辑值等。

例如：

SUM(3,6,9)：该函数是将 3 个数值 3、6、9 进行求和，结果为 18。

SUM(A6,6)：该函数第一个参数是单元格名称 A6，第二个参数是数值 6，其功能是将单元格 A6 中的内容和数值 6 相加。

SUM(B1:F1,B2:F2)：该函数的两个参数都是单元格区域，其功能是将单元格区域 B1:F1 和 B2:F2 中的所有内容相加。

如图 4-57 所示的表格，要求出每个班级所得的总分，用函数 sum(C3:G3)，先求出第一个班级的总分，然后拖动填充柄复制公式，算出所有班级的总分。

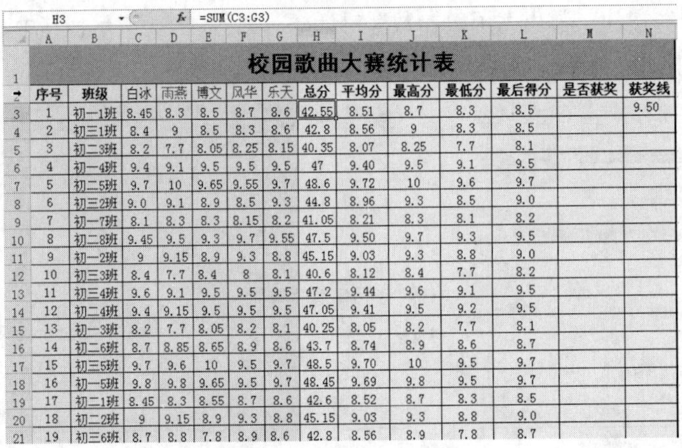
H3 =SUM(C3:G3)

校园歌曲大赛统计表

序号	班级	白冰	雨燕	博文	风华	乐天	总分	平均分	最高分	最低分	最后得分	是否获奖	获奖线
1	初一1班	8.45	8.3	8.5	8.7	8.6	42.55	8.51	8.7	8.3	8.5		9.50
2	初三1班	8.4	9	8.5	8.3	8.6	42.8	8.56	9	8.3	8.5		
3	初二3班	8.2	7.7	8.05	8.25	8.15	40.35	8.07	8.25	7.7	8.1		
4	初一4班	9.4	9.1	9.5	9.5	9.5	47	9.40	9.5	9.1	9.5		
5	初二5班	9.7	10	9.65	9.55	9.7	48.6	9.72	10	9.6	9.7		
6	初三2班	9.0	9.1	8.9	8.5	9.3	44.8	8.96	9.3	8.5	9.0		
7	初一7班	8.1	8.3	8.3	8.15	8.2	41.05	8.21	8.3	8.1	8.2		
8	初二8班	9.45	9.5	9.3	9.7	9.55	47.5	9.50	9.7	9.3	9.5		
9	初一2班	9	9.15	8.9	9.3	8.8	45.15	9.03	9.3	8.8	9.0		
10	初三3班	8.4	7.7	8.4	8	8.1	40.6	8.12	8.4	7.7	8.2		
11	初三4班	9.6	9.1	9.5	9.5	9.5	47.2	9.44	9.6	9.1	9.5		
12	初二4班	9.4	9.15	9.5	9.5	9.5	47.05	9.41	9.5	9.2	9.5		
13	初一3班	8.2	7.7	8.05	8.2	8.1	40.25	8.05	8.2	7.7	8.1		
14	初二6班	8.7	8.85	8.65	8.9	8.6	43.7	8.74	8.9	8.6	8.7		
15	初三5班	9.7	9.6	10	9.5	9.7	48.5	9.70	10	9.5	9.7		
16	初一5班	9.8	9.8	9.65	9.5	9.7	48.45	9.69	9.8	9.5	9.7		
17	初二1班	8.45	8.3	8.55	8.7	8.6	42.6	8.52	8.7	8.3	8.5		
18	初二2班	9	9.15	8.9	9.3	8.8	45.15	9.03	9.3	8.8	9.0		
19	初三6班	8.7	8.8	7.8	8.9	8.6	42.8	8.56	8.9	7.8	8.7		

图 4-57　校园歌曲大赛统计表

② AVERAGE()函数。

函数格式：AVERAGE(number1,number2,…)

函数功能：求出所有参数的算术平均值。

参数说明：Number1,Number2,…代表需要求平均值的数值数组或引用单元格（区域），参数不超过 30 个。

如图 4-57 所示的表格，要求出每个班级所得的平均分，用函数 AVERAGE(C3:G3)，先求出第一个班级的平均分，然后拖动填充柄复制公式，算出所有班级的平均分

③ COUNT()函数。

函数格式：COUNT(value1 value2, value3,…)

函数功能：计算参数表中的数字参数和包含数字的单元格的个数。

参数说明：value1,value2,…为 1～30 个，代表参与个数统计的数值、文本或单元格，可以包含或引用的各种不同类型数据的参数，但只对数字型数据进行计数。

应用举例：输入公式“= COUNT (88, "OK",B2:B3, "中国浙江")”，若 B2:B3 只存放的是数值，则函数的结果是 3，若 B2:B3 中只有一个单元格存放的是数值，则函数的结果是 2，若 B2:B3 中存放的都不是数值，则函数的结果是 1。COUNT(B3:B17)：该函数是求区域 B3:B17 的数字型数据个数。

例如：如图 4-58 所示的表格，要求出二季度平均降水量是用总降水量除以数字单元格个数，使用公式为 SUM(F3:F8)/ COUNT(F3:F8)。

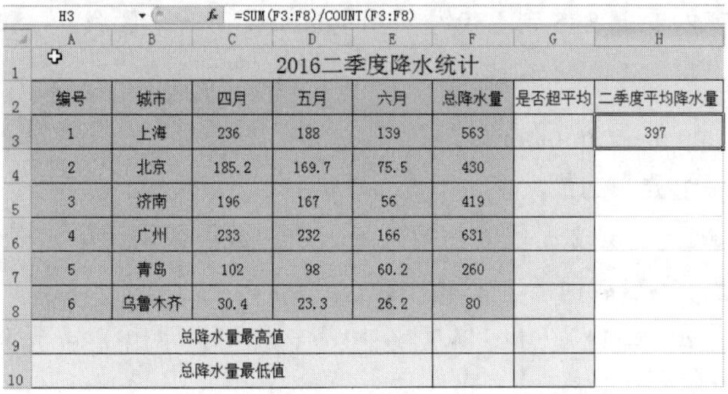

H3 =SUM(F3:F8)/COUNT(F3:F8)

	A	B	C	D	E	F	G	H
1	2016二季度降水统计							
2	编号	城市	四月	五月	六月	总降水量	是否超平均	二季度平均降水量
3	1	上海	236	188	139	563		397
4	2	北京	185.2	169.7	75.5	430		
5	3	济南	196	167	56	419		
6	4	广州	233	232	166	631		
7	5	青岛	102	98	60.2	260		
8	6	乌鲁木齐	30.4	23.3	26.2	80		
9	总降水量最高值							
10	总降水量最低值							

图 4-58 降水统计工作表计算平均降水量

COUNT( )函数是简单的计数函数，并不具有判断功能，而实际操作中经常进行满足条件的计数。

④ COUNTIF( )函数。

函数格式：COUNTIF(range,criteria)

函数功能：统计某个单元格区域中符合指定条件的单元格数目。

参数说明：range 代表要统计的单元格区域；criteria 表示以数字、表达式或文本形式定义的条件。表示指定的条件表达式。

应用举例： COUNTIF(C3:C22,">=80")"，即可统计出 C3 至 C22 单元格区域中，数值大于等于 80 的单元格数目。

例如：在“学生成绩表”中统计每个分数段的人数，就要用到 COUNTIF()函数。

L34 中的公式为“=COUNTIF($G$6:$G$39,">=90")+COUNTIF($Q$6:$Q$16, ">=90")”，如图 4-59 所示。

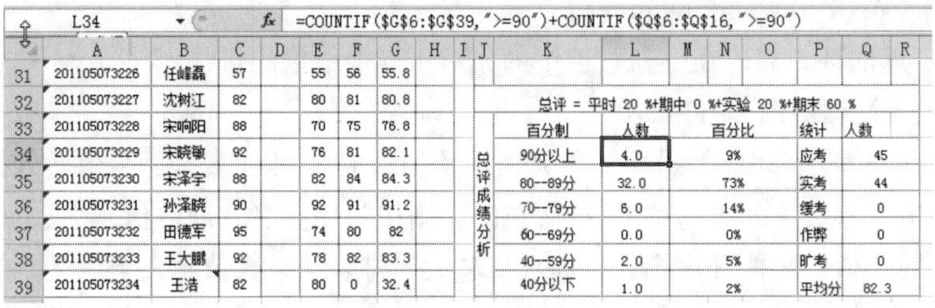

L34 =COUNTIF($G$6:$G$39,">=90")+COUNTIF($Q$6:$Q$16,">=90")

	A	B	C	D	E	F	G	H	I	J	K	L	M	N	O	P	Q	R
31	201105073226	任峰磊	57		55	56	55.8											
32	201105073227	沈树江	82		80	81	80.8				总评 = 平时 20 %+期中 0 %+实验 20 %+期末 60 %							
33	201105073228	宋响阳	88		70	75	76.8				百分制	人数		百分比		统计	人数	
34	201105073229	宋晓敏	92		76	81	82.1			总评成绩分析	90分以上	4.0		9%		应考	45	
35	201105073230	宋泽宇	88		82	84	84.3				80--89分	32.0		73%		实考	44	
36	201105073231	孙泽晓	90		92	91	91.2				70--79分	6.0		14%		缓考	0	
37	201105073232	田德军	95		74	80	82				60--69分	0.0		0%		作弊	0	
38	201105073233	王大鹏	92		78	82	83.3				40--59分	2.0		5%		旷考	0	
39	201105073234	王浩	82		80	0	32.4				40分以下	1.0		2%		平均分	82.3	

图 4-59 COUNTIF()函数统计各个分数段人数

L35 中的公式为 "=COUNTIF(G\$6:G\$39, ">=80")+COUNTIF(Q\$6:Q\$16, ">=80")–L34"。

L36 中的公式为"=COUNTIF(G\$6:G\$39, ">=70")+COUNTIF(Q\$6:Q\$16, ">=70")–L35–L34"。

L37 中的公式为 "=COUNTIF(G\$6:G\$39, ">=60")+COUNTIF(Q\$6:Q\$16, ">=60")–L36–L35–L34"。

L38 中的公式为 "=COUNTIF(G\$6:G\$39, ">=40")+COUNTIF(Q\$6:Q\$16, ">=40")–L37–L36–L34–L35"。

L39 中的公式为 "=COUNTIF(G\$6:G\$39,"<40")+COUNTIF(Q\$6:Q\$16,"<40")"。

说明： 在函数中区域引用用到绝对引用，公式中用到的区域如果是相对引用就会在复制公式时改变，在本任务中可以看出 L35 到 L39 中引用的区域是同一个区域。

⑤ MAX( )函数。

函数格式：MAX(number1,number2,…)

函数功能：求出一组数中的最大值。

参数说明：number1,number2,…代表需要求最大值的数值或引用单元格（区域），这些参数可以是数字、逻辑值、文本数值等。参数不超过 30 个。

应用举例：输入公式 "=MAX(E44:J44,7,8,9,10)"，即可显示出 E44 至 J44 单元格区域和数值 7，8，9，10 中的最大值。

如图 4-57 所示的表格，要求出每个班级的最高分，用函数 max(C3:G3)，先求出第一个班级的最高分，然后拖动填充柄复制公式，算出所有班级的最高分。

⑥ MIN( )函数。

函数格式：MIN(number1,number2,…)

函数功能：求出一组数中的最小值。

参数说明：number1,number2,…代表需要求最小值的数值或引用单元格（区域），这些参数可以是数字、逻辑值、文本数值等，参数不超过 30 个。

应用举例：输入公式 "=MIN(E44:J44,7,8,9,10)"，即可显示出 E44 至 J44 单元格区域和数值 7，8，9，10 中的最小值。

如图 4-57 所示的表格，要求出每个班级的最高分，用函数 min(C3:G3)，先求出第一个班级的最低分，然后拖动填充柄复制公式，算出所有班级的最低分。

思考：每个班级最后得分怎么计算？每个班级最后得分为 "（总分–最高分–最低分）/3"

⑦ RANK 函数

函数格式：RANK（number,ref,order）

函数功能：返回某一数值在一列数值中的相对于其他数值的排位。

RANK 函数对话框如图 4-60 所示

参数说明：number 代表需要排序的单元格地址的数值；ref 代表排序数值所处的单元格区域；order 代表排序方式参数（如果为 "0" 或者忽略，则按降序排名，即数值越大，排名结果数值越小；如果为非 "0" 值，则按升序排名，即数值越大，排名结果数值越大）。

应用举例：如在 F2 单元格中输入公式 "= RANK(E2,\$E\$2:\$E\$8,0)"，即可得出参评号为 "0901001"，合计投票中的排名结果，如图 4-61 所示。

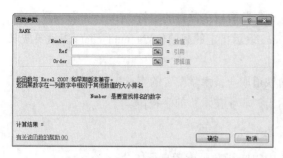

图 4-60 RANK 函数参数对话框

F2 =RANK(E2,$E$2:$E$8)

	A	B	C	D	E	F
1	参评号	姓名	网上投票	短信投票	合计	排名
2	0901001	白子涵	10138	13307	23445	5
3	0901002	童庆	12135	14456	26591	2
4	0901003	李开元	11856	12888	24744	3
5	0901004	赵轩怡	10998	10971	21969	7
6	0901005	张鸿宇	12332	10136	22468	6
7	0901006	梁雅淇	11006	13183	24189	4
8	0901007	单梦然	15782	12798	28580	1

图 4-61 RANK 函数使用

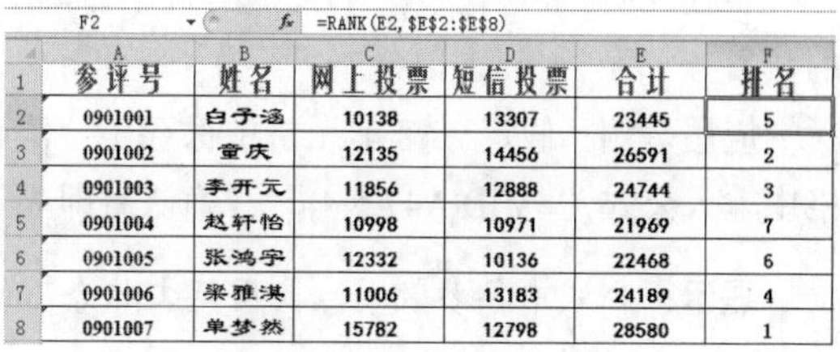

在上述公式中，number 参数采取了相对引用形式，而 ref 参数采取了绝对引用形式（增加了一个“$”符号），这样设置后，选中 F2 单元格，将鼠标移至该单元格右下角，成细十字线状时（通常称之为填充柄），按住左键向下拖动，即可将上述公式快速复制到 F 列下面的单元格中，完成参评所有选手的排名统计。

思考：如果 ref 参数为“$E$2:$E$8”，采用相对引用形式 E2:E8，还能正确排名吗？为什么？

⑧ IF 函数。

函数格式：=IF(logical,value_if_true,value_if_false)

函数功能：根据对指定条件的逻辑判断的真假结果，返回相对应的内容。

参数说明：logical 代表逻辑判断表达式；value_if_true 表示当判断条件为逻辑“真（TRUE）”时的显示内容，如果忽略返回“TRUE”；value_if_false 表示当判断条件为逻辑“假（FALSE）”时的显示内容，如果忽略返回“FALSE”。

应用举例：如图 4-58 所示的表格，在 G3 单元格中输入公式“=IF(F3>=$H$3,"是","否")”，如果 F3 单元格中的数值大于或等于 H3(H3 为二季度平均降水量)，则 C3 单元格显示“是”字样，反之显示“否”字样。拖动填充柄复制公式到 G8 单元格，结果如图 4-62 所示。

公式中引用 H3 用的是绝对引用$H$3，如果用相对引用 H3 会出现什么结果？

提示：本文中类似“在 G3 单元格中输入公式”中指定的单元格，读者在使用时，并不需要受其约束，此处只是配合本文所附的实例需要而给出的相应单元格，具体参考实际情况。

G3 =IF(F3>=$H$3,"是","否")

	A	B	C	D	E	F	G	H
1	2016二季度降水统计							
2	编号	城市	四月	五月	六月	总降水量	是否超平均	二季度平均降水量
3	1	上海	236	188	139	563	是	397
4	2	北京	185.2	169.7	75.5	430	是	
5	3	济南	196	167	56	419	是	
6	4	广州	233	232	166	631	是	
7	5	青岛	102	98	60.2	260	否	
8	6	乌鲁木齐	30.4	23.3	26.2	80	否	
9	总降水量最高值					631		
10	总降水量最低值					80		

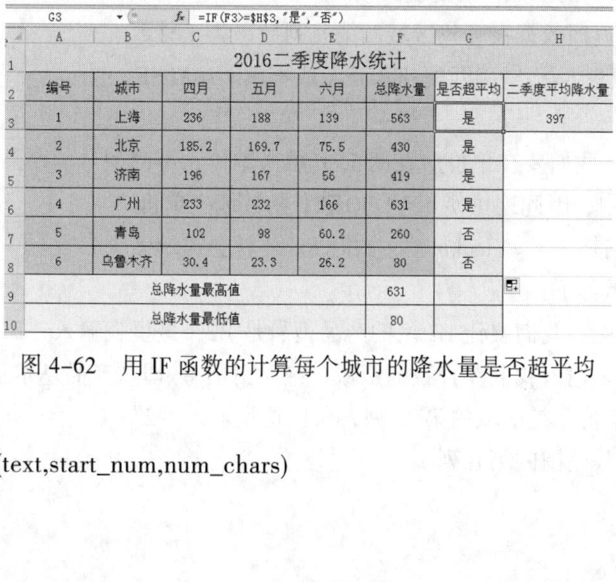

图 4-62 用 IF 函数的计算每个城市的降水量是否超平均

⑨ MID 函数。

函数格式：MID(text,start_num,num_chars)

函数功能：从一个文本字符串的指定位置开始，截取指定数目的字符。

参数说明：text 代表一个文本字符串；start_num 表示指定的起始位置；num_chars 表示要截取的数目。

应用举例：假定 A47 单元格中保存了"济南铁道职业技术学院"的字符串，我们在 C47 单元格中输入公式"=MID(A47,5,4)"，确认后即显示出"职业技术"的字符。

提示：公式中各参数间，要用英文状态下的逗号","隔开。

从字符串提取字符也可以使用 LEFT 函数与 RIGHT 函数，读者自行体会。

⑩ VLOOKUP 函数。

函数格式：VLOOKUP(lookup_value,table_array,col_index_num,range_lookup)

函数参数对话框如图 4-63 所示

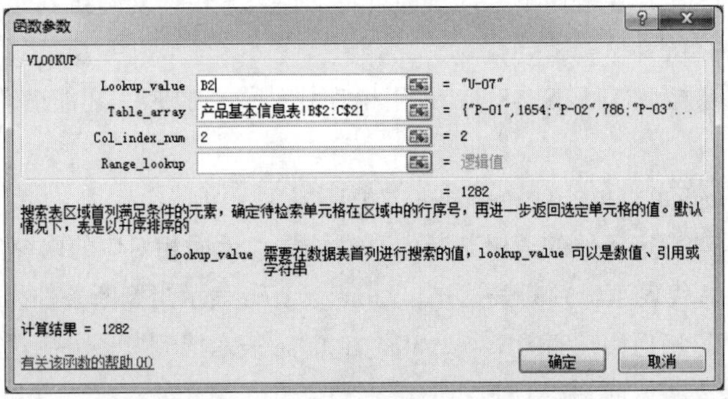

图 4-63　VLOOKUP 函数参数对话框

函数功能：VLOOKUP 函数是 Excel 中的一个纵向查找函数，它与 LOOKUP 函数和 HLOOKUP 函数属于一类函数，在工作中都有广泛应用。VLOOKUP 是按列查找，最终返回该列所需查询列序所对应的值；与之对应的 HLOOKUP 是按行查找的。

参数说明：

lookup_value：要查找的值，可以是数值、引用或文本字符串。

table_array：要查找的区域，数据表区域。

col_index_num：返回数据在查找区域的第几列数，为正整数。

range_lookup：模糊匹配/精确匹配，TRUE（或不填）/FALSE。

应用举例：

如图 4-64 所示，我们要在单价所在的 E 列填入单价，不同型号的产品单价在"产品基本信息表"（见图 4-65）中，因此这里使用 VLOOKUP 函数填入单价。

首先在 E2 单元格输入"=Vlookup("，此时 Excel 就会提示 4 个参数。

Vlookup 结果演示如下：

第一个参数，显然，我们要让 E2 用的产品型号是 B2，这里就输入"B2,"。

第二个参数，这里输入我们要查找的区域（绝对引用），即"产品基本信息表!B$2:C$21,"。

第三个参数，"单价"是区域的第 2 列，所以这里输入"2"。（注意：这里的列数不是 Excel 默认的列数，而是查找范围的第几列）。

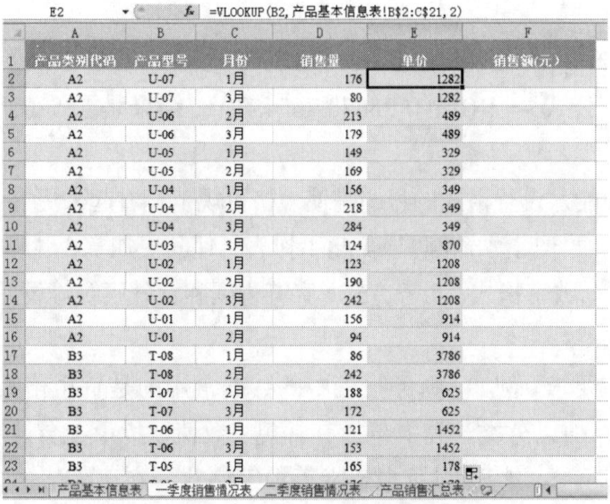

图 4-64 VLOOKUP 函数的应用

图 4-65 产品基本信息表

第四个参数，因为我们不要精确查找工号，所以输入"FALSE"或者"0"。

最后补全最后的右括号")"，得到公式"=VLOOKUP(B2,产品基本信息表!B$2:C$21,2))"，使用填充柄填充其他单元格即可完成查找操作。

⑪ INT 函数。

函数格式：INT(number)

函数功能：将数值向下取整为最接近的整数。

参数说明：number 表示需要取整的数值或包含数值的引用单元格。

应用举例：

输入公式"=INT(18.89)"，确认后显示 18；输入公式。"=INT(–18.89)"，则返回结果为–19。

⑫ MOD 函数。

函数格式：MOD(number,divisor)

函数功能：求出两数相除的余数。

参数说明：number 代表被除数；divisor 代表除数。

应用举例：

输入公式"=MOD(13,4)"，确认后显示出结果"1"，"=mod（9，–4）"结果为"–3"，"=mod（–9，4）"结果为"3"。

提示：如果 divisor 参数为零，则显示错误值"#DIV/0!"；MOD 函数可以借用函数 INT 来表示，上述公式可以修改为：=13-4*INT(13/4)。

⑬ ROUND 函数。

函数格式：ROUND(number,num_digits)

函数功能：按指定位数四舍五入某个数字。

参数说明：number 代表进行四舍五入的数字，num_digits 指定四舍五入的位数。

若 num_digits>0，表示保留 num_digits 位小数。

若 num_digits=0，表示保留整数。

若 num_digits<0，表示从个位向左对第"num_digits"位进行舍入。

应用举例：

输入公式"= ROUND(25678.7654,2)"，结果是"25678.77"；输入公式"= ROUND(25678.7654,0)"，结果是"25679"；输入公式"= ROUND(25678.7654,–2)"，结果是"25700"。

10. 格式化工作表

Excel 2010 为用户提供了丰富的格式编排功能，设置格式的目的是使表格更规范，看起来更有条理、更清楚。既可以使工作表的内容正确显示，便于阅读，又可以美化工作表，使其更加赏心悦目。

Excel 2010 的单元格格式设置包括字符格式、数字格式、对齐方式、字符边框和背景底纹等设置。

（1）设置数字格式

用户对工作表中输入的数字通常有格式的要求。例如，财务报表中的数据常用的是货币格式。Excel 针对常用的数字格式事先进行了设置，并加以分类，其中包括有常规、数值、货币、会计专用、日期、时间、百分比、分数、科学记数、文本、特殊以及自定义等数字格式。在工作表的单元格中输入的数字，通常按常规格式显示。

① 使用工具栏设置数字格式。选取要格式化数字的单元格或单元格区域，单击"开始"选项卡的"数字"组中的各按钮，可实现数字格式的设置。各按钮含义如下：

a. "会计数字格式"按钮 ：在下拉区域中选取一种格式。

b. "百分比样式"按钮 % ：将数字转化为百分数格式，即原数乘以 100，并末尾加上百分号。

c. "千位分隔样式"按钮 , ：使数字从小数点向左每三位间用逗号分隔。

d. "增加小数位数"按钮 ：每单击一次该按钮，可使选取区域数字的小数位数增加一位。

e. "减少小数位数"按钮 ：每单击一次该按钮，可使选取区域数字的小数位数减少一位。

② 使用菜单命令设置数字格式（以设置数字的"数值"格式为例）。

选取要格式化数字的单元格或单元格区域右击，在弹出的快捷菜单中选择"设置单元格格式"命令，在"设置单元格格式"对话框中选择"数字"选项卡，在"分类"列表框中选择"数值"选项，按图 4-66 所示设置参数。完成设置后，单击"确定"按钮。

图 4-66 "数值"选项卡

在本任务中对数字格式进行格式化操作的步骤如下：

a. 选定"平时"列的所有数据并右击，在弹出的快捷菜单中选择"设置单元格格式"命令，在"设置单元格格式"对话框中选择"数字"选项卡，在"分类"列表框中选择"数值"选项，

b. "平时"成绩默认的是"常规"格式，这里需要将其设置为"数值"格式。

c. 在"分类"列表框中选择"数值"选项，设置"小数位数"为"1"，在"负数"列表框中选择"–1234"选项。设置完毕，单击"确定"按钮。

d. 设置数据类型为"数值"的"平时"列，每个数据都变成了"###"。这是由于所在列宽不足以显示数据，调整列宽后即可正常显示。

（2）设置对齐方式和字体格式

① 设置对齐方式。

方法一：选取要格式化数字的单元格或单元格区域，单击"开始"选项卡的"对齐方式"组中的相应按钮即可。

方法二：选取要格式化数字的单元格或在单元格区域右击，在弹出的快捷菜单中选择"设置单元格格式"命令，在"设置单元格格式"对话框中选择"对齐"选项卡，在列表框中设置参数，在"水平对齐"和"垂直对齐"下拉列表框中选择对齐方式选项，在"文本控制"选项区中选择需要的类型，如图为图4-67所示。

图4-67　"对齐"选项卡

a. 对齐方式可分为水平对齐和垂直对齐。水平对齐方式有常规、左（缩进）、居中、靠右、填充、两端对齐、跨列对齐、分散对齐等。垂直对齐方式可分为靠上、靠下、居中、分散对齐等。

b. "合并单元格"用于实现多个单元格的合并，以满足报表中某些格子加长或加宽的要求。实现合并的方法是：先选定要合并的单元格，然后在"对齐"选项卡中的"文本控制"部分单击"合并单元格"选项（使该选项左首出现一个对钩），最后单击"确定"按钮。

c. 旋转单元格数据。利用"对齐"选项卡中右部的"方向"控制选项，可以实现单元格数据在-90°～+90°之间任意角度旋转显示。

提示："居中对齐单元格"操作，也可使用"格式"工具栏的"合并及居中"按钮来实现，该按钮不仅可以将所选的多个单元格合并，还可以将单元格的内容"居中"对齐，所以常使用"合并及居中"按钮 ⊞ 设置数据区的标题文字。

② 设置字符格式。如图4-68所示，在"设置单元格格式"对话框中选择"字体"选项卡。在该选项卡中可以设置字体、字形、字号及文字效果等，其操作同Word 2010字符格式设置，这里不再做详细介绍。

图4-68　"字体"选项卡

（3）添加边框和底纹

工作表中显示的网格线是为用户输入、编辑方便而预设的，在打印或显示时，可以全部用它作为表格的格线，也可以全部取消它。在设置单元格格式时，为了使单元格中的数据显示更清晰，增加工作表的视觉效果，还可对单元格进行边框和底纹的设置。

① 单元格添加边框。

方法一：选定要添加边框的单元格区域，单击"开始"选项卡的"字体"组中的"边框"下拉按钮，在弹出的下拉列表中进行选择，如图4-69（a）所示。

方法二：选取要格式化数字的单元格或右击单元格区域，在弹出的快捷菜单中选择"设置单元格格式"命令，在"设置单元格格式"对话框中选择"边框"选项卡，在列表框中选择需要的类型，如图 4-69（b）所示。

如果想改变线条的样式、颜色等其他格式，则可使用"设置单元格格式"对话框中的"边框"选项卡进行相应设置，如图 4-69（b）所示。

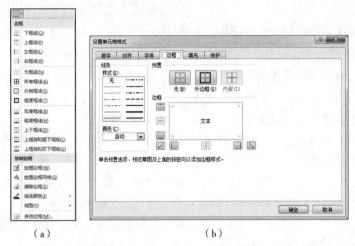

（a）　　　　　　　　　　　　　　（b）

图 4-69　"边框"选项卡

在"边框"选项卡中，根据需要可以进行其他以下的操作，设置完成后单击"确定"按钮即可。其中：

a. 单击"预置"选项区域中的"外边框"或"内部"按钮，边框将应用于单元格的外边界或内部。

b. 要添加或删除边框，可单击"边框"选项区域中相应的边框按钮，然后在预览框中查看边框应用效果。

c. 要为边框应用不同的线条和颜色，可在"线条"选项区域的"样式"列表中选择线条样式，在"颜色"下拉列表框中选择边框颜色。

d. 要删除所选单元格的边框，可单击"预置"选项区域中的"无"图标。或在图 4-69 左图中选择"无框线"选项。

应用举例：

在成绩表中设置单元格边框：

a. 全部选定成绩表并右击，在弹出的快捷菜单中单击"设置单元格格式"命令，或者单击"开始"选项卡的"字体"组中的"边框"下拉按钮，在弹出的下拉列表中选择"其他边框"命令，打开"设置单元格格式"对话框，选择"边框"选项卡。

b. 在"线条"选项组的"样式"列表框中选择一种线型样式，这里选择粗实线的线型样式。

c. 在"预置"选项区域中选择"外边框"选项，在"边框"选项组中可预览到外边框被加上。

d. 从"线条"选项组的"样式"列表框中选择另一种线型样式，这里选择一种虚线的线型样式。

e. 在"预置"选项组中选择"内部"选项，设置表格的内边框。

f. 单击"确定"按钮，成绩表的边框全部加上。

设置效果如图 4-70 所示。

开课部门：多媒体应用技术							班级：计算机网络1631		任课教师：朱海宁				学分：6	
课程名称：平面图像设计							课程性质：必修课		考核方式：考试				填表日期：2017-1-7	
学号	姓名	平时	期中	实验	期末	总评	备注	学号	姓名	平时	期中	实验	期末	总评	备注
201105073201	曹传义	96		84	88	88.6		201105073235	王舒水	74		82	80	79.0	
201105073202	陈超超	96		82	86	87.3		201105073236	王素华	94		74	80	81.6	
201105073203	陈少彬	92		82	85	85.8		201105073237	王志强	91		69	76	77.4	
201105073204	楚汉强	84		84	84	84		201105073238	魏洁轩	91		69	76	77.4	
201105073205	翟元帅	84		86	85	85.2		201105073239	徐炳阳	87		86	86	86.4	
201105073206	丁宁	88		91	90	89.9		201105073240	许晓梅	78		90	86	85.4	
201105073207	范琳琳	86		90	89	88.5		201105073241	续元伟	76		82	80	79.7	
201105073208	付琦	95		95	95	95		201105073242	薛国松	82		89	87	86.3	
201105073209	高述刚	76		92	87	85.9		201105073243	杨建鹏	95		86	89	89.4	
201105073210	郝凤平	82		82	84	83.2		201105073244	于高翔	92		78	82	83.3	
201105073211	侯为梅	95		74	80	82		201105073245	袁堂智	86		82	83	83.5	

图 4-70 设置边框后的效果

② 单元格添加底纹。

方法一：单击"开始"选项卡的"字体"组中的"填充颜色"下拉按钮，弹出如图 4-71 所示的"填充颜色"调色板，选择合适的底纹颜色即可。

方法二：选定要添加底纹的单元格区域并右击，在弹出的快捷菜单中选择"设置单元格格式"命令，在"设置单元格格式"对话框中选择"填充"选项卡，选择需要的颜色类型，如图 4-72 所示。

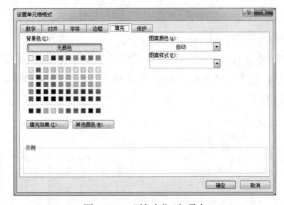

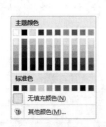

图 4-71 "填充颜色"调色板   图 4-72 "填充"选项卡

（4）条件格式

条件格式是指使用某种条件进行限制的设置格式方法。在所选的单元格区域中如果选定的单元格满足了特定的条件，Excel 可以将字体、颜色、底纹等格式应用到该单元格中，符合条件的单元格内容将会以所设置的条件格式突出显示。一般在需要突出显示公式的计算结果或者要监视单元格的值时应用条件格式。

① 设置条件格式。操作步骤如下：

a. 选定需要条件格式的单元格区域。

b. 单击"开始"选项卡的"样式"组中的"条件格式"按钮，打开如图 4-73 所示的下拉列表。

c. 在下拉列表中可选择所需的各种条件及条件显示格式。

d. 如果需要其他条件格式规则，可以选择"新建规则"命令，弹出如图 4-74 所示的"新建格式规则"对话框，在对话框中选择规则类型即可。

图 4-73　"条件格式"下拉列表　　　　　　　图 4-74　"新建格式规则"对话框

e. 如果要设置多个格式规则，可以选择"管理规则"命令，弹出如图 4-75 所示"条件格式规则管理器"对话框，单击"新建规则"按钮，可以新建多个规则。

f. 如果要编辑规则，可以选中已经建立的规则，单击"条件格式规则管理器"对话框中的"编辑规则按钮"，在弹出的"编辑格式规则"对话框中对规则重新编辑。

g. 如果要删除规则，可以选中已经建立的规则，单击"条件格式规则管理器"对话框中的"删除规则"按钮，即可删除选中的条件规则。

应用举例：

如图 4-76 所示的农产品销量工作表，将工作表中一月、二月、三月各农产品销售数量小于 4 000 元的单元格黄色底纹、销售数量大于等于 6 000 元的单元格设置为字体均设为红色、加粗、斜体。操作步骤如下：

图 4-75　"条件格式规则管理器"对话框　　　　　图 4-76　农产品销量表

a. 在工作表中，选取学生成绩所在的区域 C 3：E11，单击"开始"选项卡的"样式"组中的"条件格式"按钮

b. 在打开的下拉列表中选择"管理规则"命令，弹出"条件格式规则管理器"对话框。

c. 在"条件格式规则管理器"对话框中，单击"新建规则"按钮。

d. 弹出"新建格式规则"对话框，选择规则"只为包含以下内容的单元格设置格式"选项。

e. 在"编辑规则说明"中设置单元格值小于 4 000，单击"格式"按钮，在弹出的"设置单元格格式"对话框中选择"填充"选项卡，将填充颜色设为黄色。

f. 在"设置单元格格式"对话框中单击"确定"按钮后，"新建格式规划"对话框如图 4-77 所示。

g. 在"条件格式规则管理器"对话框中，单击"新建规则"按钮。

h. 弹出"新建格式规则"对话框，在对话框中选择规则"只为包含以下内容的单元格设置格式"选项。

i. 在"编辑规则说明"中，设置单元格值大于或等于 6 000，单击"格式"按钮，在弹出的"设置单元格格式"对话框中选择"字体"选项卡，将文字设置为加粗、倾斜。红色。

j. 在"设置单元格格式"对话框中单击"确定"按钮后，"新建格式规则"如图 4-78 所示。

图 4-77 "新建格式规则"对话框 1

图 4-78 "新建格式规则"对话框 2

k. 在"新建格式规则"对话框中单击"确定"按钮，"条件格式规则管理器"如图 4-79 所示。

l. 单击"确定"按钮，得到如图 4-80 所示的工作表。

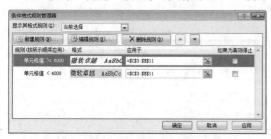

图 4-79 "条件格式规则管理器"对话框

图 4-80 设置条件格式后的工作表

② 清除条件格式。操作步骤如下：

a. 选定要更改或删除条件格式的单元格区域。

b. 单击"开始"选项卡的"样式"组中的"条件格式"按钮。

c. 在"条件格式"下拉列表中选择"清除规则"命令。在图 4-81 所示的列表中进行选择即可。

（5）套用表格格式

Excel 2010 内置了大量的工作表格式，这些格式中组合了数字、字体、对齐方式、边界、模式、列宽和行高等属性，套用这些格式，既可以美化工作表，又可以提高用户的工作效率。

图 4-81 "条件格式"下拉列表

① 套用表格格式。

a. 选定需要自动套用格式的单元格区域，单击"开始"选项卡的"样式"组中的"套用表格格式"按钮，弹出如图 4-82 所示的"套用表格格式"下拉列表。

b. 在列表中选择所需的表格格式图标即可。

c. 如果要设计其他的表格样式，可以选择列表中的"新建表样式"命令，弹出如图 4-83 所示的"新建表快速样式"对话框，选择表元素，单击"格式"按钮，进行设计即可。

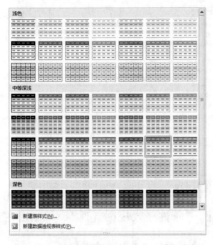

图 4-82 "套用表格格式"下拉列表

图 4-83 "新建表快速样式"对话框

应用举例：

如图 4-84 所示，选中要套用表格样式的区域，在"套用表格格式"下拉列表中选择表样式中等深浅 20。

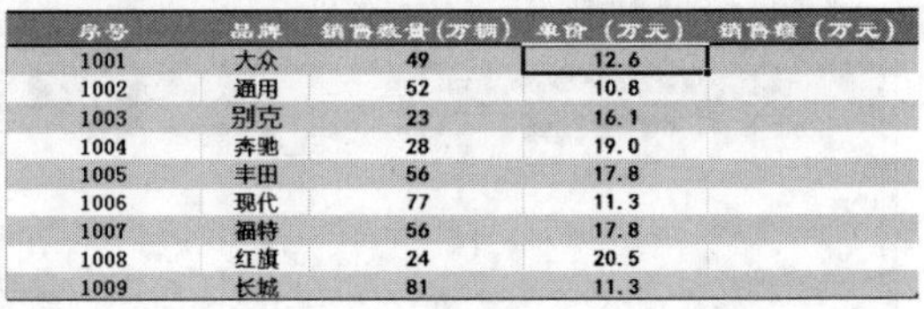

② 清除套用表格格式。

a. 打开需要清除套用表格格式的工作表。

b. 单击"表格工具-设计"选项卡的"样式"组中的"套用表格格式"按钮，在已使用的套用表格格式上右击。出现如图 4-85 所示的快捷菜单，选择"应用并清除格式"命令。

图 4-84 套用表格格式后的工作表

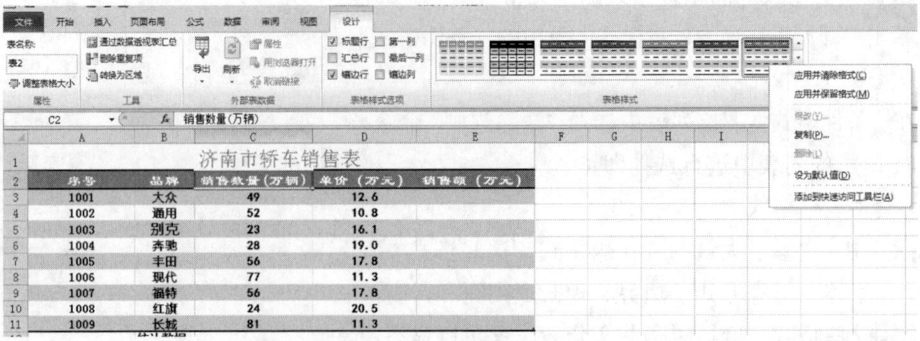

图 4-85 选择"应用并清除格式"命令

c. 单击之后会看到工作表已经出现了变化，单击"设计"选项卡中的"转换为区域"按钮，弹出如图 4-86 所示的对话框，单击"是"按钮，套用表格格式区域即被转换为普通区域。

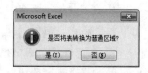

图 4-86　提示对话框

d. 选中要清除格式的区域，选择"开始"选项卡的"编辑"组中的"清除"|"清除格式"命令，单元格即变成默认的样子，如图 4-87 所示，这说明套用表格格式已经被成功取消。

序号		品牌	销售数量（万辆）	单价（万元）	销售额（万元）
	1001	大众	49	12.6	
	1002	通用	52	10.8	
	1003	别克	23	16.1	
	1004	奔驰	28	19	
	1005	丰田	56	17.8	
	1006	现代	77	11.3	
	1007	福特	56	17.8	
	1008	红旗	24	20.5	
	1009	长城	81	11.3	

图 4-87　取消套用表格格式后的工作表

（6）样式

① 应用内置样式。样式是单元格格式的组合。在 Excel 中，样式包括内置样式和自定义样式。内置样式是 Excel 内部预定义的样式，包括常规、货币、百分数等。用户可以直接使用这些样式。自定义样式是用户根据需要创建的格式组合。使用样式可以减少格式的重复设置，提高工作效率。

Excel 预置了一些典型的样式，用户可以直接套用这些样式来快速设置单元格格式。具体操作步骤如下：

a. 选中目标单元格或单元格区域，在"开始"选项卡的"样式"组中单击"单元格样式"按钮，弹出"单元格样式"下拉列表，如图 4-88 所示。

b. 将鼠标指针移至列表库中的某项样式上，目标单元格会立即显示应用此样式的效果，单击所需的样式即可确认应用此样式。

如果用户希望修改某个内置的样式，可以对其右击，在弹出的快捷菜单中选择"修改"命令，如图 4-89 所示。在打开的"样式"对话框中，根据需要对相应样式的"数字""对齐""字体""边框""填充""保护"等单元格格式进行修改，最后单击"确定"按钮即可。

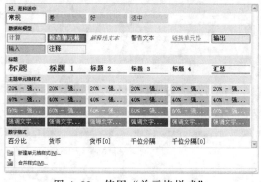

图 4-88　使用"单元格样式"

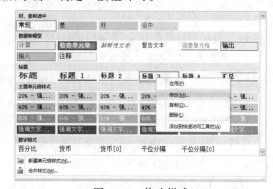

图 4-89　修改样式

② 创建自定义样式。当内置样式不能满足需要时，用户可以通过新建自定义的单元格样式。在工作表中创建自定义样式步骤如下：

a. 在"开始"选项卡的"样式"组中单击"单元格样式"命令，在打开的下拉列表中选择"新建单元格样式"命令，弹出"样式"对话框。

b. 在"样式"对话框中的"样式名"文本框中输入样式的名称，如"日期"，如图 4-90 所示，单击"格式"按钮，弹出"设置单元格格式"对话框，按规范要求进行单元格格式设置。

c. 按步骤 b 的方法，分别新建"订单编号""书店名称""图书名称""销量"的样式，应用举例：

图 4-91 所示是某公司一份未进行格式设置的数据清单，按公司文件规范要求：

图 4-90 "样式"对话框　　　　　　　图 4-91 未进行格式设置的数据清单

- 表格标题采用 Excel 内置的"标题 3"样式。
- 表格的列标题采用 Excel 内置的"标题 4"样式。
- "日期"数据应该采用"yyyy 年 m 月 d 日"格式，水平、垂直方向均为垂直均居中，颜色使用"深蓝色"。
- "订单编号""图书编号"数据应该采用"数字常规"，字体为"微软雅黑"10 号字，文本对齐方式为水平、垂直两个方向上均居中。
- "书店名称"数据应该采用字体为"微软雅黑"的 10 号字，文本对齐方式为水平、垂直方向上均居中。
- "图书名称"数据应该采用字体为"隶书"的 10 号字，并应用"浅灰色"底色。
- "销量"数据应该采用字体为"Arial Black"的 10 号字；并应用"浅色"底色。
- "图书作者"采用字体为"幼圆"的 10 号字，文本对齐方式为水平、垂直方向上均居中。
- "合计"栏采用内置的"汇总"样式。

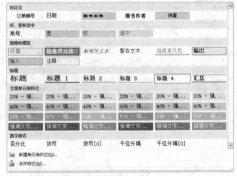

图 4-92 "单元格样式"下拉列表

自定义样式后单击"单元格样式"下拉按钮，打开如图 4-92 所示的下拉列表。

分别选中数据清单的列标题、各列数据以及合计栏，应用样式分别进行格式化，格式化的效果如图 4-93 所示。

图 4-93 应用表格样式后的工作表

③ 合并样式。创建的自定义样式，只会保存在当前工作簿中，不会影响到其他工作簿的样式，如果需要在其他工作簿中使用当前新创建的自定义样式，可以在图 4-92 所示的"单元格样式"下拉列表选择"合并样式"命令，弹出如图 4-94 所示的"合并样式"对话框，在"合并样式来源"列表框中选择合并样式来源的工作簿。

图 4-94 "合并样式"对话框

（7）单元格格式的复制和清除

① 单元格格式的复制方法。

a. 选中要复制格式的单元格，单击或双击"开始"选项卡的"剪贴板"组中的"格式刷"按钮，然后在要复制到的单元格区域上拖动鼠标，即可把格式复制到指定区域。

b. 或者先复制单元格，然后选择"粘贴"下拉列表中的"选择性粘贴"命令，弹出"选择性粘贴"对话框，在对话框中选中"格式"单选按钮。

② 单元格格式的清除。选中要清除格式的单元格，选择"开始"选项卡的"编辑"组中的"清除"→"清除格式"命令，单元格即变成默认的样子。

11. 工作表的页面设置与打印

（1）设置页面的纸张大小与纸张方向

① 单击"页面布局"选项卡的"页面设置"组中的"纸张大小"按钮，出现如图 4-95 所示的下拉列表，在下拉列表可以选择已有的纸张大小。

② 如果要设置其他纸张大小，可以选择图 4-95 所示下拉列表底端的"其他纸张大小"命令，弹出如图 4-96 所示的"页面设置"对话框。

在"页面设置"对话框的"页面"选项卡可以设置纸张方向（纵向或横向）、缩小或放大打印的内容、选择合适的纸张类型、设置打印质量和起始页码。在"缩放"栏中选择"缩放比例"，可以设置缩小或者放大打印的比例；设置缩放比例可在 10%～400% 之间选择，用于将原来一页打印不下或太小的工作表调整到适当的比例打印。选择"调整为"可以按指定的页数打印工作表，"页宽"为表格横向分隔的页数，"页高"为表格纵向分隔的页数。如果要在一张纸上打印大于一张的内容时，应设置 1 页宽和 1 页高。"打印质量"是指打印时所用的分辨率，分辨率以每英寸打印的点数为单位，点数越大，表示打印质量越好。

图 4-95 "纸张大小"下拉列表　　　　　图 4-96 "页面设置"对话框

③ 设置纸张方向除了在图 4-96 所示的"页面设置"对话框中进行设置外，最简单快捷的方法是选择"页面布局"选项卡的"页面设置"组中的"纸张方向"→"纵向"或"横向"命令。

（2）设置页边距

① 单击"页面布局"选项卡的"页面设置"组中的"页边距"按钮，在打开的如图 4-97 下拉列表中选择的页边距。

② 如果要设置其他"页边距"，可以选择图 4-97 中的"自定义边距"命令，弹出如图 4-98 所示的"页面设置"对话框。在"页面设置"对话框的"页边距"选项卡，设置上、下、左、右边距以及页眉和页脚的边距，还可以设置居中方式。

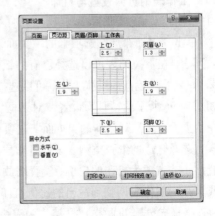

图 4-97 "页边距"下拉菜单　　　　　图 4-98 "页边距"选项卡

（3）设置页眉和页脚

① 在"页面设置"对话框中选择"页眉/页脚"选项卡，如图4-99所示，在"页眉"或"页脚"下拉列表中选择合适的页眉或页脚。

② 也可以自行定义页眉或页脚，操作方法如下：

在"页眉/页脚"选项卡中单击"自定义页眉"或按钮"自定义页脚"按钮，弹出"页眉"或"页脚"对话框，如图4-100所示为"页眉"对话框，每张报表的页眉和页脚都可以有左、中、右3段叙述性文字，将光标插入定位在"左""中"或"右"编辑框中，然后单击对话框中相应的按钮，按钮包括"字体""页码""总页数""日期""时间""工作簿名称""工作表标签名称"等。如果要在页眉中添加其他文字，在编辑框中输入相应文字即可，如果要在某一位置换行，按【Enter】键即可。设置完成后单击"确定"按钮返回"页面设置"对话框的"页眉/页脚"选项卡。

图4-99 "页眉/页脚"选项卡

图4-100 "页眉"对话框

③ 设置页眉和页脚也可以单击"插入"选项卡的"文本"组中的"页眉和页脚"按钮，出现如图4-101所示的"页眉和页脚工具-设计"选项卡，在各功能区可以进行页眉与页脚的设置。

图4-101 "页眉和页脚工具-设计"选项卡

（4）设置打印区域与打印标题

① 在处理数据时经常会用到一些辅助的单元格，把这些单元格作为一个转接点，但是又不好删除，此时可以设置一个打印区域，只打印有用的那一部分数据，方法如下：

图4-102 设置打印区域下拉菜单

先选择要打印的单元格区域，然后选择"页面布局"选项卡的"页面设置"组中的"打印区域"按钮，出现如图4-102所示的下拉列表，选择"设置打印区域"命令，在打印时就只打印设为打印区域的这些单元格。单击"打印预览"按钮，可以看到打印内容只是选定的区域。

如果要取消打印区域，可以在图4-102所示的下拉列表选择"取消打印区域"命令，就可以将设置的打印区域取消。设置完后可以单击"打印预览"按钮显示效果。

② 在"页面设置"对话框中选择"工作表"选项卡，或者单击"页面布局"选项卡的"页面设置"组中的"打印标题"按钮，弹出如图 4-103 所示的"页面设置"对话框的"工作表"选项卡。工作表选项卡的用处是设置有关打印的其他参数。"打印区域"框用来指定要打印的区域。可以直接在框中输入打印区域，也可单击右边的红箭头按钮，在工作表中选择要打印的区域。

③ 在"工作表"选项卡的"顶端标题行"和"左端标题列"用于设置标题行和标题列。标题行中的文字打印在页的顶部，标题列的文字打印在页的左部。设置方法和"打印区域"一样。

"打印"选项区域用于指定一些打印选项，如打印网格线、

图 4-103 "工作表"选项卡

单色打印、草稿品质、行号列标、打印单元格批注、打印错误单元格。"打印顺序"选项区域可以指定打印顺序。

说明： 如果要打印的工作表标题在顶端而且行很多，不能在一页打印所有的行，则需要设置"顶端标题行"以保证每页都有行标题。如果要打印的工作表的标题在左端，而且列很多，不能在一页打印所有的列，则需要设置"左端标题列"以保证每页都有列标题。

（5）打印预览与打印

在进行打印之前，可以使用打印预览来快速查看打印效果，并可以在打印预览状态下调整页边距、页面设置等，以达到理想的打印效果，同时避免因各种错误造成纸张的浪费。

打开"打印预览"窗口的方法如下：

① 单击"页面设置"对话框的"打印预览"按钮。

② 单击"快速访问"工具栏中的"打印预览"按钮 🖳。

③ 按【Ctrl+P】组合键

④ 选择"文件"→"打印"命令。

以上均可打开如图 4-104 所示"打印预览"界面。单击"打印"按钮，即可打印工作表。

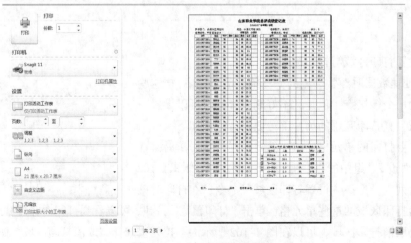

图 4-104 "打印预览"界面

说明：在打印之前，也可根据需要设置打印参数。

12. 人工分页符

对于超过一页信息的文件，Excel 会自动地在其中插入分页符，将工作表分成多页，这些分页符的位置取决于纸张的大小、设定的打印比例和页边距设置。当需要将文件强制分页时，可使用人工分页来改变页面的数据行。

① 插入分页符。人工分页符分为垂直分页符和水平分页符。要想在工作表中插入"人工分页符"，单击新建页左上角的单元格，然后选择"页面布局"选项卡的"分隔符"→"插入分页符"命令，可以看到在所选单元格的上端与左侧出现两条虚线，如图 4-105 所示。

#	A	B	C	D	E	F	G	H	I	J	K	L
1	序号	学号	姓名	性别	电工	阅读与写作	计算机	英语	体育	C语言	机械制图	思修
2	1	201604133301	车延灏	男	96	84	94	87	86	95	82	74
3	2	201604133302	陈逸飞	男	96	82	89	89	86	94	66	27
4	3	201604133303	邓帅	男	92	80	84	89	94	78	64	69
5	4	201604133304	杜长宇	男	84	92	96	80	83	77	92	83
6	5	201604133305	付文豪	男	29	81	86	86	22	88	88	74
7	6	201604133306	高蕊	女	88	86	58	84	81	11	92	82
8	7	201604133307	国慧杰	女	86	66	95	90	92	64	80	26
9	8	201604133308	和慧娟	女	95	74	82	82	96	74	13	85
10	9	201604133309	霍纯辉	男	76	82	96	78	10	74	87	82
11	10	201604133310	江欣	女	82	89	36	96	82	56	89	86
12	11	201604133311	孔紫君	女	56	39	94	87	86	95	59	80
13	12	201604133312	李美靓	女	96	82	89	89	86	94	66	88
14	13	201604133313	李伟鹏	男	92	80	84	89	94	78	64	88
15	14	201604133314	李振懿	男	84	92	96	56	83	45	92	38

图 4-105 插入人工分页符

在插入分页符时应注意的是，在选定开始新页的单元格时，如要插入的是一个垂直的人工分页符，应确认选定的单元格属于一列；如果要插入的是一个水平人工分页符，则应确认选定的单元个属于一行。否则，将会在选中单元格的左边和上边分别插入一个垂直的人工分页符和一个水平的人工分页符。

比如要在第 7 行与第 8 行之间插入一个水平分页符，应该选中行号 8 或 A8 单元格，然后选择"页面布局"选项卡的"分隔符"→"插入分页符"命令，即可在 7 行与第 8 行之间插入一个水平分页符。如果要在 E 与 F 列之间插入一个垂直分页符，应该选中列标 F 或 F1 单元格，然后选项"页面布局"选项卡的"分隔符"→"插入分页符"命令，即可在 E 与 F 列之间插入一个垂直分页符。

② 移动分页符。单击"视图"选项卡的"分页预览"按钮，打开"分页预览"视图，在"分页预览"视图中，人工分页符显示为蓝色的实线，"自动分页符"为蓝色虚线，如图 4-106 所示。将鼠标指针放到"人工分页符"上，会出现双向的箭头，拖动鼠标就可以移动人工分页符到新的位置。如果移动了 Excel 自动设置的分页符，将使其变成人工分页符。

③ 删除分页符。当要删除一个人工分页符时，可选定人工分页符下面第一行的单元格或右边第一列的单元格，然后选择"页面布局"选项卡中的"分隔符"→"删除分页符"命令，选中此命令即可删除选中单元格上端或左端紧靠的人工分页符。也可以在分页符预览中将分页符拖出打印区域以外来删除人工分页符。

如果要删除工作表中所有人工设置的分页符，在分页预览时，右击工作表任意位置的单元格，选择快捷菜单中的"重置所有分页符"命令，或者选项"页面布局"选项卡中的"分隔符"→"重置所有分页符"命令。

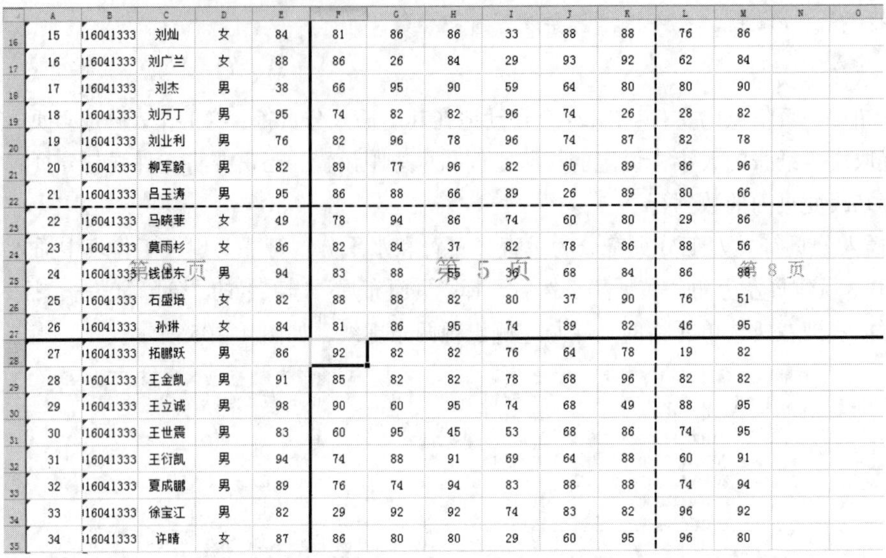

	A	B	C	D	E	F	G	H	I	J	K	L	M	N	O
16	15	116041333	刘灿	女	84	81	86	86	33	88	88	76	86		
17	16	116041333	刘广兰	女	88	86	26	84	29	93	92	62	84		
18	17	116041333	刘杰	男	38	66	95	90	59	64	80	80	90		
19	18	116041333	刘万丁	男	95	74	82	82	96	74	26	28	82		
20	19	116041333	刘业利	男	76	82	96	78	96	74	87	82	78		
21	20	116041333	柳军毅	男	82	89	77	96	82	60	89	86	96		
22	21	116041333	吕玉涛	男	95	86	88	66	89	26	89	80	66		
23	22	116041333	马晓菲	女	49	78	94	86	74	60	80	29	86		
24	23	116041333	莫雨杉	女	86	82	84	37	82	78	86	88	56		
25	24	116041333	钱佛东	男	94	83	88	88	68	84	86	30			
26	25	116041333	石雷培	女	82	88	88	82	80	37	90	76	51		
27	26	116041333	孙琳	女	84	81	86	95	74	89	82	46	95		
28	27	116041333	拓鹏跃	男	86	92	82	82	76	64	78	19	82		
29	28	116041333	王金凯	男	91	85	82	82	88	68	96	82	82		
30	29	116041333	王立诚	男	98	90	60	95	74	68	49	88	95		
31	30	116041333	王世震	男	83	60	95	45	53	86	86	74	95		
32	31	116041333	王衍凯	男	94	74	88	91	69	64	88	60	91		
33	32	116041333	夏成鹏	男	89	76	74	94	83	88	88	74	94		
34	33	116041333	徐宝江	男	82	29	92	92	74	83	82	96	92		
35	34	116041333	许晴	女	87	86	80	80	29	60	95	96	80		

图 4-106　人工分页符与自动分页符

13．窗口管理

（1）拆分窗口

我们平时查看的通常都是比较大的工作表，经常遇到的一个困难是表中两个部分的数据进行比较时没有办法同时看到两部分的数据。

对于这种情况可以这样来做：

① 拆分窗口。单击"视图"选项卡的"窗口"组中的"拆分"按钮，在当前选中单元格的上面和左边就出现了两条拆分线，整个窗口分成了 4 部分，而垂直和水平滚动条也都变成了两个，如图 4-107 所示。如果在拆分窗口之前选择整行或整列，单击"窗口"组中的"拆分"按钮后，整个窗口会分成水平或垂直的两部分。

拖动上面的垂直滚动条，可以同时改变上面两个窗口中的显示数据；单击左边的水平滚动条，则可以同时改变左边两个窗口显示的数据，这样就可以通过这 4 个窗口分别观看不同位置的数据。

② 改变各窗口大小。把鼠标指针放到这些分隔线上，可以看到鼠标指针变成了 ╪ 或 ╫ 形状，按下左键并拖动鼠标，就可以改变分隔线的位置，从而可以改变各窗口大小。

③ 取消拆分。取消这些分隔线时，只要重新单击"视图"选项卡的"窗口"组中的"拆分"按钮，就可以取消窗口的拆分。或者把鼠标指针放到这里的这些分隔线上，可以看到鼠标指针变成 ╪ 或 ╫ 形状，双击，也可以有选择地取消拆分窗格。

（2）新建和重排窗口

有时需要把一个工作簿中不同的工作表的内容对照着看，这时拆分就没有意义了，可以使用这样的方法：单击"视图"选项卡的"窗口"组中的"新建窗口"按钮，为当前工作簿新建一个窗口，注意现在的标题栏上的文件名后面就多了一个"：2"，表示现在是打开的一个工作簿的第二个窗口。

单击"窗口"组中的"全部重排"按钮，弹出"重排窗口"对话框，如图 4-108 所示，选择一个窗口排列的方式，这里选择"垂直并排"，选中"当前活动工作簿的窗口"复选框，单击"确定"按钮，如图 4-109 所示。

	陈逸飞	男	96		89	86	94
	邓帅	男	92		89	94	78
	杜长宇	男	84		80	83	77
	付文豪	男	29		86	22	88
	高菡	女	88		84	81	11
	江欣	女	82		96	82	56
	孔紫君	女	56		87	86	95

图 4-107 拆分窗口

图 4-108 "重排窗口"对话框

图 4-109 重排窗口后的效果

给这个工作簿建立的两个窗口就在这里并排显示，在两个窗口中选择不同的工作表显示，就可以进行对比查看。同样，如果是两个不同的工作簿中的内容进行比较，也可以使用这个重排窗口命令，只是在"重排窗口"对话框中不要选中"当前活动工作簿的窗口"复选框即可。

（3）冻结窗格

在查看表格时还会经常遇到这种情况：在拖动滚动条查看工作表后面的内容时看不到行标题和列标题，给查阅带来很大的不便。

① 冻结水平或垂直标题。如果要冻结水平或垂直标题，则在"视图"选项卡"窗口"组中单击"冻结窗格"按钮，在弹出的下拉列表中选择"冻结首行"或"冻结首列"命令，如图 4-110所示。冻结了某一标题之后，可以任意滚动标题下方的行或标题右边的列，而标题固定不动，这对操作一个有很多行或列的工作表很方便。

图 4-110 冻结窗格下拉列表

② 冻结拆分窗格。如果将水平和垂直标题都冻结，那么选定一个单元格，然后在"冻结窗格"的下拉列表中选择"冻结拆分窗格"命令，则单元格上方所有的行和左侧所有的列都被冻结。窗口中的拆分框就消失了，取而代之的是两条细实线，滚动条也恢复了正常状态，单击垂直滚动条，改变的只是下面的部分，改变水平滚动条的位置，可以看到改变的只是右边的部分，和拆分后的效果一样，不同的只是不会出现左边和上面的内容。

③ 取消冻结窗格。如果要取消标题或拆分区域的冻结，则可以在"视图"选项卡"窗口"组中单击"冻结窗格"按钮，在弹出的下拉列表中选择"取消冻结窗格"命令。

说明：选中一行再冻结就是冻结选中行上面的部分。要冻结选中的单元格上面的部分和左边的部分，则要单击两部分交叉的单元格，再冻结窗格。

？ 思考与练习

制作自己班级的学生入学情况表，并计算入学成绩的平均值以及入学总分最高分与最低分之差，根据入学总分排出名次，统计总分超过 400 分的学生人数。

任务二　对数据清单数据进行统计与分析

任务要求

① 用排序、筛选对学生成绩表数据进行统计、分析。
② 利用分类汇总对图书销售表数据进行分析。
③ 利用数据透视表对销售记录表进行统计分析。

任务分析

为实现上述任务要求，需要完成以下工作：
① 了解数据清单。
② 排序成绩表。
③ 筛选成绩表中符合条件的记录。
④ 利用分类汇总对销售表数据进行分析统计。
⑤ 利用数据透视表对销售记录表进行统计分析。

任务实现

1. 了解数据清单

（1）数据清单的概念

具有二维表性的电子表格在 Excel 中被称为数据清单。数据清单类似于数据库表，可以像数据库一样使用，其中行表示记录，列表示字段。数据清单的第一行必须为文本类型，为相应列的名称。在此行的下面是连续的数据区域，每一列包含相同类型的数据。在执行数据库操作（如查询、排序等）时，Excel 2010 会自动将数据清单视作数据库，并使用下列数据清单中的元素来组织数据：数据清单中的列相当于数据库中的字段，列标题相当于数据库中的字段名；数据清单中的行相当于数据库中的记录，行标题相当于记录名。数据清单中的每一行对应数据库中的一条记录。

（2）创建数据清单遵循的规则

① 一个数据清单最好占用一个工作表。应避免在一个工作表上建立多个数据清单。因为数据清单的某些处理功能（如筛选等）一次只能在同一个工作表的一个数据清单中使用。

② 数据清单是一片连续的数据区域，不允许出现空行和空列。在工作表的数据清单与其他数据间至少留出一个空白列和空白行。在执行排序、筛选或插入自动汇总等操作时，有利于 Excel 2010 检测和选定数据单。

③ 每一列包含相同类型的数据。

④ 将关键数据置于清单的顶部或底部。避免将关键数据放到数据清单的左右两侧，因为这

些数据在筛选数据清单时可能会被隐藏。

⑤ 显示行和列。在修改数据清单之前，要确保隐藏的行和列已经被显示。如果清单中的行和列未被显示，那么数据有可能会被删除。

⑥ 使用带格式的列标。要在清单的第一行中创建列标。Excel 2010 将使用列标创建报告并查找和组织数据。对于列标请使用与清单中数据不同的字体、对齐方式、格式、图案、边框或大小写类型等。在输入列标之前，要将单元格设置为文本格式。

⑦ 使清单独立。在工作表的数据清单与其他数据间至少应留出一个空列和一个空行。在执行排序、筛选或自动汇总等操作时，这有利于 Excel 2010 检测和选定数据清单。

⑧ 不要在前面或后面输入空格。单元格开头和末尾的多余空格会影响排序与搜索。

在 Excel 2010 中，数据清单是指包含一组相关数据的一系列工作表数据行（不包括标题栏）。Excel 在对数据清单进行管理时，把数据清单看作是一个数据库表。

⑨ 创建数据清单时，可以用普通的输入方法向行列中逐个输入记录，注意行列要规则并且数据不为空。还可以使用"数据"选项卡的"获取外部数据"组的各个功能按钮，实现从外部获取数据。

2．排序成绩表

在查阅数据时，经常会希望表中的数据可以按一定的顺序排列，以方便查看。数据排序是指按一定规则对数据进行整理、排列，这样可以为进一步处理数据做好准备。Excel 2010 提供了多种对数据清单进行排序的方法，如升序、降序，用户也可以自定义排序方法。

排序是按关键字（一般是字段名）排的，关键字可以有多个。排序按一个字段的大小排序，也可以按多个关键字段排序，先排的关键字叫主要关键字，后排的叫次要关键字……。确定了关键字后还要注意按关键字排的方向，有两种排序方式：一种叫升序，即从小到大、递增；另一种叫降序，即从大到小、递减。例如，"按照总分由大到小进行排序，如果总分相同，则按照语文成绩由大到小排列"中，"总分"是主关键字，"语文成绩"是次关键字。排序一般都以列字段进行排序，但也可以按行排序，一个关键字的排序可以利用"升序"和"降序"按钮，也可以利用"数据"选项卡中的"排序"按钮，但是如果多个关键字就只能利用"数据"选项卡中的"排序"按钮。

（1）（单项）简单排序

对 Excel 中的数据清单进行排序时，如果按照单列的内容进行排序，可以在选定要排序的数据后，单击"数据"选项卡的"排序和筛选"组中的"升序"按钮　或"降序"按钮　进行操作。打开学生成绩数据清单，要对学生成绩数据清单按"总分"由高到低排序，方法如下：

① 选中"总分"列有数据的单元格中的任一格。

② 单击"数据"选项卡的"排序和筛选"组中的"降序"按钮　（"升序"按钮　）。

（2）多项排序

通过单列排序后，若同一列仍然有相同数据，则可以通过多条件来排序数据清单中的记录，实现多项排序。

例如：在成绩表中按照"总分"由大到小进行排序，如果"总分"相同，则按照"计算机"成绩由小到大排列。具体操作步骤如下：

① 先单击数据清单中任意一个单元格，（或选中整个数据清单，但绝不能选某一列，否则会

出现排序警告对话框），单击"数据"选项卡的"排序和筛选"组中的"排序"按钮，弹出"排序"对话框，如图 4-111 所示。

② 在"主要关键字"列表框中选择"总分"选项，并在其右侧的列表框中选"降序"选项。

③ 单击"添加条件"按钮，增加"次要关键字"列表框，选择"计算机"选项，并在其右侧的列表框中选择"升序"选项，如图 4-112 所示。

图 4-111 "排序"对话框

图 4-112 "排序"条件设置对话框

④ 单击"确定"按钮。排序结果部分如图 4-113 所示。

序号	学号	姓名	性别	电工	阅读与写作	计算机	英语	体育	C语言	机械制图	思修	形式与政策	总分
1	201604133301	车延灏	男	96	84	94	87	86	95	82	74	87	785
4	201604133304	杜长宇	男	84	92	96	80	83	77	92	83	80	767
32	201604133333	夏成鹏	男	89	76	74	94	83	88	88	74	94	760
12	201604133312	李美戤	女	96	82	89	89	86	94	66	68	89	759
13	201604133313	李伟鹏	男	92	80	84	89	94	78	64	84	89	758
20	201604133320	柳军毅	男	82	89	77	96	82	60	89	86	96	757
36	201604133337	杨子昊	男	83	60	95	92	85	80	82	86	92	755
37	201604133338	尹相铭	男	82	80	88	78	82	82	95	86	78	751
42	201604133343	张英军	男	81	86	95	74	89	82	62	95	86	750
19	201604133319	刘业利	男	76	82	96	78	96	74	87	82	78	749
28	201604133328	王金凯	男	91	85	82	82	78	68	96	82	82	746
3	201604133303	邓帅	男	92	80	84	89	94	78	64	69	84	739
26	201604133326	孙琳	女	84	81	86	95	74	89	82	46	95	732
38	201604133339	张凤翔	男	88	70	88	74	86	60	95	94	74	729
33	201604133334	徐宝江	男	82	29	92	92	74	83	82	96	71	722
31	201604133331	王衍凯	男	94	74	88	91	69	64	88	60	91	719
2	201604133302	陈逸飞	男	96	82	89	89	86	94	66	27	89	718
29	201604133329	王立诚	男	98	90	60	95	74	68	49	88	95	717
39	201604133340	张建威	男	92	76	78	78	80	60	91	83	78	716

图 4-113 多项排序结果

说明：在"排序"对话框中，通过"删除条件""复制条件"按钮，可以删除与复制排序条件。还可以单击"选项"按钮，弹出"排序选项"对话框，如图 4-114 所示，可以选择排序方向和排序方法，默认排序方向是"按列排序"，排序方法是"字母排序"。

图 4-114 "排序选项"对话框

3. 筛选符合条件的记录

Excel 中提供了"筛选"功能，用以方便地选出符合条件的数据行，而筛选掉（即隐藏）不满足条件的行。有两种筛选：自动筛选和高级筛选。

（1）自动筛选

自动筛选为用户提供了在具有大量记录的数据清单中快速查找符合某种条件记录的功能。自动筛选适用于单项简单条件，通常是在一个数据清单的一个列中，查找记录。

自动筛选的操作方法是：首先单击工作表中任一单元格（必须有数据），单击"数据"选项卡的"排序和筛选"组中的"筛选"按钮，此时每个字段名称右侧将出现一个下拉按钮 ⊡，如图 4-115 所示。单击后打开"自动筛选器"，在字段名称下拉列表中即可设置筛选条件。

序号	学号	姓名	性别	电工	阅读与写作	计算机	英语	体育	C语言	机械制图	思修	形式与政策	总分
1	201604133301	车延灏	男	96	84	94	87	86	95	82	74	87	785
4	201604133304	杜长宇	男	84	92	96	80	83	77	92	83	80	767
32	201604133333	夏成鹏	男	89	76	74	94	83	88	88	74	94	760
12	201604133312	李美靓	女	96	82	89	89	86	94	66	68	89	759
13	201604133313	李伟鹏	男	92	80	84	89	94	78	64	88	89	758
20	201604133320	柳军毅	男	82	89	77	96	82	60	89	86	96	757
36	201604133337	杨子昊	男	83	60	95	92	85	80	82	86	92	755
37	201604133338	尹相铭	男	82	80	88	78	82	82	95	86	78	751
42	201604133343	张英军	男	81	86	95	74	89	82	62	95	86	750
19	201604133319	刘业利	男	76	82	96	78	96	74	87	82	78	749
28	201604133328	王金凯	男	91	85	82	82	78	68	96	82	82	746

图 4-115　使用"自动筛选"功能的数据清单

注意：如果事先选定的不是一个单元格而是一个区域，则仅所选区域对应的列变为下拉列表。

筛选就是通过对下拉列表操作来实现的，下面举例说明。例如，要想在学生表中筛选出全部计算机成绩优秀（大于等于 90）、英语成绩不及格（小于 60）的学生的记录，操作步骤如下：

① 单击表中有数据的任一单元格。

② 单击"数据"选项卡的"排序和筛选"组中的"筛选"按钮。

③ 单击"计算机"字段名右边的三角，打开下拉列表，如图 4-116 所示，选中"数字筛选"，在右面条件列表选"大于或等于"命令，弹出图 4-117 所示的"自定义自动筛选方式"对话框，在右边文本框中输入"90"。

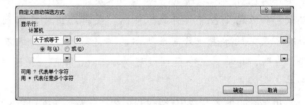

图 4-116　"数字筛选"列表　　　　　　图 4-117　"自定义自动筛选方式"对话框

④ 单击"确定"按钮，工作表数据如图 4-118 所示。

序号	学号	姓名	性别	电工	阅读与写作	计算机	英语	体育	C语言	机械制图	思修	形式与政策	总分
1	201604133301	车延灏	男	96	84	94	87	86	95	82	74	87	785
4	201604133304	杜长宇	男	84	92	96	80	83	77	92	83	80	767
36	201604133337	杨子昊	男	83	60	95	92	85	80	82	86	92	755
42	201604133343	张英军	男	81	86	95	74	89	82	62	95	86	750
19	201604133319	刘业利	男	76	82	96	78	96	74	87	82	78	749
33	201604133334	徐宝江	男	38	29	92	92	74	83	82	96	92	722
7	201604133307	国慧杰	女	86	66	95	90	92	64	80	26	90	689
11	201604133311	孔紫君	女	56	59	94	87	86	95	80	59	80	683
14	201604133314	李振懿	男	84	92	96	56	83	49	92	38	90	666
9	201604133309	霍纯辉	男	76	82	96	78	59	74	87	82	78	663
17	201604133317	刘杰	男	38	66	95	90	59	64	80	80	90	662
30	201604133330	王世震	男	83	60	95	45	53	68	86	74	69	659
22	201604133322	马晓菲	女	49	78	94	86	74	60	80	29	86	636

图 4-118　筛选出计算机成绩大于等于 90 的学生

⑤ 单击"英语"字段名右边的下拉按钮，打开下拉列表，选中其中的"数字筛选"，在右面条件列表选"小于"命令，出现"自定义自动筛选方式"对话框，如图 4-119 所示，在右边文本框中选择"小于"，输入"60"。

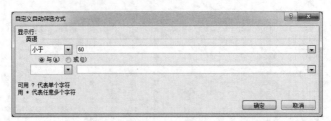

图 4-119　"自定义自动筛选方式"对话框

⑥ 单击"确定"按钮，筛选出所有满足条件的记录，如图 4-120 所示。

	A	B	C	D	E	F	G	H	I	J	K	L	M	N
1	序号	学号	姓名	性别	电工	阅读与写作	计算机	英语	体育	C语言	机械制图	思修	形式与政策	总分
36	14	201604133314	李振懿	男	84	92	96	56	83	45	92	38	80	666
40	30	201604133330	王世震	男	83	60	95	45	53	68	86	74	95	659

图 4-120　筛选出计算机成绩优秀、英语成绩不及格的所有学生

⑦ 如要取消某个字段的条件，可以单击已筛选字段右端的按钮。比如要去掉计算机字段的筛选，单击"计算机"字段右侧的筛选按钮，出现如图 4-121 所示的列表，选择"从'计算机'中清除筛选"命令，即可将计算机字段的筛选去掉。

如要取消所有的自动筛选条件，则要再次单击"数据"选项卡中的"筛选"按钮，即可取消所有筛选。

说明：在"自定义自动筛选方式"对话框中可以添加两个条件，两个条件之间可以是"与""或"的关系。"与"代表两个条件的交集，"或"代表两个条件的并集。例如，要筛选出计算机成绩优秀和计算机成绩不及格的学生，只需在所示的"自定义自动筛选方式"对话框中选择"或"，并将第二个条件设置为小于 60 即可。筛选方式如图 4-122 所示，筛选结果如图 4-123 所示。

图 4-121　筛选列表

思考：如果要筛选出计算机成绩大于等于 70 分且小于等于 80 分的学生，筛选方式应如何设置？

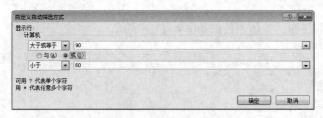

图 4-122　筛选条件设置

	A	B	C	D	E	F	G	H	I	J	K	L	M	N	O
1	序号	学号	姓名	性别	电工	阅读与写	计算机	英语	体育	C语言	机械制	思修	形式与社	总分	平均分
2	1	201604133301	车延瀚	男	96	84	94	87	86	95	82	74	87	785	87.2
5	4	201604133304	杜长宇	男	84	92	96	80	83	77	92	83	80	767	85.2
7	6	201604133306	高磊	女	88	86	58	84	81	11	92	82	84	666	74.0
8	7	201604133307	国慧杰	女	86	66	95	90	92	64	80	26	90	689	76.6
10	9	201604133309	霍纯辉	男	76	82	96	78	10	74	87	82	78	663	73.7
10	10	201604133310	江欣	女	82	89	36	96	82	56	89	86	96	712	79.1
12	11	201604133311	孔紫君	女	56	39	94	87	86	95	59	80	87	683	75.9
15	14	201604133314	李振懿	男	84	92	96	56	83	45	92	38	80	666	74.0
17	16	201604133316	刘广兰	女	50	66	95	84	29	93	92	62	84	644	71.6
18	17	201604133317	刘杰	男	38	66	95	90	59	64	80	80	90	662	73.6

图 4-123　筛选出计算机成绩优秀和计算机成绩不及格的学生

（2）高级筛选

有时候有这种应用，如将至少有一门课程成绩不及格的人删除。这时用自动筛选就很麻烦，要做多次。因为自动筛选一般只用在"与"的条件，而此例的"或"的条件一般要用"高级筛选"。下面举例说明"高级筛选"的操作方法。仍用图4-115所示的数据清单，现在要筛选出至少有一门课程成绩不及格的人。操作步骤如下：

① 建立条件区域。将和条件有关的字段名"电工""阅读与写作""计算机""大学英语""体育""C语言""机械制图""思修""形势与政策"复制到表格空白处，并在字段名下面输入条件"＜60"（注：一定要阶梯形）。此例中的区域E46:M55为条件区域，如图4-124所示。

② 选中整个数据清单，再单击"数据"选项卡的"筛选"组中的"高级"按钮，弹出"高级筛选"对话框，如图4-125所示。

图4-124　建立条件区域

图4-125　"高级筛选"对话框

③ 单击条件区域右边的编辑框空白处，然后拖动鼠标选中条件区域E46:M55，最后放开鼠标，条件区域的名字就出现在编辑框中(也可以在对话框中直接输入条件区域)。

④ 单击"确定"按钮。筛选结果部分截图如图4-126所示。

⑤ 删除条件区域E46:M55。

如要取消高级筛选，可以单击"数据"选项卡的"排序和筛选"组中的"清除"按钮，即可显示所有记录。

	序号	学号	姓名	性别	电工	阅读与写作	计算机	英语	体育	C语言	机械制图	思修	形势与政策	总分
14	26	201604133326	孙琳	女	84	81	86	95	74	89	82	46	95	732
16	33	201604133334	徐宝江	男	82	29	92	92	74	83	82	96	92	722
18	2	201604133302	陈逸飞	男	96	82	89	89	86	94	66	27	89	718
19	29	201604133329	王立诚	男	98	90	60	95	74	68	49	68	95	717
21	40	201604133341	张梅	女	88	82	82	39	68	82	94	95	79	715
22	10	201604133310	江欣	女	82	89	82	96	82	56	89	86	96	712
23	15	201604133315	刘灿	女	84	81	86	86	33	88	88	76	86	708
24	41	201604133342	张晓璐	女	88	88	82	60	80	90	76	82	36	702
25	34	201604133335	许晴	女	87	86	80	80	29	60	95	96	80	693
26	43	201604133345	赵海峰	男	92	82	82	76	64	78	52	82	82	690
27	7	201604133307	国慧杰	女	86	66	95	90	92	64	80	26	90	689

图4-126　高级筛选出至少有一门课程不及格的学生

4. 利用分类汇总对销售表数据进行分析统计

对新华书店一天的销售表进行分析，要求对不同出版社、不同类别的图书进行分析，统计出不同出版社图书的销售情况，统计出不同类别的图书的销售情况。

为实现上述任务要求，需要完成以下工作：

- 以出版社为分类字段为对销售表进行分类汇总。
- 以图书为分类字段为对销售表进行分类汇总。

（1）数据的分类汇总

Excel提供了强大的数据分析工具，除了可以对数据排序和筛选外，还可以对数据进行分类汇总。当用户对表格数据或原始数据进行分析处理时，往往需要对其进行汇总，还要插入带有汇总信息的行，Excel 2010 提供的"分类汇总"功能将使这项工作变得简单易行，它会自动地插入汇总信息行，不需要人工进行操作。

分类汇总是 Excel 提供的方便用户对数据分门别类地进行汇总的功能。分类汇总是对数据清单进行数据分析的一种方法。分类汇总是对数据清单中指定的字段进行分类，然后统计同一类记录的相关信息。统计的内容可以由用户指定，汇总方式灵活多样，使用分类汇总不但可以统计同一类记录条数，还可以对一系列数据进行求和、求平均值等。

分类汇总时要注意：一是数据必须先排好序（按分类字段）；二是要知道按什么分类（称分类字段）、对什么汇总（称汇总项）、怎样汇总（称汇总方式）。

下面以图书销售表为例，介绍"分类汇总"功能。

（2）利用分类汇总对书店销售情况表数据进行分析统计

① 创建分类汇总的步骤。

a. 打开图 4-127 所示的书店销售情况表，对需要进行分类汇总的分类字段排序，现在是按"出版社"排序（选"出版社"为分类字段，可以查看不同出版社的销售情况），排序后工作表如图 4-128 所示。

新华书店一天销售计算机类图书情况表

出版社	图书系列	单价	销售数量	总销售额
科学	VC	19	12	228
清华	VC	19	12	228
邮电	计算机文化基础	21	12	252
邮电	VB	20	13	260
高教	计算机文化基础	22	13	286
邮电	photoshop cs5	35	15	525
科学	VB	20	15	300
清华	VB	20	15	300
邮电	VC	19	15	285
人民	photoshop cs5	35	16	560
人民	VB	20	16	320
人民	VC	19	16	304
清华	photoshop cs5	35	17	595
人民	操作系统	22	18	396
高教	VC	19	19	361
邮电	操作系统	22	19	418
人民	计算机文化基础	21	19	399
科学	photoshop cs5	35	20	700
高教	操作系统	22	20	440
科学	操作系统	21	20	420
高教	VB	20	21	420
高教	photoshop cs5	35	22	770
清华	操作系统	22	22	484
清华	计算机文化基础	21	30	630
科学	计算机文化基础	21	33	693

图 4-127　书店销售情况表

新华书店一天销售计算机类图书情况表

出版社	图书系列	单价	销售数量	总销售额
高教	计算机文化基础	22	13	286
高教	VC	19	19	361
高教	操作系统	22	20	440
高教	VB	20	21	420
高教	photoshop cs5	35	22	770
科学	VC	19	12	228
科学	VB	20	15	300
科学	操作系统	21	20	420
科学	photoshop cs5	35	20	700
科学	计算机文化基础	21	33	693
清华	VC	19	12	228
清华	VB	20	15	300
清华	photoshop cs5	35	17	595
清华	操作系统	22	22	484
清华	计算机文化基础	21	30	630
人民	VC	19	16	304
人民	VB	20	16	320
人民	photoshop cs5	35	16	560
人民	操作系统	22	18	396
人民	计算机文化基础	21	19	399
邮电	VB	20	13	260
邮电	VC	19	15	285
邮电	photoshop cs5	35	15	525
邮电	操作系统	22	19	418

图 4-128　按"出版社"字段排序后书店销售情况表

b. 选择数据清单中任一单元格，再单击"数据"选项卡的"分级显示"组中的"分类汇总"按钮，弹出"分类汇总"对话框，在"分类汇总"对话框中设置"分类字段"为"出版社"，"汇总方式"为"求和"，"汇总项"为"销售数量"和"总销售额"，如图 4-129 所示。

c. 单击"确定"按钮，结果如图 4-130 所示。

② 数据的分级显示。从图 4-130　"分类汇总"后的工作表中可以看出，分类汇总完成后，Excel 会自动对工作表中的数据进行分级显示，在工作表窗口的左侧会出现分级显示区，列出一些分级显示符号，允许对分类后的数据显示进行控制。

默认情况下，数据按 3 级显示，可以通过单击工作表左侧的分级显示区顶端的 ▮、 ▮、 ▮ 3 个按钮进行分级显示切换。单击▮按钮，工作表中将只显示列标题和总计结果；如图 4-131 所示，则数据清单只显示一行"总计",此为 1 级显示。这时其下方的"－"号按钮变成一个"＋"号按钮,单击此"＋"按钮又可将表格展开为多行(这里的 +、－号为展开和折叠按钮)。单击 ② 按钮,工作表中将只显示列标题、各个分类汇总结果和总计结果;如图 4-132 所示,显示各类别的汇总信息,但各类别的明细信息不显示,此为 2 级显示。单击 ③ 按钮将会显示所有的详细数据。则显示 3 级信息,本例中将显示全部汇总和明细信息。

	A	B	C	D	E
1	新华书店一天销售计算机类图书情况表				
2	出版社	图书系列	单价	销售数量	总销售额
3	高教	计算机文化基础	22	13	286
4	高教	VC	19	19	361
5	高教	操作系统	22	20	440
6	高教	VB	20	21	420
7	高教	photoshop cs5	35	22	770
8	高教 汇总			95	2277
9	科学	VC	19	12	228
10	科学	VB	20	15	300
11	科学	操作系统	21	20	420
12	科学	photoshop cs5	35	20	700
13	科学	计算机文化基础	21	33	693
14	科学 汇总			100	2341
15	清华	VC	19	12	228
16	清华	VB	20	15	300
17	清华	photoshop cs5	35	17	595
18	清华	操作系统	22	22	484
19	清华	计算机文化基础	21	30	630
20	清华 汇总			96	2237
21	人民	VC	19	16	304
22	人民	VB	20	16	320
23	人民	photoshop cs5	35	16	560
24	人民	操作系统	21	18	396
25	人民	计算机文化基础	21	19	399
26	人民 汇总			85	1979
27	邮电	计算机文化基础	21	12	252
28	邮电	VB	20	13	260
29	邮电	VC	19	15	285
30	邮电	photoshop cs5	35	15	525
31	邮电	操作系统	22	19	418
32	邮电 汇总			74	1740
33	总计			450	10574

图 4-129 "分类汇总"对话框   图 4-130 "分类汇总"后的工作表

	A	B	C	D	E
1	新华书店一天销售计算机类图书情况表				
2	出版社	图书系列	单价	销售数量	总销售额
33	总计			450	10574
34					

	A	B	C	D	E
1	新华书店一天销售计算机类图书情况表				
2	出版社	图书系列	单价	销售数量	总销售额
8	高教 汇总			95	2277
14	科学 汇总			100	2341
20	清华 汇总			96	2237
26	人民 汇总			85	1979
32	邮电 汇总			74	1740
33	总计			450	10574

图 4-131 单击"1"按钮显示的"分类汇总"结果   图 4-132 单击"2"按钮显示的"分类汇总"结果

分级显示区有 ＋、－ 分级显示按钮。单击 － 按钮、工作表中数据显示由低一级向高一级折叠,此时 － 按钮变成 ＋ 按钮;单击 ＋ 按钮、工作表中数据的显示由高一级向低一级展开,此时 ＋ 按钮变成 － 按钮;其在不同的显示级别,都可以通过左侧的 +、－ 号展开和折叠信息,来改变显示级别。

此外,单击"数据"选项卡的"分级显示"组中的"取消组合"按钮,在下拉列表中选择"清除分级显示"命令,可以撤销分级显示,可以看到分级显示的"＋"号、"－"号按钮和"1""2""3"的小按钮都消失不见。

③ 删除分类汇总。如在进行分类汇总后,需要取消分类汇总,恢复工作表原状时,可以单击"数据"选项卡中的"分类汇总"按钮,在弹出的对话框中单击"全部删除"按钮,即可撤销分类汇总的结果,恢复原先的工作表原状。

思考：在什么情况下应该选图书系列为分类字段？

说明：以图书为分类字段对销售表进行分类汇总，操作步骤与"出版社"为分类字段的操作步骤类似，只是分类字段改为图书系列。

5．利用数据透视表对销售记录表进行统计分析

（1）数据透视表的基本概念

数据透视表是一种强有力的数据分析工具，数据透视表有利于分析、组织数据，利用它可以很快地从不同角度对数据进行分类汇总。让用户非常简单而且有效地重新组织和统计数据。数据透视表是一种对大量数据快速汇总和建立交叉列表的分类汇总表格。数据透视表是分类汇总的进一步延伸。在数据透视表中，可以随时更改布局和所显示的数据。

对于记录数量很多、以流水账形式记录、结构复杂的工作表，为了将其中的一些内在规律显现出来，可将工作表进行重新组合并添加算法，即建立数据透视表。数据透视表是一种可以快速汇总大量数据的交互式方法。使用数据透视表可以深入分析数值数据，并且可以表示一些复杂的数据问题。数据透视表是专门针对以下用途设计的：

① 以多种用户友好方式查询大量数据。

② 对数值数据进行分类汇总和聚合，按分类和子分类对数据进行汇总，创建自定义计算和公式。

③ 展开和折叠要关注结果的数据级别，查看感兴趣区域汇总数据的明细。

④ 将行移动到列或将列移动到行（或"透视"），以查看源数据的不同汇总。

⑤ 对最有用和最关注的数据子集进行筛选、排序、分组和有条件地设置格式，使用户能够关注所需的信息。

⑥ 提供简明、有吸引力并且带有批注的联机报表或打印报表。

下面通过利用数据透视表对销售记录表进行统计来了解数据透视表的使用方法。

（2）创建数据透视表

数据透视表创建可以使用向导方式实现。

① 打开图 4-133 所示的销售记录表（由于表较大，只是销售表的部分抓图）。

② 启动数据透视图表和数据透视图向导。在"插入"选项卡"表格"组中单击"数据透视表"按钮，在其下拉列表中选择"数据透视表"命令，弹出"创建数据透视表"对话框，如图 4-134 所示。

③ 在"创建数据透视表"对话框的"请选择要分析的数据"区域选择"选择一个表或区域"单选按钮，然后在"表/区域"编辑框中直接输入数据源区域的地址，或者单击"表/区域"编辑框右侧的"折叠"按钮，折叠该对话框，在工作表中拖动鼠标选择数据区域，例如"A1:I409"，所选中区域的绝对地址值在折叠对话框的编辑框中显示，在折叠对话框中单击"返回"按钮，返回折叠之前的对话框。

④ 在"创建数据透视表"对话框的"选择放置数据透视表的位置"区域选择"新工作表"单选按钮，如图 4-134 所示。

这里也可以选择"现有工作表"单选按钮，然后在"位置"编辑框中输入放置数据透视表的区域地址。

⑤ 在"创建数据透视表"对话框中单击"确定"按钮，进入数据透视表设计环境，如图 4-135

所示。

	A	B	C	D	E	F	G	H	I
1	销售日期	订单编号	地区	城市	产品名称	单价	数量	金额	销售人员
2	1997/1/1	10401	东北	大连	茶叶	50.60	15	759.00	谢丽
3	1997/1/1	10400	华东	南京	花生	2.60	8	20.80	谢丽
4	1997/1/2	10402	华北	天津	花生	2.50	27	67.50	谢丽
5	1997/1/3	10403	华北	天津	花生	2.60	2	5.20	谢丽
6	1997/1/3	10404	华北	天津	鸡肉	15.30	11	168.30	谢丽
7	1997/1/6	10405	华东	温州	牛肉	18.90	26	491.40	黄艳
8	1997/1/7	10406	华东	南昌	鸡肉	15.70	7	109.90	何林
9	1997/1/7	10407	华北	张家口	麻油	7.90	12	94.80	徐健
10	1997/1/8	10408	西南	昆明	茶叶	51.10	5	255.50	何林
11	1997/1/9	10409	华东	上海	小米	2.40	20	48.00	谢丽
12	1997/1/10	10411	华北	上海	海白	23.10	15	346.50	谢丽
13	1997/1/10	10410	华东	上海	大米	1.20	23	27.60	谢丽
14	1997/1/13	10412	华北	天津	酸奶	5.30	18	95.40	何林
15	1997/1/14	10413	西南	昆明	麻油	9.10	16	145.60	苏琳
16	1997/1/14	10414	华东	厦门	海白	21.60	11	237.60	何林
17	1997/1/15	10415	华东	温州	猪肉	14.90	5	74.50	徐健
18	1997/1/16	10416	华北	天津	海白	21.60	2	43.20	何林
19	1997/1/16	10417	西南	重庆	花生	2.10	28	58.80	何林
20	1997/1/17	10418	东北	长春	虾子	25.30	8	202.40	刘军
21	1997/1/20	10419	西南	成都	鸡肉	18.30	8	146.40	刘军
22	1997/1/21	10420	华北	天津	牛肉	23.30	25	582.50	何林
23	1997/1/21	10421	华北	天津	麻油	8.10	24	194.40	刘军
24	1997/1/22	10422	华东	秦皇岛	大米	1.70	28	47.60	何林
25	1997/1/23	10423	东北	长春	海白	22.90	11	251.90	刘军
26	1997/1/23	10424	西南	天津	牛奶	28.80	3	86.40	刘军
27	1997/1/24	10425	西南	重庆	海白	50.90	16	814.40	苏琳

图 4-133　销售记录表

图 4-134　"创建数据透视表"对话框

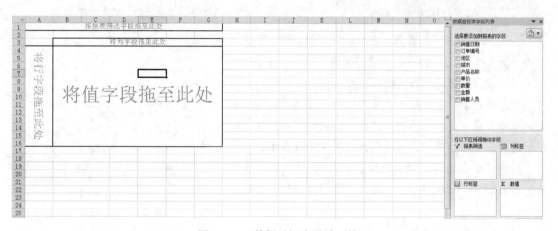

图 4-135　数据透视表设计环境

⑥ 在数据透视表设计环境中，从"选择要添加到报表字段"列表框中将"销售人员"字段拖动到"行标签"框中，将"产品名称"拖动到"列标签"框中，将"金额""数量"字段拖动到"数值"框中，自动完成的数据透视表汇总效果如图 4-136 所示，如果要将"行标签"移动到"列标签"，可在"行标签"列表框中选择要移动的字段名称右面的三角按钮，在弹出的快捷菜单中选择"移动到列标签"命令，同理也可以将"列标签"移动到"行标签"。

销售人员	数据	茶叶	大米	海白	花生	鸡肉	麻油	牛奶	牛肉	酸奶	虾子	小米	猪肉	总计
陈玉美	求和项:数量	75		53		110	9		43	99	26	10	15	440
	求和项:金额	4017.9		1256.5		1924.8	68.4		1160.5	1936	170.8	228	30	10792.9
何林	求和项:数量	107	74	36	98	224	12		92	216	146	28	54	1183
	求和项:金额	6232.3	129	868.8	225.8	3916.7	110.1		2657.6	4494.6	984	716.8	128.9	1281.1	21745.7
黄艳	求和项:数量	65	4		63	78	40			227	34		6	519
	求和项:金额	3723.7	6	43.2	159.1	1289.3	350.5			4795.1	268.4		13.8	10649.1
刘军	求和项:数量	72	110	27	80	189	149	122		192	169	50	18	67	1245
	求和项:金额	4343.6	164.3	602.2	202.5	3386.2	1229.1	3309.1		4358.4	1155.1	1109.8	44	893.7	20798
苏琳	求和项:数量	61	46	91	74	77	39	111		109	26	29	26	45	734
	求和项:金额	3313.4	57.5	2039.5	204.1	1359.1	331.9	2971.5		2295.2	176	577.1	60.9	635.8	14022
谢丽	求和项:数量	196	63	100	220	130	41	165		128	94	57	100	1294
	求和项:金额	11369.3	83.7	2204.2	545	2243.5	332.9	4404.6		2770.5	647.6	1259.2	255.5	26116
徐健	求和项:数量	105	4	32	14	114	42			111	60	13	20	8	523
	求和项:金额	6052.9	6.8	683.6	30.8	2025.2	363.1			2196.2	419.8	314.6	52	116.2	12261.2
周世荣	求和项:数量	51		8	50	28	27	24		91	1	58	8		318
	求和项:金额	3118.5			184	126.7	523.6	194.4	1006.8	1091.7	8.9	1360.1	22.4	7637.1
求和项:数量汇总		732	301	349	599	950	359	569		1133	556	245	247	216	6256
求和项:金额汇总		42171.6	447.3	7882	1494	16668.4	2980.4	15510.1		23937.7	3830.6	5565.6	607.5	2926.8	124022

图 4-136　不同的销售人员销售各类产品的数据透视表汇总效果

⑦ 如果要单独查看某一种或几种产品的销售情况，可以单击"行标签"下拉按钮，弹出"行标签"面板，如图 4-137 所示，在对话框中选择"茶叶"与"牛奶"，汇总结果如图 4-138 所示

图 4-137 "行标签"面板

	A	B	C	D	E
1		将报表筛选字段拖至此处			
2					
3			产品名称		
4	销售人员	数据	茶叶	牛奶	总计
5	陈玉美	求和项:数量	75	43	118
6		求和项:金额	4017.9	1160.5	5178.4
7	何林	求和项:数量	107	92	199
8		求和项:金额	6232.3	2657.6	8889.9
9	黄艳	求和项:数量	65		65
10		求和项:金额	3723.7		3723.7
11	刘军	求和项:数量	72	122	194
12		求和项:金额	4343.6	3309.1	7652.7
13	苏琳	求和项:数量	61	111	172
14		求和项:金额	3313.4	2971.5	6284.9
15	谢丽	求和项:数量	196	165	361
16		求和项:金额	11369.3	4404.6	15773.9
17	徐键	求和项:数量	105		105
18		求和项:金额	6052.9		6052.9
19	周世荣	求和项:数量	51	36	87
20		求和项:金额	3118.5	1006.8	4125.3
21	求和项:数量汇总		732	569	1301
22	求和项:金额汇总		42171.6	15510.1	57681.7

图 4-138 "茶叶"与"牛奶"的汇总结果

⑧ 也可以通过"行标签"面板中的"值筛选"下拉列表（见图 4-139），选择需要的选项筛选数据。

（3）设置数据透视表的格式

将光标置于数据透视表区域的任意单元格，切换到"数据透视表工具 - 设计"选项卡，在"数据透视表样式"组中单击选择一种合适的表格样式，如图 4-140 所示。

另外还可以通过"数据透视表工具 - 设计"选项卡中的"分类汇总""报表布局""总计"等下拉按钮，对透视表进行格式设计。

（4）修改数据透视表

① 修改汇总方式。切换到"数据透视表工具 - 选项"

图 4-139 "值筛选"下拉列表

选项卡，如图 4-141 所示，单击"按值汇总"按钮，在弹出的汇总选项中选择需要的汇总方式即可。

图 4-140 "数据透视表工具 - 设计"选项卡

图 4-141 "按值汇总"按钮下拉列表

思考：如果要将每种产品在各地区销售金额进行总计，得到如图 4-142 所示结果，应该怎样操作？

② 修改汇总字段。要得到图 4-142 所示结果，就要修改汇总字段，方法如下：

a. 在将在数据透视表设计环境中，从“选择要添加到报表字段”列表框中将所有选项全部取消，或者选择“数据透视表工具-选项”选项卡的“操作”组的“清除”→“全部清除”命令，或者在“行标签”或“列标签”列表框中选择要删除的字段名称右面的三角按钮，在打开的下拉列表中选择“删除字段”命令。

求和项:金额	地区					
产品名称	东北	华北	华东	华南	西南	总计
茶叶	5984	16789.1	11750.6	4519.2	3128.7	42171.6
大米	1.2	359	87.1			447.3
海台	760.3	2878.8	2061.1	255.2	1926.6	7882
花生	187.5	539.1	455.5	189.3	122.6	1494
鸡肉	1701	5393.9	6282.7	1017.3	2273.5	16668.4
麻油		1973.5	606.6	58.4	341.9	2980.4
牛奶	108	7711.1	3632.3	885	3173.7	15510.1
牛肉	399	13035.5	7309.6	878.9	2314.7	23937.7
酸奶	23.1	1702.1	1720.4		385	3830.6
虾子	956.4	2543.6	721.6	1344		5565.6
小米	45.5	298.1	143.6	38.4	81.9	607.5
猪肉		1456.8	814.1	391.8	264.1	2926.8
总计	10166	54680.6	35585.2	9577.5	14012.7	124022

图 4-142　每种产品在各地区销售金额汇总

b. 将“产品名称”字段拖动到“行标签”框中，将“地区”拖动到“列标签”框中，将“金额”字段，拖动到“数值”框中，完成的数据透视表汇总效果如图 4-142 所示。

注意：其他数据透视表的编辑修改，如增加或删除字段、单元格数据的格式化、更改统计函数等，可以根据需要选择。

说明：可以通过“数据透视表工具-选项”选项卡的“显示”组中的“字段列表”按钮，显示或隐藏“数据透视表字段列表”。

③ 组合字段数据。组合如图 4-143 所示的日期字段为季度。

a. 在数据透视表设计环境中，从“选择要添加到报表字段”列表框中将“销售日期”字段拖动到“行标签”框中，将“金额”拖动到“数值”框中，自动完成的数据透视表汇总效果的部分截图如图 4-144 所示。

	A	B	C
1	将报表筛选字段拖至此处		
2			
3	求和项:金额		
4	季度	销售日期	汇总
5	⊟第一季	1月	7116.7
6		2月	12826.9
7		3月	11035.6
8	⊟第二季	4月	7894.3
9		5月	9188.8
10		6月	9008.3
11	⊟第三季	7月	10492.8
12		8月	11345.2
13		9月	9669.1
14	⊟第四季	10月	11205.3
15		11月	12626.6
16		12月	11612.4
17	总计		124022

图 4-143　组合日期字段为季度进行汇总

2		
3	求和项:金额	
4	销售日期	汇总
5	1997/1/1	779.8
6	1997/1/2	67.5
7	1997/1/3	173.5
8	1997/1/6	491.4
9	1997/1/7	204.7
10	1997/1/8	255.5
11	1997/1/9	48
12	1997/1/10	374.1
13	1997/1/13	95.4
14	1997/1/14	400.8
15	1997/1/15	74.5
16	1997/1/16	102
17	1997/1/17	202.4
18	1997/1/20	146.4
19	1997/1/21	776.9
20	1997/1/22	47.6
21	1997/1/23	338.3
22	1997/1/24	814.4
23	1997/1/27	498.8
24	1997/1/28	754
25	1997/1/29	21.4

图 4-144　按“销售日期”汇总结果

b. 在行标签“销售日期”处右击，弹出如图 4-145 所示快捷菜单，选择“创建组”命令，弹出如图 4-146 所示的对话框，在对话框的“步长”列表框中选择月与季度，单击“确定”按钮即可得到图 4-143 所示的组合日期字段的汇总表。

图 4-145　右键快捷菜单　　　　　　　　　　　图 4-146　日期分组列表框

c. 在字段列表中单击"行标签"中"销售日期"右边的三角按钮，打开如图 4-147 所示的下拉列表，选择"删除字段"命令，得到如图 4-148 所示的按季度进行汇总的数据透视表。

图 4-147　行标签中"销售日期"快捷菜单　　　　图 4-148　按季度汇总结果

④ 数据透视表布局与样式。在"数据透视表工具–设计"选项卡的"布局"组与"数据透视表样式"组中可以对数据透视表的布局与样式进行设计。

⑤ 删除数据透视表。

a. 如果数据透视表建立在单独的工作表上，可以通过删除该工作表来删除透视表。

b. 如果数据透视表不建立在单独的工作表上，则选择"数据透视表工具–选项"选项卡的"操作"组中的"选择"→"整个数据透视表"命令，再按【Delete】键。如果有组合字段，会弹出如图 4-149 所示的对话框，单击"清除数据透视表"按钮即可。

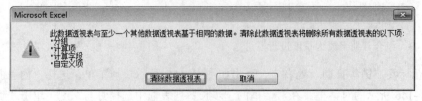

图 4-149　有组合字段时删除透视表的提示对话框

思考与练习

制作自己班级的考试成绩表，根据总分进行排序，将不及格的同学单独制作成一张补考表。
分析自己班级的成绩表，统计男女同学不同学科的成绩平均值。

任务三　以图表的形式分析商场销售表

任务要求

对人民商场第一季度的销售表如图 4-150 所示进行
分析，要求利用图表表示不同类别的商品在第一季度 3
个月份的销售情况，可以方便分析比较每个月份不同商
品的销售情况，或者方便分析比较不同商品在不同月份
的销售情况。

人民商场第一季度销售额（单位：万元）			
类别	一月份	二月份	三月份
家电类	431	473	427
食品类	384	358	364
日用品类	406	429	415
文体类	117	107	105
服装类	689	700	675
首饰类	336	327	312

图 4-150　人民商场第一季度销售表

任务分析

为实现上述任务要求，需要完成以下工作：
① 建立图表。
② 编辑与格式化图表

任务实现

1. 建立图表

（1）图表的组成结构

图表是 Excel 的重要功能，将数据用图形表示出来能够更直观地进行对比分析。在 Excel 中，利
用它的图表功能可以很方便地将表格中的数据转换成各种图形，并且图表中的图形会根据表格中数据
的修改而自动调整。Excel 2010 将工作表中的数据以各种图表的形式生动、形象地表示出来，能直观
地显示出不同数据之间的差异，使数据更加清晰易懂、形象直观，使比较内容或趋势变得一目了然。

在创建图表前，先来了解一下图表的组成元素。图表由许多部分组成，每一部分就是一个图
表项，如图表区、绘图区、标题、坐标轴、数据系列等，如图 4-151 所示。

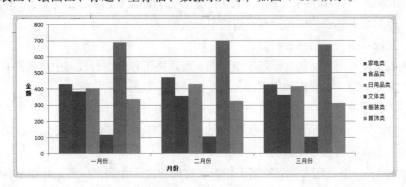

图 4-151　图表组成

① 图表区。整个图表以及图表中的数据。图表区作为其他图标元素的容器。

② 绘图区。以坐标轴为界并包含所有数据系列的区域和数据标签。

③ 图表标题。说明性的文本，可以自动在图表区顶部居中。

④ 数据系列。具有相同图案、颜色的数据标志就代表一个数据系列，这些数据源来自数据表中的行和列。可以在图表中绘制一个或多个数据系列。

⑤ 数据标签。数据系列顶部的数字，以显示的方式表示数据系列代表的具体值。

⑥ 图例。由一个个不同颜色的方框组成，用于标识图表中的数据系列，显示各个系列的图案、颜色以及名称。

⑦ 数值轴和分类轴。数值轴显示的是数据的数值（数值轴是垂直坐标轴显示的数据），分类轴显示的是数据的分类信息（在图所示的图表是水平坐标轴显示的数据）Excel 会根据工作表中的数据来创建数值轴和分类轴上的相关数据。

⑧ 数值轴标题和分类轴标题。分别用来说明数值轴和分类轴的名称。

⑨ 网格线。贯穿于绘图区线条，用于作为估算数据系列所处值的标准。

（2）Excel 图表类型

利用 Excel 2010 可以创建各种类型的图表，帮助我们以多种方式表示工作表中的数据，如图 4-152 所示。

图 4-152　图表类型

各图表类型的作用如下：

柱形图：用于显示一段时间内的数据变化或显示各项之间的比较情况。在柱形图中，通常沿水平轴组织类别，而沿垂直轴组织数值。

折线图：可显示随时间而变化的连续数据，非常适用于显示在相等时间间隔下的数据的趋势。在折线图中，类别数据沿水平轴均匀分布，所有值数据沿垂直轴均匀分布。

饼图：显示一个数据系列中各项的大小与各项总和的比例。饼图中的数据点显示为整个的饼图的百分比。

条形图：显示各个项目之间的比较情况。

面积图：强调数量随时间而变化的程度，也可用于引起人们对总值趋势的注意。

散点图：显示若干数据系列中各数值之间的关系，或者将两组数绘制为 xy 坐标的一个系列。

股价图：经常用来显示股价的波动。

曲面图：显示两组数据之间的最佳组合。

圆环图：像饼图一样，圆环图显示各个部分与整体之间的关系，但是它可以包含多个数据系列。

气泡图：排列在工作表列中的数据可以绘制在气泡图中。

雷达图：比较若干数据系列的聚合值。

对于大多数 Excel 图表，如柱形图和条形图，可以将工作表的行或列中排列的数据绘制在图表中，而有些图形类型，如饼图和气泡图，则需要特定的数据排列方式。

根据图表放置的位置不同，可以将图表分为嵌入式图表和工作表图表。

① 嵌入式图表。是建立在工作表内的图表，作为工作表的一部分进行保存，是一个图形对象，多用于和工作表数据一起显示或打印的情况。

② 工作表图表。图表作为具有特定工作表名称的独立工作表来保存，是单独保存在另外一张工作表中的图表。多用于需要独立于工作表数据来查看或编辑大而复杂的图表情况。

不管生成哪种图表，图表中的数据都会链接到工作表上的源数据，即当修改原工作表中的数据时，同时也会更新相应的图表中数据的显示。

（3）创建图表

若要在 Excel 中创建图表，首先要在工作表中输入图表的数值数据。然后，可以通过在"插入"选项卡的"图表"组中选择要使用的图表类型来将这些数据绘制到图表中。基本步骤如下：

① 在工作表上，输入要绘制在图表中的数据。

② 选择包含用于图表的数据的单元格，本任务中先选择 A2:D7。

③ 在"插入"选项卡的"图表"组中单击图表类型，然后单击要使用的图表子类型，本任务中单击"柱形图"下拉按钮，打开其下拉列表，如图 4-153 所示。

如果选择"所有图表类型"命令，弹出如图 4-154 所示的"插入图表"对话框，选择柱形图中的簇状柱形图，得到如图 4-155 所示的图表。

图 4-153 "柱形图"下拉列表

图 4-154 "插入图表"对话框

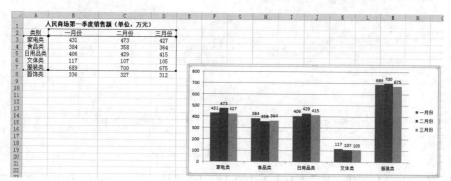

图 4-155 嵌入式簇状柱形图表示的销售表

2. 编辑与格式化图表

（1）更改图表的类型

在 Excel 2010 中，对于大部分二维图表，既可以修改数据系列的图表类型，也可以修改整个图表的类型；对于大部分三维图表，可以改为圆锥、圆柱或棱锥等类型的三维图表。

修改图表的类型具体操作步骤如下：

① 选定需要修改类型的图表。

② 单击"图表工具–设计"选项卡的"类型"组中的"更改图表类型"按钮，弹出如图 4-156 所示的"更改图表类型"对话框。

③ 重新选择图表类型进行修改即可。

（2）切换图表的行/列与选择数据

① 选定需要修改的图表。

② 单击"图表工具–设计"选项卡的"数据"组中的"切换行/列"按钮，本任务中切换行/列后的图表如图 4-157 所示，通过图 4-157 所示的图表可以方便地分析比较每个月份不同商品的销售情况。

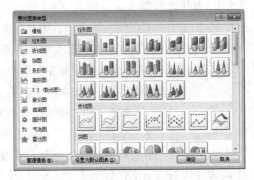

图 4-156 "更改图表类型"对话框

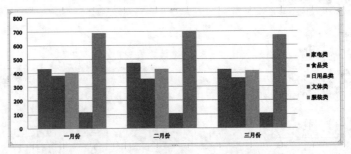

图 4-157 切换行/列后的图表

③ 单击"图表工具–设计"选项卡的"数据"组中的"选择数据"按钮，打开如图 4-158 所示的"选择数据源"对话框，本任务中重新选择图表数据区域 A2:D8。

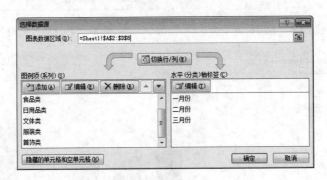

图 4-158 "选择数据源"对话框

④ 单击"确定"按钮，得到如图 4-159 所示的图表，可以看到图表中添加了首饰类的系列。

说明：添加数据系列，还可以选中图表，然后在工作表中出现蓝色的数据选择框，可以直接将蓝色框扩大，将要添加的数据框选到蓝色的数据选择框中，也可以添加数据系列。这种方法要添加的数据必须与原来的数据区域没有间隔，否则在图表中会出现空的数据系列。

如果要添加的数据必须与原来的数据区域之间有间隔，可以在"选择数据源"对话框加上并集运算符"，"，然后选择要添加的数据区域，如图 4-160 所示。

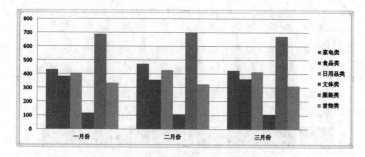

图 4-159 添加首饰类的系列后的图表

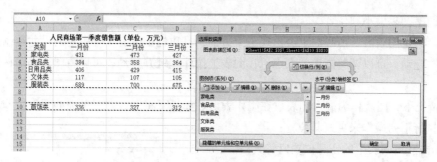

图 4-160 "选择数据源"对话框

说明：如果要删除数据系列，只需在图表中选中要删除的系列，按【Delete】键即可删除数据系列。如图 4-161 所示是删除三个系列后的图表。

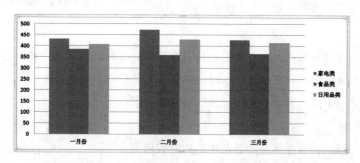

图 4-161 删除三个系列后的图表

（3）更改图表的布局或样式

创建图表后，可以向图表应用预定义布局和样式，立即更改它的外观。

① 在如图 4-162 所示的"设计"选项卡的"图表布局"组中，单击要使用的图表布局。

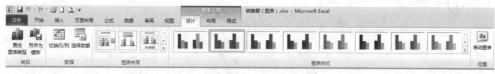

图 4-162 "设计"选项卡

② 在"设计"选项卡的"图表样式"组中，单击要使用的图表样式。还可以单击"图表样式"组右下角的其他按钮，打开如图 4-163 所示的图表样式列表框，单击需要的图表样式。

图 4-163　当前图表类型的所有样式

（4）调整图表大小和位置

当用户选定图表后，图表周围会出现一个边框，且边框上带有 8 个黑色的尺寸控制点，按住鼠标左键并拖动，可以调整图表的大小。在图表上按住左键并拖动，可以将图表移动调整到新的位置。

默认情况下，图表作为嵌入图表放在工作表上。如果要将图表放在单独的图表工作表中，则可以通过执行下列操作来更改其位置：

① 单击嵌入图表中的任意位置以将其激活。

② 在"图表工具-设计"选项卡的"位置"组中，单击"移动图表"按钮，弹出如图 4-164 所示的"移动图表"对话框。

③ 在"选择放置图表的位置"下，选择"新工作表"单选按钮。

图 4-164　"移动图表"对话框

提示：如果要将"新工作表"中的图表移动到原来的工作表，要在"移动图表"对话框中选择"对象位于"单选按钮，在右边的下拉列表中选择需要移动到的工作表名称。

（5）添加修改图表的标题、坐标轴标题、数据标签

修改图表的标题、坐标轴标题、数据标志等功能，可以用"图表工具-布局"选项卡下的"图表标题""坐标轴标题""数据标签"等组中的功能按钮完成。

① 在如图 4-165 所示的"布局"选项卡的"标签"组中，单击"图表标题"下拉按钮，打开图 4-166 所示的下拉列表。在本任务中选择"图表上方"。也可以选择"其他标题选项"命令，弹出"设置图表标题格式"对话框，对图表标题格式进行设置。

若要对图表中的标题进行更改，只需单击要编辑的标题，在屏幕显示的文本框中输入新标题，并按【Enter】键即可。

图 4-165　"布局"选项卡

② 在"布局"选项卡上的"标签"组中，单击"坐标轴标题"下拉按钮，打开如图 4-167 所示的下拉列表，可以选择"主要横坐标轴标题"或"主要纵坐标轴标题"命令。也可以选择"其他主要横坐标轴标题选项"命令，弹出如图 4-168 所示的"设置坐标轴标题格式"对话框，在对话框中进行坐标轴标题格式的设置。

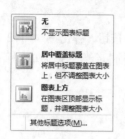

图 4-166　"图表标题"下拉列表

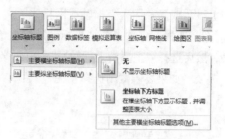

图 4-167　"坐标轴标题"下拉列表

③ 在"布局"选项卡的"标签"组中单击"数据标签"下拉按钮，打开如图 4-169 所示的下拉列表，然后单击所需的显示选项，添加数据标签。在本任务中选择"数据标签外"选项，得到如图 4-170 所示的图表。

图 4-168　"设置坐标轴标题格式"对话框

图 4-169　"数据标签"下拉列表

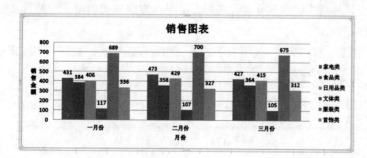

图 4-170　添加"图表标题""坐标轴标题""数据标签"后的图表

（6）显示或隐藏图例

创建图表时，会显示图例，但可以在图表创建完毕后隐藏图例或更改图例的位置：

① 在"布局"选项卡的"标签"组中单击"图例"下拉按钮，打开如图 4-171 所示的下拉列表，在列表中选择显示图例的位置。

② 若要隐藏图例，单击"无"；若要显示图例，单击所需的显示选项；

③ 若要查看其他选项，选择"其他图例选项"命令，弹出"设置图例格式"对话框，在对话框中选择显示图例的位置，然后选择所需的显示选项。还可以在对话框中设置图例的填充'边框颜色、边框样式、阴影、发光和柔化边缘。

（7）显示或隐藏图表坐标轴或网格线

① 在"布局"选项卡的"坐标轴"组中单击"坐标轴"下拉按钮，弹出图 4-172 所示的下拉列表，然后选择"主要横坐标轴""主要纵坐标轴"或"竖坐标轴"命令，最后单击所需的坐标轴显示选项；如果要隐藏则选择"无"。

图 4-171 "图例"下拉列表

图 4-172 "坐标轴"下拉列表

② 在"布局"选项卡的"坐标轴"组中单击"网格线"下拉按钮，再添加相应网格线。若不需要，则选中相应网格线后按【Delete】键。

（8）其他

① 其他编辑如更改字体、背景、文本格式、边框、尺寸、背景图案等，可以双击要修改的对象，或者右击要设置格式的图表元素，选择设置某个对象格式的命令，然后在弹出的对话框中设置相应的内容即可。

② 或者用"图表工具-格式"选项卡下的各项功能按钮完成，如图 4-173 所示。

图 4-173 "格式"选项卡

③ 添加迷你图。单击"插入"选项卡的"迷你图"组中的"折线图""柱形图"或"盈亏"按钮，可以为数据添加迷你图。

思考与练习

① 制作自己班所在系的同一专业的不同班级的各科平均成绩统计表。

② 对平均成绩统计表利用图表进行分析。

实训　学生成绩表制作与数据分析

🌑 实训描述

2016—2017 学年度第一学期学生考试已经结束，学校要求对所有班级的学生成绩进行分析。

🖐 实训要求

调研你所在班级的系部相同专业的不同班级的学生成绩，制作成 Excel 表格，按照要求计算每个学生的总分，排出名次，计算奖学金，不及格的同学的名字红色加粗显示，分别统计各班不及格以及优秀的学生人数，并生成学生成绩图表。

🌀 实训提示

① 数据录入；计算得分。
② 排序数据，统计数据，制作图表。

🌱 实训评价

实训完成后，将对职业能力、通用能力进行评价，实训评价表如表 4-5 所示。

表 4-5　实训评价表

能力分类	测 评 项 目	评 价 等 级				
		优秀	良好	中等	及格	不及格
职业能力	学会数据的基本录入					
	能熟练运用公式和函数进行计算					
	能利用 Excel 中的工具对数据进行分析					
	能制作符合要求的图表					
通用能力	自学能力、总结能力、合作能力、创造能力等					
能力综合评价						

PowerPoint 2010 基本应用

PowerPoint 2010 是 Microsoft 公司出品的 Office 2010 系列自动化办公软件中的一个重要组件，用于制作具有图文并茂展示效果的演示文稿，演示文稿中的每一页称为幻灯片。所谓演示文稿，是若干张内容有内在联系的幻灯片组合的。每张幻灯片都是演示文稿中既相互独立又相互联系的内容，PowerPoint 2010 具有强大的制作演示文稿的功能，可以利用文字、图形、图像、声音及视频、动画设置等多种媒体材料，制作出供学校授课、各种会议报告、产品演示、商业演示等所使用的电子演示文稿，用户不仅可以在投影仪或者计算机上进行演示，也可以将演示文稿打印出来制作成胶片，还可以在互联网上展示演示文稿。

学习目标：

- 掌握 PowerPoint 的功能、PowerPoint 2010 运行环境、启动和退出。
- 掌握演示文稿的创建、打开、关闭与保存，演示文稿视图的使用。
- 掌握幻灯片的插入、移动、复制和删除等基本操作。
- 掌握幻灯片的基本制作（文本、图片、艺术字、表格等插入及其格式化）。
- 掌握演示文稿主题、版式和母版的选用及幻灯片背景设置。
- 掌握应用动画效果、插入音频和视频方式设置。
- 掌握演示文稿基本放映效果设计和超链接的使用。
- 掌握演示文稿的打包和打印。

任务一　PowerPoint 2010 工作界面和基本操作

任务要求

掌握如何创建新的演示文稿，并利用 PowerPoint 2010 多种方法制作演示文稿，熟悉操作窗口，按照要求制作演示文稿。演示文稿样式如图 5-1 所示。

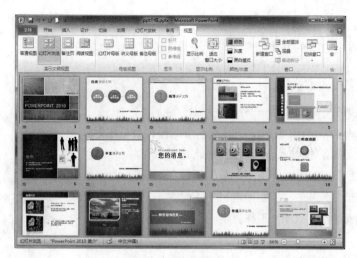

图 5-1　演示文稿样式

任务分析

为实现上述任务要求，需要完成以下工作：

① 启动与退出 PowerPoint 2010。

② 熟悉 PowerPoint 2010 工作界面。

③ 熟悉 PowerPoint 2010 视图。

④ 创建演示文稿。

⑤ 演示文稿的打开与保存。

⑥ 幻灯片的基本编辑。

任务实现

1．启动与退出 PowerPoint 2010

（1）启动 PowerPoint 2010

启动 PowerPoint 2010 方法有多种，用户可以根据需要进行选择，常用的启动方法有以下 3 种：

① 通过"开始"菜单。单击桌面上的"开始"按钮，弹出"开始"菜单，单击 "所有程序"|"Microsoft Office"|"Microsoft PowerPoint 2010"命令即可启动，如图 5-2 所示。

② 双击桌面上的 PowerPoint 2010 快捷图标。

③ 如果系统中有 PowerPoint 2010 保存的文件（扩展名为.pptx）双击它将启动 PowerPoint 2010，并打开该演示文稿。

使用前两种方法启动 PowerPoint 2010 时，系统会在窗口中自动生成一个名为"演示文稿 1"的空白演示文稿。

图 5-2　PowerPoint 2010 启动界面

（2）退出 PowerPoint 2010

退出 PowerPoint 2010 的方法非常简单，通常使用以下 4 种方法之一：

① 直接单击 PowerPoint 2010 窗口中的"关闭"按钮。

② 用【Alt+F4】组合键。

③ 单击"文件"→"退出"命令。

④ 双击 PowerPoint 2010 窗口标题栏左上角的控制菜单图标。

退出时系统会弹出对话框，要求用户确认是否保存对演示文稿的编辑工作，如图 5-3 所示。单击"保存"按钮则存盘退出，单击"不保存"按钮则退出但不保存。

图 5-3　提示对话框

2．熟悉 PowerPoint 2010 工作界面

启动 PowerPoint 2010 后将进入其工作界面，熟悉其工作界面各组成部分是制作演示文稿的基础，PowerPoint 2010 是由标题栏、功能选项卡、快速访问工具栏、功能区、备注窗格和状态栏等部分组成，如图 5-4 所示。

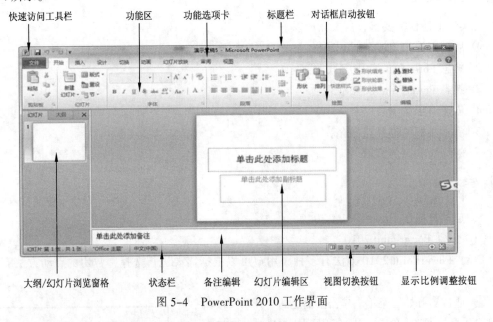

图 5-4　PowerPoint 2010 工作界面

PowerPoint 2010 工作界面各部分的组成及作用介绍如下：

（1）标题栏

标题栏位于 PowerPoint 2010 工作界面的最上端，用于显示演示文稿的名称和程序的名称，最右侧的 3 个按钮分别用于执行最小化、最大化/向下还原和关闭操作。

（2）功能选项卡

功能选项卡相当于菜单命令，它将 PowerPoint 2010 的所有命令编辑成在几个功能选项卡中，选择某个功能选项卡可以切换到相应的功能区。例如，单击"文件"选项卡，可以在出现的菜单中选择"新建""打开""保存"和"退出"等操作命令。有的选项卡只在特定的条件下才显示，提供该情况下的命令按钮，这种选项卡称为"上下文选项卡"。例如，在幻灯片中插入某一图片，只有选择该图片的情况下才会显示"图片工具–格式"选项卡。

（3）快速访问工具栏

PowerPoint 2010 快速访问工具栏上有工具按钮，提供了最常用的"保存"按钮、"撤销"按钮、"恢复"按钮、单击对应的按钮可执行相应的操作。如需在快速访问工具栏中添加其他按钮，可单击其后的"自定义快速访问工具栏"按钮，在弹出的列表中选择所需的命令即可。

（4）功能区

在功能区中有许多自动适应窗口大小的工具栏，不同的工具栏中又放置了与此相关的命令按钮或列表框。例如：单击"开始"选项卡，其功能区将按"剪贴板""幻灯片""字体""段落""绘图""编辑"等分组，分别显示各组操作命令。

（5）"幻灯片"和"大纲"视图窗格

"幻灯片"和"大纲"视图窗格位于幻灯片编辑区的左侧，包含"大纲"和"幻灯片"两个选项卡，用于显示演示的幻灯片的数量及位置。通过它可以更加方便地掌握整个演示文稿的结构。在"幻灯片"选项卡下，将显示整个演示文稿中幻灯片的编号及缩略图；在"大纲"选项卡下列出了当前演示文稿中各张幻灯片中的文本内容和幻灯片结构。用户可以任意改变幻灯片的顺序和层次关系。

（6）幻灯片编辑区

幻灯片编辑区是整个工作界面的核心区域，用于显示和编辑幻灯片，在其中可以输入文字内容、插入图片和设置动画效果等，是使用 PowerPoint 2010 制作演示文稿的操作平台。

（7）备注窗格

备注窗格位于幻灯片编辑区下方，可供幻灯片制作者或幻灯片演讲者查阅该幻灯片信息或在播放演示文稿时需要的幻灯片添加说明和注释。

（8）状态栏

状态栏位于工作界面的最下面，用于显示演示文稿中所选的当前幻灯片及幻灯片总张数、幻灯片使用的模板类型、视图切换按钮以及页面显示比例等

（9）显示比例调整按钮

显示比例调整按钮用来调整幻灯片工作区内幻灯片画面的大小。

3. 熟悉 PowerPoint 2010 视图

（1）PowerPoint 2010 视图概述

为满足用户的不同需求，PowerPoint 2010 提供了 7 种视图模式以编辑查看幻灯片，这 7 种视图分为两组：一组是演示文稿视图，包括普通视图、幻灯片浏览视图、备注页视图、阅读视图；另一组是母版视图，包括幻灯片母版、讲义母版、备注母版。在工作界面下单击视图选项卡下的切换按钮中的任意一个按钮，即可切换到相应的视图模式下，如图 5-5 所示。

图 5-5　"视图"选项卡

① 普通视图。"普通视图"视图是 PowerPoint 2010 中功能最完善的视图。在该视图中，用户不仅可以浏览幻灯片，还可以对幻灯片进行各种编辑操作，因此也是最重要的视图。如图 5-6 所示，普通视图有 4 个工作区域。

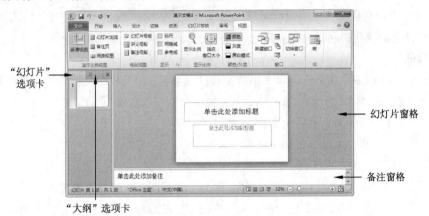

图 5-6　普通视图的幻灯片模式

a. "大纲"选项卡。此区域是开始撰写内容的理想场所，在这里可以捕获灵感，计划如何表述它们，并能够移动幻灯片和文本。"大纲"选项卡以大纲形式显示幻灯片文本。

b. "幻灯片"选项卡。编辑时以缩略图的形式在演示文稿中显示幻灯片。使用缩略图能方便地编辑演示文稿，并观看任何设计更改的效果。在这里还可以轻松地重新排列、添加或删除幻灯片。

c. 幻灯片窗格。在 PowerPoint 2010 窗口的右侧，"幻灯片"窗格显示当前幻灯片的大视图。在此视图中显示当前幻灯片时，可以添加文本，插入图片、表格、SmartArt 图形、图表、文本框、电影、声音、超链接和动画等。

d. 备注窗格。在备注窗格中，可以输入要应用于当前幻灯片的备注。以后可以将备注打印出来并在放映演示文稿时进行参考，还可以将打印好的备注分发给观众，或者将其发布在网页上的演示文稿中。

② 幻灯片浏览视图。"幻灯片浏览视图"可以把所有幻灯片缩小并按照次序排列显示，可以查看整个演示文稿的整体效果，各幻灯片的内容，如图 5-7 所示。

图 5-7　幻灯片浏览视图

在这种方式下，可以方便地浏览整个演示文稿，了解整个幻灯片的情况，并且对幻灯片前后不协调的地方加以调整、修改。例如，删除某一幻灯片，或者将某一幻灯片移动到另一幻灯片之前或之后，或复制某一幻灯片等。值得注意的是，以上操作都只能对整张幻灯片进行操作，在幻灯片浏览视图方式下不能修改某一幻灯片内部的内容。

③ 幻灯片放映视图。"幻灯片放映视图"是一种动态的视图方式。主要用于预览幻灯片在制作完成后的放映效果，在全屏幕视图中可以查看演示文稿在放映中的具体效果，以便及时对不满意的地方进行修改，还可以在放映过程中标注出重点。若要退出幻灯片放映视图，按【Esc】键即可。

技巧：按住【Ctrl】键的同时。单击 🖳 图标，可以用小窗口预览。

④ 备注页视图。单击"视图"选项卡的"演示文稿视图"组中的"备注页"按钮，进入备注页视图模式，如图 5-8 所示。在这种视图模式下，可以为备注添加文字或图片。此处的图片只在备注页视图下能看到，起到提示作用在幻灯片放映或普通视图方式下看不到。

图 5-8　备注页视图

注意：在母版视图组中可以对幻灯片母版、讲义母版、备注母版进行编辑，在此不展开讲述。

4. 创建演示文稿

演示文稿是指由 PowerPoint 创建的扩展名为.pptx 的文件，由若干张幻灯片组成，用来在介绍情况、阐述计划、实施方案、演讲、产品广告等时向大家展示一系列材料。这些资料包括文字、表格、图形、图像、声音等，并按照幻灯片的方式组织起来，能够生动形象地表达出所要介绍的内容。

幻灯片是演示文稿中的一个页面。一份完整的演示文稿是由若干张幻灯片相互联系、并按一定的顺序排列组成的。

（1）新建空白演示文稿

① 创建空白演示文稿有两种方法：第一种是启动 PowerPoint 2010 时自动创建一个空白演示文稿；第二种是 PowerPoint 2010 已经启动的情况下，切换到"文件"选项卡，选择左边栏内的"新建"命令，切换到"新建"主页。在中间的"可用的模板和主题"列表框列出了系统自带的各种模板的类型图标中双击"空白演示文稿"，如图 5-9 所示。

图 5-9　"文件"选项卡

② 单击右边的"创建"按钮，即可创建一个空白演示文稿，其内容有 2 个虚线边框，称为占位符，如图 5-10 所示。占位符内可以输入文字，系统会自动调整文字的字号和行间距形成标题和副标题，如果不需要这 2 个占位符，可以按着【Shift】键，单击这 2 个占位符，如图 5-11 所示，按【Delete】键，可以将 2 个占位符删除。

图 5-10　空白演示文稿

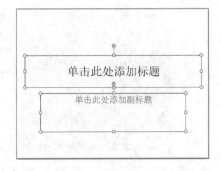

图 5-11　选中 2 个占位符

提示： 单击快速访问工具栏中的"自定义快速访问工具栏"按钮 ，在弹出的菜单中，选择"新建"命令，在快速访问工具栏中创建"新建"按钮 。单击"新建"按钮或按【Ctrl+N】组合键，可以按照演示文稿的默认设置，建立一个空白演示文稿。

（2）使用样本模板创建演示文稿

因为演示文稿中使用的装饰和格式设置比较多，所以，为了提高工作效率，通常利用设计好的模板来创建演示文稿，PowerPoint 2010 允许应用内置模板、自定义的模板以及 Office.com 上的提供的多种常用模板。使用模板方式，可以根据需要选用其中一种内容最接近需求的模板，具体操作步骤如下：

切换到"文件"选项卡 ，选择左边栏内的"新建"命令，在右侧"可用的模板和主题"中，执行下列操作之一：

① 若要重新使用最近使用过的模板，单击"最近打开的模板"，选择所需模板后单击"创建"按钮。

② 若要使用已安装的模板，单击"我的模板"，在弹出的对话框中选择所需的模板，单击"确

定"按钮。

③ 若要使用内置模板，单击"样本模板"，单击所需的模板，然后单击"创建"按钮。例如，在"样本模板"选项中，单击"培训新员工"模板类型图标，右边会显示"培训新员工"的模板图形，如图 5-12 所示，单击右边的"创建"按钮，即可创建一个由"培训新员工"模板创建的演示文稿。

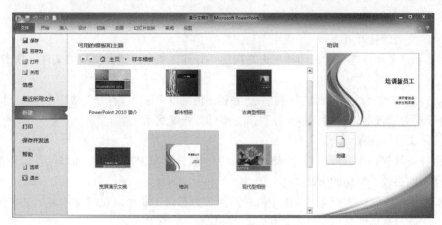

图 5-12　使用模板创建演示文稿

④ 若要在 Office.com 上查找模板，在"Office.com 模板"下单击相应的模板类别，选择所需的模板，将 Office.com 中的模板下载到计算机上即可。

（3）使用主题创建演示文稿

主题规定了演示文稿的母版、配色、文字格式和效果等设置。使用主题方式，可以快速地美化和统一每张幻灯片的风格。

切换到"文件"选项卡，选择左边栏内的"新建"命令，在右侧"可用的模板和主题"中选择一个主题，并单击右侧的"创建"按钮。例如，在"主题"选项中，单击"穿越"主题类型图标，右边会显示"穿越"的主题图形，如图 5-13 所示，选择主题图形后单击"创建"按钮即可创建一个由"穿越"主题创建的演示文稿。

图 5-13　使用主题创建演示文稿

（4）使用现有演示文稿

如果已有的某个演示文稿与需要创建的新演示文稿类似，那么可以根据现有内容新建演示文稿。

切换到"文件"选项卡，选择左边栏内的"新建"命令，在右侧"可用的模板和主题"中选择"根据现有内容新建"，选择目标演示文稿，并单击右侧的"新建"按钮。

5. 演示文稿的打开与保存

（1）演示文稿的打开

① 切换到"文件"选项卡，选择左边栏内的"打开"命令，选择所需的文件，单击"打开"按钮即可。

② 单击自定义快速访问工具栏中 ▼ 按钮，在弹出的菜单中选择"打开"或按【Ctrl+O】组合键。

③ 打开资源管理器，找到目标文件双击，即可打开该演示文稿。

（2）演示文稿的保存

与使用任何软件程序一样，创建好演示文稿后，最好立即为其命名并加以保存，并在工作中经常保存所做的更改，常用的方法如下：

① 切换到"文件"选项卡，选择左边栏内的"另存为"命令，在"文件名"文本框中，输入 PowerPoint 演示文稿的名称，单击"保存"按钮。

② 单击快速访问工具栏中的"保存"或按【Ctrl+S】组合键。

注意：默认情况下，PowerPoint 2010 将文件保存为 PowerPoint 演示文稿（.pptx）文件格式。若要以非.pptx 格式保存演示文稿，请单击"保存类型"列表，然后选择所需的文件格式。

6. 幻灯片的基本编辑

默认情况下，新创建的演示文稿中只包含有一张幻灯片。因此，要创建一个完整的演示文稿，就需要在文稿中插入多张幻灯片来满足用户的需求。

（1）插入幻灯片

在设计过程中感到幻灯片不够用时，就需要插入幻灯片。插入幻灯片一般有 4 种方法：

① 选中某张幻灯片，单击"开始"选项卡中的"新建幻灯片"按钮。

② 在普通视图的幻灯片选项卡下，选择左栏某张幻灯片并右击，在弹出的快捷菜单中选择"新建幻灯片"命令。

③ 在普通视图的幻灯片选项卡下，选中某张幻灯片，按【Enter】键。

④ 按【Ctrl+M】组合键。

（2）复制幻灯片

当需要大量相同幻灯片时，可以复制幻灯片，提高工作效率，方法如下：

① 选中要复制的幻灯片，单击"开始"选项卡的"剪贴板"组中的"复制"按钮，单击目标位置，再单击"开始"选项卡的"剪贴板"组中的"粘贴"按钮。

② 在普通视图的"幻灯片"选项卡下，右击要复制的幻灯片，在弹出的快捷菜单中选择"复制幻灯片"命令。单击目标位置，再单击"开始"选项卡的"剪贴板"组中的"粘贴"按钮。

③ 在普通视图的"大纲"选项卡下，选中要复制的幻灯片，按住【Ctrl】键的同时拖动鼠标到目标位置松开鼠标即可。

（3）移动幻灯片

移动幻灯片是为了能快速地调整幻灯片之间的相对位置关系，让演示文稿更符合作者的表现意图，方法如下：

① 在普通视图的"幻灯片"选项卡下，选中要移动的幻灯片，用鼠标左键将它拖动目标位置，在拖动过程中，有一条横线随之移动，横线的位置决定了幻灯片的目标位置，当松开鼠标时，幻灯片就被移动到了横线所在的位置。

② 选中要移动的幻灯片，然后选择"开始"选项卡的"剪贴板"组中的"剪切"按钮，被选幻灯片消失，单击目标位置，会有一条横线闪动指示该位置，然后选择"开始"选项卡的"剪贴板"组中的"粘贴"按钮，幻灯片将移动到该位置。

技巧：选中需移动或复制的幻灯片，按【Ctrl+X】或【Ctrl+C】组合键，然后在目标位置按【Ctrl+V】组合键，也可移动或复制幻灯片。

（4）删除幻灯片

① 若某张幻灯片不再有用，就需要删除幻灯片。选中需删除的幻灯片后，按【Delete】键。

② 右击选中的幻灯片，在弹出的快捷菜单中选择"删除幻灯片"命令。

③ 切换到"开始"选项卡，单击"剪贴板"组中的"剪切"按钮。

思考与练习

① PowerPoint 2010 主要应用在哪些方面？

② 新建演示文稿有几种方法？它们有什么区别？

③ PowerPoint 2010 提供了哪七种视图？

④ 如何插入一张新的幻灯片，有几种方法？

⑤ 如何快速打开 PowerPoint 2010 文件？

任务二　创建"古诗词鉴赏"演示文稿

古诗词是中文独有的一种文体，有特殊的格式及韵律，随着语文教材中古代诗词篇目的增加，时常听到语文教师反映学生上课没有兴趣，教学比较吃力。如何搞好传统诗词的教和学，培养学生学习的浓厚兴趣，提高学生鉴赏能力和情趣，使学生得到精神享受？应用微软的 PowerPoint 2010 软件可以轻松实现上述目标。下面制作一个《古诗词鉴赏》的演示文稿，共同感受古诗词的艺术内涵与魅力，进一步领略其中的意境之美，最终效果如图 5-14 所示。

图 5-14　"古诗词鉴赏"最终效果

任务要求

通过本任务的学习，掌握使用 PowerPoint 2010 文本录入，插入艺术字、图片、使用 SmartArt 图形、图表、音频、视频等使演示文稿多姿多彩：应用 PowerPoint 2010 动画效果、设置超链接使播放的演示文稿更加生动精彩、引人入胜。完成《古诗词鉴赏》演示文稿的外观美化及动画设置。

任务分析

为实现上述任务要求，需要完成以下工作：

① 输入文本内容编辑文本格式。

② 插入艺术字、图片，使演示文稿多姿多彩。

③ 插入绘制图形、图表及公式。

④ 使用 SmartArt 图形。

⑤ 插入声音、视频。

任务实现

PowerPoint 2010 的文本内容是幻灯片的基础，一段简洁而富有感染力的文本是制作一张优秀幻灯片的前提。因此，在幻灯片中添加文本以及设置其格式具有重要的意义。

1. 添加文本

（1）在占位符和文本框中输入文本

顾名思义，占位符就是先占据一个固定的位置，等待向其中添加具体内容。占位符在幻灯片中表现为一个虚框，虚框内会有"单击此处添加标题"之类的提示语，如图 5-15 所示，单击之后，提示语将自动消失，可以在闪烁的光标处输入或粘贴文本。

① 创建占位符。占位符是一种带有虚线边框的方框，所有幻灯片版式中都包含占位符。在这些方框内可以放置标题、正文、SmartArt、图形、图表、表格和图片之类对象。

图 5-15 所示是一个默认的标题幻灯片版式，它含有一个标题文本占位符和一个副标题占位符。向幻灯片内添加占位符的操作方法如下：

a. 切换到"视图"选项卡，单击"母版视图"组中的按钮，功能区会自动弹出"幻灯片母版"选项卡，单击"编辑母版"中的"插入版式"按钮。

b. 在"幻灯片母版"项卡中，单击"母版版式"组中的"插入占位符"按钮，打开"插入占位等"下拉列表，如图 5-15 所示。单击该面板内的一个占位符类型图案，然后在幻灯片内拖动鼠标指针即可。

c. 要向版式添加更多占位符，可重复执行上述步骤。

② 创建文本框。切换到"插入"选项卡，单击"文本"组内"文本框"下拉按钮，选择下拉列表内的"横排文本框"命令，再在幻灯片内拖动鼠标，创

图 5-15 "插入占位符"下拉列表

建一个横排文本框；选择下拉列表的"垂直文本框"命令，再在幻灯片内拖动鼠标，创建一个垂直文本框。

③ 输入文本。在幻灯片中输入文本的方法有两种，一种是单击占位符框内，使光标定位在占位符框内再输入文本；另一种是单击水平文本框或垂直文本框内，使光标定位在文本框内，再输入文本，输入完毕后，单击幻灯片的空白区域，即可结束文本输入并取消该占位符文本框的虚线边框。

（2）直接输入文本

在普通视图下的"大纲"选项卡中，可直接输入文本字符，每输完一个内容后，按【Enter】键新建一张幻灯片，可以输入后面的内容。

（3）调整占位符和文本框的方法。

单击占位符或文本框，四周会出现 7 个控制柄，又称尺寸控点，拖动这些尺寸控点可以更改对象的大小，将鼠标指针移到占位符的一个边框之上，并在指针成四向箭头时，即可拖动占位符和文本框到新位置。

2．设置文稿格式

在演示文稿中，输入的文字内容较多时，必须对文字进行排列，其中包括设置字体格式和效果，设置段落的对齐、缩进方式，设置行和段的间距，以及段落分栏、项目符号和编辑的设置等。

（1）设置字体格式

在演示文稿中选中需要设置字体格式的文字，在"开始"选项卡的"字体"组中可以设置文字的字体、字号、字形以及文字颜色等。利用"字体"对话框也可以设置字体格式，如图 5-16 所示。

（2）设置文本形状效果

选中需要设置效果的文本，打开"绘图工具-格式"选项卡，单击"形状样式"组的对话框启动器按钮，弹出如图 5-17 所示的对话框，可以在其中设置文本填充、文本轮廓等效果图 5-17 所示。

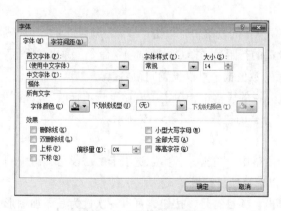

图 5-16　"字体"对话框

图 5-17　"设置文本形状"对话框

（3）更改文字方向

将光标插入需要更改字体方向的占位符中，单击"开始"选项卡的"段落"组中的"文字方向"按钮，在打开的下拉列表中可以选择多种方向调整样式。选择一种方向，如"竖排"，文字将呈现竖排形式，如图 5-18 所示。

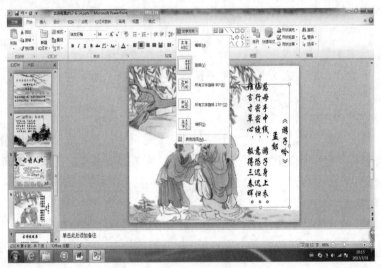

图 5-18　设置字文字方向

（4）设置段落格式

① 设置段落对齐方式。在 PowerPoint 2010 中，使用段落对齐方式能够使演示文稿看起来更加整洁、美观，主要包括以下几种对齐方式：

a. 文本左对齐。将所选文本框中的文字左边对齐，右边不齐。

b. 居中。将所选文本框中的文字居中。

c. 文本右对齐。将所选文本框中的文字右对齐，左边不齐。

d. 两端对齐。将所选文本框中的文字左、右边两边同时对齐。

e. 分散对齐。通过调整空格，使所选文本框中的文字各行（包括末行）等宽。

② 设置段落缩进方式。用户在幻灯片中输入文本后，可以为段落设置缩进方式，主要分为"首行缩进""悬挂缩进"和"文本之前"。

③ 设置段落行距和间距。将光标插入到需要操作的段落中，单击"开始"选项卡的"段落"组中的"行距"按钮，可在其下拉列表中选择合适的行距；选择"行距选项"命令，弹出"段落"对话框，在"间距"选项组的"段前"和"段后"数值框中可以设置间距参数。

④ 设置段落分栏。将光标插入到需要设置分栏的段落中，单击"开始"选项卡的"段落"组中的"分栏"按钮，在打开的下拉列表中选择分栏的栏数，如图 5-19 所示。

（5）设置项目符号和编号

① 将光标插入需要设置项目符号或编号的段落中，单击"开始"选项卡的"段落"组中的"项目符号"下拉按钮，在打开的下拉列表中可以选择项目符号样式。

② 选中所有需要添加项目符号的文本，单击"项目符号"按钮，可以一次性为其添加图形项目符号。

③ 在"段落"组中单击"编号"下拉按钮，在打开的下拉列表中可以选择预设的编号样式。

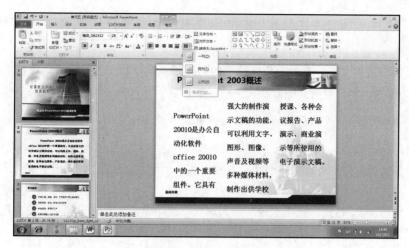

图 5-19　设置段落分栏

3. 插入、编辑非文本对象

（1）插入图片、剪贴画和形状

① 插入图片。

a. 单击"插入"选项卡的"图像"组中的"图片"按钮，弹出"插入图片"对话框。

b. 定位到需要插入图片所在的文件夹，选中相应的图片文件，然后单击"插入"按钮，将图片插入到幻灯片中。

c. 用拖动的方法调整图片的大小，并将其定位在幻灯片的合适位置上即可。

定位图片位置时，除使用鼠标外，还可以按方向键来实现图片的微量移动，达到精确定位图片的目的。

② 插入剪贴画。

a. 打开要向其中添加剪贴画的幻灯片。

b. 在"插入"选项卡的"图像"组中，单击"剪贴画"按钮。

c. 在"剪贴画"任务窗格的"搜索"文本框中，输入用于描述所需剪贴画的字词或短语或输入剪贴画的完整或部分文件名。

若要缩小搜索范围，在"结果类型"列表中可以选中"插图""照片""视频"和"音频"复选框以搜索这些媒体类型。

d. 单击"搜索"按钮。

e. 在结果列表中，单击剪贴画以将其插入。

③ 插入形状。形状是系统事先提供的一组基础图形，有的可以直接使用，有的稍加组合即可更有效地表达某种观点和想法，形状就像积木，可根据自己的需要搭建所需图形。

a. 添加单个形状，在"开始|绘图"组中单击"形状"按钮，选择所需形状，单击幻灯片中的目标位置，拖动出形状。

b. 添加多个形状，在"开始"选项卡的"绘图"组中单击"形状"按钮，右击要添加的形状，选择"锁定绘图模式"命令。单击幻灯片上的目标位置，拖动以放置形状，对要添加的每个形状重复以上过程。添加完所有需要的形状后，按【Esc】键。

技巧：要创建规范的正方形或圆形（或限制其他形状的尺寸），在拖动的同时按住【Shift】键。

④ 在形状中添加文本。有时希望在绘出的封闭形状中增加文字，以表达更清晰的含义，实现图文并茂的效果，单击要向其中添加文字的形状，然后输入文字即可。

注意：添加的文字将成为形状的一部分，如果旋转或翻转形状，文字也会随之旋转或翻转。

⑤ 更改形状。

a. 单击要更改为另一种形状的形状，若要更改多个形状，在按住【Ctrl】键的同时单击要更改的形状。

b. 在"绘图工具–格式"选项卡的"插入形状"组中单击"编辑形状"下拉按钮，鼠标指针指向"更改形状"命令，然后单击所需的新形状。

⑥ 格式化形状。为了美化形状，PowerPoint 2010 提供了许多预设形状样式，只要简单套用就能快速美化形状。

a. 向形状添加样式，选中要套用样式的形状，单击"绘图工具–格式"选项卡的"形状样式"组。

在样式库中以缩略图显示了不同格式选项的组合，如图图 5-20 所示。

b. 更改形状的线条颜色和线型。选中要更改线条颜色的形状，在"绘图工具–格式"选项卡的"形状样式"组中单击"形状轮廓"下拉按钮，然后单击所需的颜色。若要更改线型，在上述操作中选择"粗细"，然后单击所需的线条粗细。

图 5-20　格式化形状

c. 设置形状的渐变填充效果。渐变填充是一种形状填充，可在形状表面将一种颜色逐渐转变为另一种颜色。

选中要应用渐变填充的形状，在"绘图工具–格式"选项卡的"形状样式"组中单击"形状填充"下拉按钮，指向"渐变"，然后选择所需的渐变。也可以用纹理、图片来填充形状。

d. 设置形状的效果。选中要设置效果的形状，在"绘图工具–格式"选项卡的"形状样式"组中单击"形状效果"下拉按钮，在下拉列表中选择"预设""阴影""映像""发光"等进行适当设置，达到满意的效果。

注意：单击"插入"选项卡的"插图"组中的"形状"下拉按钮，可以打开或关闭系统提供的绘图工具。绘图过程与 Word 相同，可进行多边形的绘制、图形的排列、对齐与组合等。

（2）插入艺术字

① 单击"插入"选项卡的"文本"组中的"艺术字"下拉按钮，打开"艺术字库"列表框，如图 5-21 所示。

② 选中一种样式后，幻灯片上显示艺术字文本框，双击文本框即可编辑文字。

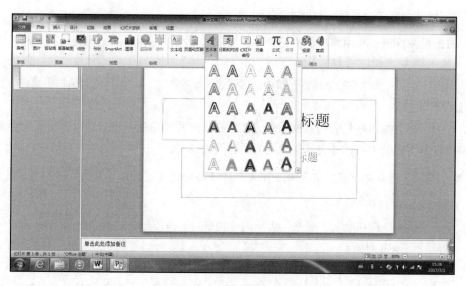

图 5-21　"艺术字库"列表框

③ 输入艺术字字符后，设置好字体、字号等要素。

④ 调整好艺术字大小，并将其定位在合适位置上即可。

注意：选中插入的艺术字，在其周围会出现黄色的控制柄，拖动控制柄可以调整艺术字的外形。

（3）公式编辑

① 单击"插入"选项卡的"符号"组中的"公式"下拉按钮。

② 在打开的下拉列表中选择所需公式。

③ 利用工具栏中的相应模板，即可制作出相应的公式。

④ 调整好公式的大小，并将其定位在合适的位置。

（4）插入批注

审阅他人的演示文稿时，可以利用批注功能提出自己的修改意见。批注内容并不会在放映过程中显示出来。

① 选中需要添加意见的幻灯片，单击"审阅"选项卡的"批注"组中的"新建批注"按钮，进入批注编辑状态，如图 5-22 所示。

② 输入批注内容。

③ 当使用者将鼠标指针指向批注标识时，批注内容即刻显示出来。

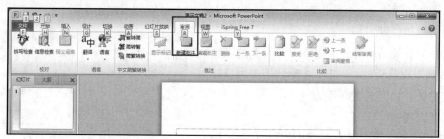

图 5-22　单击"新建批注"按钮

注意：批注内容不会在放映过程中显示出来.

④ 右击批注标识，利用弹出的快捷菜单，可以对批注进行相应的编辑处理。

（5）插入图表

① 单击"插入"选项卡的"插图"组中的"图表"下拉按钮，在弹出的对话框中选择一种图表，进入图表编辑状态。

② 在数据表中编辑好相应的数据内容，然后在幻灯片空白处单击，即可退出图表编辑状态。

③ 调整好图表的大小，并将其定位在合适位置上即可。

注意：如果发现数据有误，直接双击图表，即可再次进入图表编辑状态，进行修改处理。

（6）插入 Excel 表格

① 单击"插入"选项卡的"表格"组中的"表格"下拉按钮，选择"Excel 电子表格"命令，幻灯片上将显示 Excel 对象。

② 调整好表格的大小，并将其定位在合适位置上。

③ 为了使插入的表格能够正常显示，需要在 Excel 中调整行、列的数目及高（宽）度。

④ 如果在"插入对象"对话框选中"链接"复选框，以后在 Excel 中修改了插入表格的数据，打开演示文稿时相应的表格会自动随之修改。

（7）插入声音

① 单击"插入"选项卡的"媒体"组中的"音频"下拉按钮，选择"文件中的音频"命令，弹出"插入音频"对话框。

② 定位到需要插入声音文件所在的文件夹，选中相应的声音文件，然后单击"确定"按钮。

注意：演示文稿支持 mp3、wma、wav、mid 等 23 种格式的声音文件。

a. 在随后弹出的对话框中，根据需要单击"是"或"否"按钮返回，即可将声音文件插入到当前幻灯片中。

b. 插入声音文件后，会在幻灯片中显示出一个小喇叭图标，在放映幻灯片时通常会显示在画面上，为了不影响播放效果，通常将该图标移到幻灯片边缘处。

（8）修剪音频

在每个音频的开头和末尾处可以对音频进行修剪。

① 选择音频，然后单击"播放"按钮。

② 在"音频工具–播放"选项卡的"编辑"组中单击"剪裁音频"按钮。

③ 在"剪裁音频"对话框中，执行下面一项或多项操作。

若要修剪音频的开头，单击起点（最左侧的绿色标记），看到双向箭头时，将箭头拖动到所需的音频剪辑起始位置。

若要修剪音频的末尾，单击终点（右侧的红色标记），看到双向箭头时，将箭头拖动到所需的音频剪辑结束位置，如图 5–23 所示。

（9）插入视频

① 选择"插入"选项卡的"媒体"组中的"视

图 5–23　剪辑音频

频"下拉按钮，选择"文件中的视频"命令，弹出"插入视频文件"对话框。

② 定位到需要插入视频文件所在的文件夹，选中相应的视频文件，然后单击"确定"按钮。

③ 在随后弹出的对话框中，根据需要单击"是"或"否"按钮返回，即可将视频文件插入到当前幻灯片中。

④ 调整视频播放窗口的大小，将其定位在幻灯片的合适位置上。

注意：建议将 Flash 动画文件和演示文稿保存在同一文件夹中，这样只需要输入 Flash 动画文件名称，而不需要输入路径。

⑤ 调整好播放窗口的大小，将其定位到幻灯片的合适位置，即可播放 Flash 动画。

4．使用 SmartArt 图形和组织结构图

SmartArt 图形是 PowerPoint 2010 新增的功能。SmartArt 图形是信息和观点的可视表示形式，而图表是数字值或数据的可视图示。一般来说，SmartArt 图形是为文本设计的，而图表是为数字设计的。正如图表和图形可以使乏味的数字表生动起来，SmartArt 图形可以使文字信息更具视觉效果。SmartArt 是由一组形状、线条和文本占位符组成的，常用于阐释少量文本之间的关系。

（1）插入 SmartArt 图形

SmartArt 图形是信息的可视表示形式，可以从多种不同布局中进行选择，从而快速轻松地创建所需形式，以便有效地传达信息或观点。

① 在"插入"选项卡的"插图"组中单击 SmartArt 按钮，弹出如图 5-24 所示的对话框。

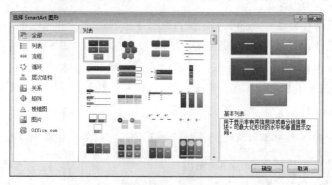

图 5-24　"选择 SmartArt 图形"对话框

② 在"选择 SmartArt 图形"对话框中，单击所需的类型和布局。

③ 单击"文本"窗格中的"文本"，然后输入文本。

如果只希望显示文本框中的文本，右击文本框，选择"设置形状格式"命令，在"设置形状格式"对话框中将该形状设置为无背景色和边框。

提示：创建 SmartArt 图形时，系统将提示选择一种 SmartArt 图形类型，如列表、流程、循环等，每种类型又包含不同的布局。实际上创建 SmartArt 图形的过程，就是选择需要的某种布局样式。

（2）更改 SmartArt 图形的颜色

可以将来自主题颜色的颜色变体应用于 SmartArt 图形。

① 单击 SmartArt 图形。

② 单击"SmartArt 工具-设计"选项卡的"SmartArt 样式"组中的"更改颜色"按钮，如

图 5-25 所示，单击所需的样式效果。

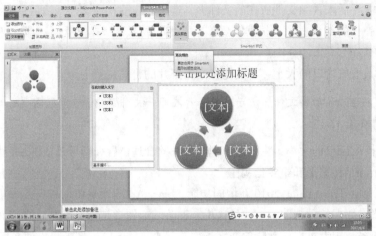

图 5-25　更改颜色

（3）修改 SmartArt 类型

① 单击 SmartArt 图形。

② 在"SmartArt 工具-设计"选项卡的"布局"组中单击所需的 SmartArt 类型。

如果看不到"SmartArt 工具"选项卡，请确保已选择一个 SmartArt 图形。

（4）应用 SmartArt 样式

SmartArt 样式是各种效果（如线型、棱台或三维）的组合，可应用于 SmartArt 图形中的形状以创建独特且具专业设计效果的外观。

① 单击 SmartArt 图形。

② 在"SmartArt 工具-设计"选项卡的"SmartArt 样式"组中单击所需的 SmartArt 样式。若要查看更多 SmartArt 样式，单击"其他"按钮。

注意：SmartArt 图形中各形状之间是相互独立的，可以对它们进行单独设置。

（5）将幻灯片文本转换为 SmartArt 图形

① 单击要转换的幻灯片文本。

② 在"开始"选项卡的"段落"组中单击"转换为 SmartArt 图形"按钮，在库中单击所需的 SmartArt 图形布局，效果如图 5-26 所示。

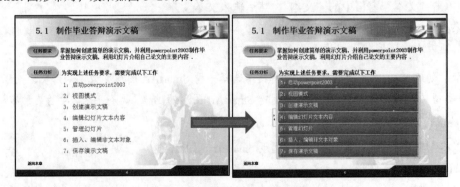

图 5-26　转换为 SmartArt 图形

注意：SmartArt 图形会自动更新在"文本"窗格中添加和编辑的内容，即会根据"文本"窗格内容添加或删除相应的形状，有些 SmartArt 图形包含的形状个数是固定的，因此在 SmartArt 图形中只能显示"文本"窗格的部分内容。

（6）创建组织结构图

① 在"插入"选项卡的"插图"组中，单击 SmartArt 按钮，

② 在"选择 SmartArt 图形"对话框中，单击"层次结构"命令，接着选择一种组织结构图布局（如"组织结构图"），然后单击"确定"按钮。

③ 单击 SmartArt 图形中的一个文本框，然后输入文本，如图 5-27 所示。

图 5-27　创建组织结构图

思考与练习

① 如何将幻灯片文本转换为 SmartArt 图形？

② 在幻灯片中如何插入批注？

③ 如何在幻灯片中插入音频、视频？

④ 简述幻灯片中音频文件的剪辑方法？

任务三　创建幻灯片的修饰效果

任务要求

通过本任务的学习，掌握使用模板、配色方案、母版、背景修饰演示文稿外观的一些方法，应用 PowerPoint 2010 动画效果、设置超链接使播放的演示文稿更加生动精彩、引人入胜，并且能够对演示文稿打印效果做相应的设置。

任务分析

① 设计版式与模板。

② 配色方案。

③ 设计母版。

④ 设置幻灯片背景。

⑤ 设置放映效果。

⑥ 动作设置和超链接。

⑦ 添加语音旁白。

⑧ 设置放映时间。

⑨ 设置放映方式、放映演示文稿。

⑩ 演示文稿页面设置、打包与打印。

任务实现

1. 设计模板

设计模板为演示文稿提供设计完整、专业的外观。设计模板包含了演示文稿的样式，包括字体、字形、字号；占位符的大小、位置；项目符号和编号；背景的设计和填充、配色方案；幻灯片的母版和标题母版等。系统提供了一些模板供选用。可以使用 PowerPoint 提供的模板，也可以使用自己创建的模板。可以将模板应用于所有的幻灯片或选定的幻灯片，也可以在一个演示文稿中应用多种类型的设计模板。模板是统一修改演示文稿外观最快捷、最有力的一种方法。

（1）应用设计模板

① 在功能区中选择"设计"选项卡，显示"主题"组。

② 在"主题"列表框中，拖动垂直滚动条进行浏览。

③ 如图 5-28 所示，选择模板样式（如"都市"模板）并单击，则所有的幻灯片全部应用了该模板。

应用于所有选幻灯片　　　应用于所选幻灯片

图 5-28　应用设计模板

④ 如果只应用于一张幻灯片，在此基础选择模板样式（如"都市"模板）并右击，选择"应用于所选幻灯片"命令。

说明： 如果在列表框中不能找到所需要的模板，可以单击窗格下面的"浏览"超链接，在打开的文件夹中查找所需要的模板。

（2）创建设计模板

打开现有的演示文稿，更改演示文稿的设置（如修改文本占位符的字符、字号和字形等），单击"文件"→"另存为"命令，选择保存类型为"PowerPoint 模板"，则系统中又增加了一种以当前文件名为模板名的模板。

2. 应用配色方案

如果对应用设计模板的色彩搭配不满意，利用配色方案可以方便快捷地解决这个问题。

（1）"内置"颜色设置

① 对已应用主题的幻灯片，在"设计"选项卡的"主题"组内单击"颜色"下拉按钮。

② 自在颜色列表框中选择一款内置颜色。

③ 幻灯片的标题文字颜色、背景颜色、文字的颜色也随之改变，如图 5-29 所示。

图 5-29 系统内置颜色设置

（2）"新建主题颜色"设置

每个设计模板都带有一套配色方案，每张幻灯片的配色方案都能改变。配色方案一旦改变，幻灯片上各组件的颜色也会随之改变。通过这些颜色的设置可以使幻灯片更加鲜明易读。

① 在"设计"选项卡的"主题"组内，单击"颜色"下拉按钮。

② 在下拉列表中选择最下面的"新建主题颜色"命令，如图 5-30 所示。

③ 在对话框的"主题颜色"列表中单击某一主题的下拉按钮。

④ 选择某个颜色将更改主体颜色。

⑤ 在"名称"文本框中输入当前自定义主题颜色的名称，单击"保存"按钮，如图 5-31 所示。

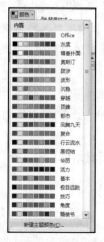

图 5-30 选择"自定义主题颜色"命令

图 5-31 保存自定义主题颜色

3. 幻灯片版式

在 PowerPoint 中，所谓版式，可以理解为，已经按一定的格式预置好的幻灯片模板，它主要是由幻灯片的占位符和一些修饰元素构成。PowerPoint 2010 中已经内置了许多常用的幻灯片的版式，如"标题"幻灯片、"图片与标题"幻灯片、"标题和内容"幻灯片、"两栏内容"幻灯片等，如图 5-32 所示。

（1）应用板式

① 在功能区中选择"开始"选项卡，显示"幻灯片"组。

② 单击"版式"下拉按钮，显示版式样式，如图 5-32 所示。

③ 在"版式样式"中选定一种版式单击，完成应用版式。

（2）创建幻灯片自定义版式

如果找不到能够满足需要的标准版式，则可以创建自定义版式。自定义版式可重复使用，并且可指定占位符的数目、大小和位置、背景内容、主题颜色、字体及效果等。

图 5-32　幻灯片版式

① 进入幻灯片的母版视图。单击"视图"选项卡的"幻灯片母版"按钮进入到母版视图，会在左侧看到一组母版，其中第一个视图大一些，这是基本版式，其他的是各种特殊形式的版式。

② 添加幻灯片自定义版式和命名，单击"幻灯片母版"选项卡的"编辑母版"组中的"重命名"按钮。

③ 设计和编辑幻灯片自定义版式，在自定义版式中添加内容。单击"幻灯片母版"选项卡的"母版版式"组中的"插入占位符"按钮，在出现的下拉列表中选择要添加的占位符，如"文本""图片""图表"等。

④ 应用幻灯片自定义版式。单击"关闭母版视图"按钮，新建幻灯片时，选择合适的版式即可。

4. 幻灯片背景的设置

一个好的 PowerPoint 要吸引人，不仅需要内容充实、明确，外表的装潢也是很重要的。如 PowerPoint 的背景，一个漂亮、清新或淡雅的背景图片，能把 PowerPoint 包装得创意很新颖。如果对幻灯片的背景不满意，可以通过背景样式来调整演示文稿中某一张或所有幻灯片的背景。

（1）设置背景样式

在选择某一主题后，可对其背景进行修改和设计。

单击"设计"选项卡的"背景"组中的"背景样式"下拉按钮，进行各种设置，如图 5-33 所示。

（2）设置背景格式

① 选择"设计"选项卡的"背景样式"下拉列表中的"设置背景格式"命令，或者在打开的演示文稿中，右击幻灯片页面的空白处，选择"设置背景格式"命令。

② 在弹出的"设置背景格式"对话框中，选择左侧的"填充"命令，就可以看到有"纯色填充""渐变填充""图片或纹理填充""图案填充"4 种填充模式，如图 5-34 所示。在幻灯片中不仅可以插入自己喜爱的图片背景，而且还可以将背景设为纯色或渐变色。

③ 插入漂亮的背景图片。选中"图片或纹理填充"单选按钮，在"插入自"下有两个按钮，一个是"文件"，可选择来自本机的背景图片；一个是自"剪贴画"，可搜索来自系统提供的背景图片。

④ 单击"文件"按钮，弹出"插入图片"对话框，选择需要的图片，单击"插入"按钮即可。如果想要全部幻灯片应用同一张背景图片，可单击"设置背景格式"对话框中的"全部应用"按钮。

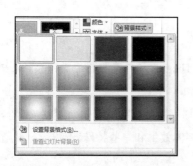

图 5-33　"背景样式"下拉列表　　　　图 5-34　"设置背景格式"对话框

5. 设置幻灯片主题

主题是由颜色、字体和效果组成的一套独立的外观方案，用于快速美化每张幻灯片风格。在 PowerPoint 2010 中使用主题可以使演示文稿具有统一的风格，如图 5-35 所示，使用主题时，可"实时浏览"幻灯片内容变化。用户除了可以在新建演示文稿时选择要应用的主题外，也可在创建演示文稿后，对其中的部分或全部幻灯片应用需要的主题。

（1）使用主题

在"设计"选项卡的"主题"组中右击所需主题，右击弹出快捷菜单，有如下命令：

① 应用于所有的幻灯片。将指定主题应用于所有幻灯片。

② 应用于选中的幻灯片。将指定主题应用于当前所选的幻灯片。

③ 设置为默认主题。将指定主题设置为默认主题，新建幻灯片将会沿用这个主题。

④ 添加到快速访问工具栏。将指定主题添加到快速访问工具栏，便于快速应用此主题。

（2）自定义主题

PowerPoint 2010 提供了多个标准的内置主题。查找具有所需外观的标准主题，接着通过更改颜色、字体或者效果来修改它，然后可以将它保存为自己的自定义主题。

① 在"设计"选项卡的"主题"组中，单击要应用的主题。

图 5-35　幻灯片主题

② 更改主题颜色。主题颜色包含 4 种文本和背景颜色、6 种强调文字颜色以及两种超链接颜色。决定颜色组合之前，可以在"示例"下查看文本字体样式和颜色的显示效果。

a. 在"设计"选项卡的"主题"组中，单击"颜色"选择，然后单击"新建主题颜色"命令。

b. 在"主题颜色"栏中，单击要更改的主题颜色元素名称旁边的按钮。

c. 在"名称"文本框中为新主题颜色键入适当的名称，然后单击"保存"按钮。

③ 更改主题字体和效果的方法类似。

④ 保存主题。保存对现有主题的颜色、字体或者线条与填充效果做出的更改，以便可以将该主题应用到其他文档或演示文稿。

a. 在"设计"选项卡的"主题"组中，单击"其他"按钮。

b. 选择"保存当前主题"命令。

c. 在"文件名"文本框中，为主题输入适当的名称，然后单击"保存"按钮。

注意：修改后的主题在本地驱动器上的 Document Themes 文件夹中保存为.thmx 文件，并将自动添加到"设计"选项卡"主题"组中的自定义主题列表中。

对幻灯片应用某个主题后，可通过单击"设计"选项卡"主题"组右侧的"颜色""字体"和"效果"按钮，在展开的列表中重新选择主题的颜色、字体效果和一些特殊效果。

6. 创建和编辑幻灯片母版

幻灯片母版通俗地讲就是一种套用格式，通过插入占位符来设置格式，是幻灯片层次结构中的顶层幻灯片，它存储了与演示文稿的主题和幻灯片版式相关的所有信息，包括背景、颜色、字体、效果、占位符的大小和位置。

修改和使用幻灯片母版的主要优点是便于整体风格的修改，使用幻灯片母版时，由于无需在多张幻灯片上输入相同的信息，因此节省了时间。如果希望对幻灯片进行统一修改，例如，在每张幻灯片中增加徽标、页脚和动作按钮，修改标题样式等，只要修改幻灯片母版即可。

（1）启动幻灯片母版

单击"视图"选项卡的"母版视图"组中的"幻灯片母版"按钮，进入"幻灯片母版"视图。

每个演示文稿至少包含一个幻灯片母版，由于幻灯片母版影响整个演示文稿的外观，因此在创建和编辑幻灯片母版或相应版式时，可以在"幻灯片母版"视图下操作，如图 5-36 所示。

（2）母版中插入版式

① 进入"幻灯片母版"视图。

② 单击"编辑母版"组中的"插入版式"按钮，即可插入一个版式，在"幻灯片"窗格内会显示该母版版式的缩略图。

（3）插入幻灯片母版

① 进入"幻灯片母版"选项卡。

② 单击"编辑母版"组中的"插入幻灯片母版"按钮，即可插入一个幻灯片母版，如图 5-37 所示，在"幻灯片"窗格会显示该母版的缩略图。

图 5-36　幻灯片母版设计视图

图 5-37　多个主题的母版

（4）显示母版版式

在左边的"幻灯片"窗格内可以选择各种版式的幻灯片母版，选中一种母版版式后，右边的幻灯片区会自动显示相应的母版版式。

（5）删除版式和幻灯片母版

① 在左边的"幻灯片"窗格内，右击其内的一个版式或幻灯片母版图案，弹出快捷菜单。

② 选择"删除版式"或"删除母版"命令，即可删除选中的版式或幻灯片母版。

③ 单击"编辑母版"组内的"删除"按钮，也可以删除选中的版式或幻灯片母版。在没有自定义母版时，"删除"按钮为无效。

（6）创建讲义母版

① 单击"视图"选项卡的"母版视图"组中的"讲义母版"按钮，进入讲义母版视图，如图 5-38 所示。

② 设计"讲义母版"的讲义方向、讲义背景、占位符内容。

图 5-38　讲义母版视图

（7）创建备注母版

① 单击"视图"选项卡的"母版视图"组中的"备注母版"按钮，进入备注母版视图，如图 5-39 所示。

② 设计"备注母版"的方向、背景、占位符等内容。

（8）母版重命名

进入幻灯片母版视图，单击"编辑母版"组中的"重命名"按钮，弹出"重命名版式"对话框，如图 5-40 所示，在"版式名称"文本框内输入名称，单击"重命名"按钮，即可将当前自定义母版的名称按照"版式名称"文本框内输入的名称更改。

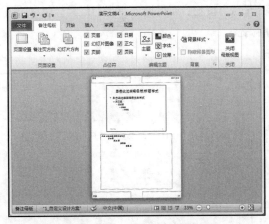

图 5-39　备注母版视图

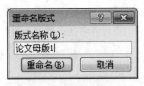

图 5-40　母版重命名

（9）退出母版视图

单击"关闭"组中的"关闭母版视图"按钮。

（10）插入页眉与页脚等

① 在幻灯片母版视图状态下，切换到"插入"选项卡，单击"文本"组内的"页眉和页脚"按钮，弹出"页眉和页脚"对话框的"幻灯片"选项卡，如图 5-41 所示。

② 利用该对话框插入当前日期、幻灯片编号和页眉与页脚等。

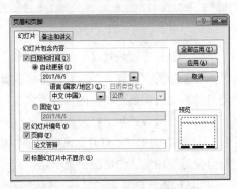

图 5-41　"页眉和页脚"对话框

③ 选中"日期和时间"复选框，选中"自动更新"单选按钮，在其下边的下拉列表内选择一种日期格式，可以添加日期；选中"幻灯片编号"复选框，可以添加幻灯片编号选中"页脚"复选框，在文本框中输入"页脚"的内容，可以添加幻灯片页脚。

如果选中"标题幻灯片中不显示"复选框，则在标题幻灯片中不显示设置内容。设置完后，单击"全部应用"按钮，即可应用到母版。

7．创建动画效果

为幻灯片创建动画效果，可使静态的演示文稿变为动态的演示文稿。在为幻灯片创建动画效果时，可以在设计每张幻灯片时，为幻灯片添加动画。也可以将演示文稿中的所有幻灯片设计完成后，再为幻灯片创建动画效果。在演示文稿中恰当使用一些动画效果，可以使播放的演示文稿更加活泼精彩、引人入胜，并有助于提高信息的生动性。

（1）应用动画

动画有4类，分别是"进入""强调""退出"和"动作路径"动画。"进入"是指对象从无到有；"强调"是指对象直接显示后再出现的动画效果；"退出"是指对象从有到无；"动作路径"是指对象沿着已有的或者自行绘制的路径运动。

①"进入"动画。

a. 选中要设置动画的文本或对象。

b. 单击"其他"按钮，出现各种"动画"下拉列表，如图5-42所示。其中有4类动画，每类又包含若干不同的动画效果。

如果对所列动画效果仍不满意，还可以选择动画样式的下拉列表的下方"更多进入效果"命令，弹出"更改进入效果"对话框，其中单击"基本型""细微型""温和型"和"华丽型"列出更多动画效果供选择，如图5-43所示。

②"强调"动画。这些效果的示例包括使对象缩小或放大、更改颜色或沿着其中心旋转等。

③"退出"动画。这些效果包括使对象飞出幻灯片、从视图中消失或者从幻灯片旋出等。

图5-42　"动画"下拉列表　　　　　图5-43　"更多进入效果"对话框

以上两种动画效果与"进入"效果的设置方法类似，不再赘述。

注意： 在"动画"下拉列表中，"进入"效果图标呈绿色、"强调"效果图标呈黄色、"退出"效果图标呈红色。

④"动作路径"动画。使用这些效果可以使对象上下移动、左右移动或者沿着星形或圆形图案移动等。例如，"弹簧"动画使对象沿着指定的弹簧路径移动。

a. 选中要设置动画的对象，在"动画"选项卡的"动画"组中，单击动画效果列表右下角的"其他"按钮，出现各种动画效果的下拉列表。

b. 选择"其他动作路径"命令，选择"衰减波"，则所选对象被赋予该动画效果，如图 5-44 所示。预览可以看到对象将沿着弹簧路径从路径起点（绿色点）移动到路径终点（红色点）。拖动路径的各控制点可以改变路径，而拖动路径上方的绿色控制点可以改变路径的角度。

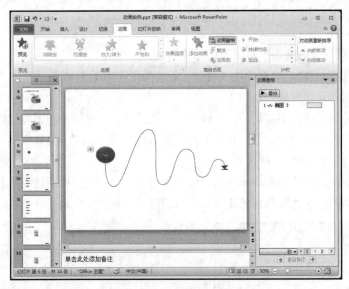

图 5-44　衰减波路径

（2）设置动画属性

① 设置动画效果。PowerPoint 2010 演示文稿中的文本、图片、形状、表格、SmartArt 图形和其他对象制作成动画，赋予它们进入、退出、大小或颜色变化等视觉效果。

选中要设置动画效果的对象，单击"动画"选项卡的"动画"组右侧的"效果选项"下拉按钮，出现各种效果选项的下拉列表，从中选择满意的效果选项。

② 设置动画的开始方式、持续时间和延迟时间。

a. 选中要设置开始计时的文本或对象。

b. 在"动画"选项卡的"计时"组中，选择相应的方式和时间，如图 5-45 所示。

动画开始的方式有 3 种："单击时""与上一动画同时"和"上一动画之后"。

若要在单击鼠标时幻灯片开始动画效果，选择"单击时"；如果选择"与上一动画同时"，那么此动画就会和同一张 PPT 中的前一个动画同时出现（包含过渡效果在内），选择"上一动画之后"就表示上一动画结束后再立即出现。

c. 延迟时间设置。调整"延迟时间"，可以让动画延迟时间播放，设置的时间到达后才开始出现，对于动画之间的衔接特别重要，便于观众看清楚前一个动画的内容。

③ 对动画效果重新排序。幻灯片上的动向对象显示一个数字，用来指示对象的动画播放顺序。如果有两个或多个动画效果，可以通过下面两种方法之一更改动画效果的播放顺序。

方法一：在幻灯片上，单击某个动画，在"动画"选项卡的"计时"组中单击"对动画重新排序""向前移动"或"向后移动"按钮。

方法二：在"动画"选项卡的"高级动画"组中，单击"动画窗格"按钮，可以通过在列表中向上或向下拖动对象来更改顺序或者单击要移动的对象。

（3）设置相同动画

在 PowerPoint 2010 中，可以使用动画刷快速轻松地将动画从一个对象复制到另一个对象。

① 选中要复制的动画的对象，在"动画"选项卡的"高级动画"组中单击"动画刷"按钮，如图 5-46 所示。

② 在幻灯片上，单击要复制动画的对象即可。

（4）添加多个动画

同一个对象，可以单独使用任何一种动画，也可以将多种效果组合在一起。例如，可以对一行文本应用"强调"进入效果及"缩放"强调效果，使它动起来。

① 选中要添加多个动画效果的文本或对象。

② 在"动画"选项卡的"高级动画"组中单击"添加动画"按钮，如图 5-47 所示。

图 5-45　"计时"组　　图 5-46　单击"动画刷"按钮　　图 5-47　单击"添加动画"按钮

（5）触发器动画

在幻灯片放映期间，使用触发器可以在单击幻灯片上的对象或者播放视频的特定部分时，显示动画效果，下面通过一个简单的实例来实现触发器的功能。

① 插入一幅图片，为图片添加"进入""自右上部"动画。

② 绘制触发器，如绘制一个椭圆。

③ 选中图片，在"动画"选项卡的"高级动画"组中单击"触发"下拉按钮，选择"单击"命令，然后选择触发器，如图 5-48 所示。

（6）对动画文本和对象应用声音效果

通过应用声音效果，可以额外强调动画文本或对象。

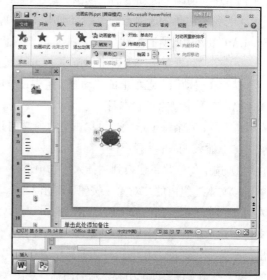

图 5-48　选择触发器

① 在"动画"选项卡的"高级动画"组中单击"动画窗格"按钮。"动画窗格"在工作区窗格的一侧打开，显示应用到幻灯片中文本或对象的动画效果的顺序。

② 找到要向其添加声音效果的对象，单击右侧向下箭头，然后选择"效果选项"命令。

③ 弹出相应的对话框，在"效果"选项卡的"增强"区域的"声音"下拉列表中，单击箭头以打开列表，选择一个声音，单击"确定"按钮，如图 5-49 所示

单击"确定"按钮时，幻灯片将播放加入了声音的动画预览。要更改预览声音音量，可单击

"声音"按钮，并向上或向下移动滑块。要关闭预览声音，选中"静音"复选框。

④ 要预览应用到幻灯片的所有动画和声音，在"动画窗格"中单击"播放"按钮。

（7）将 SmartArt 图形制作成动画

可以创建动态的 SmartArt 图形来进一步强调或分阶段显示信息。也可以将整个 SmartArt 图形制成动画，或者只将 SmartArt 图形中的个别形状制成动画。或者创建一个按级别淡入的组织结构图。

图 5-49　设置声音

一些动画效果（如"旋转"进入效果或"翻转"退出效果）只能用于形状。无法用于 SmartArt 图形的效果将显示为灰色。如果要使用无法用于 SmartArt 图形的动画效果，右击 SmartArt 图形，选择"转换为形状"命令，然后将形状制成动画。

① 单击要将其制成动画的 SmartArt 图形。

② 在"动画"选项卡的"动画"组中选择所需的动画。

③ 在"效果选项"中可以设置序列。

（8）将 SmartArt 图形中的个别形状制成动画

① 单击要将其制成动画的 SmartArt 图形，在"动画"选项卡的"动画"组中选择所需动画。

② 在"动画"选项卡的"动画"组中单击"效果选项"下拉按钮，然后选择"逐个"命令。

③ 在"动画"选项卡的"高级动画"组中，单击"动画窗格"按钮，单击展开图标来显示 SmartArt 图形中的所有形状。

④ 在"动画窗格"列表中，按住【Ctrl】键并依次单击每个形状来选择不希望制成动画的所有形状，在"动画"选项卡的"动画"组中，单击"无"，这将从形状中删除动画效果，但不会从 SmartArt 图形中删除形状本身。

⑤ 对于其余每个形状，可单击更改所需的具体动画选项，完成后，关闭"动画窗格"。

（9）插入 Flash 动画

① 选中幻灯片，切换到"插入"选项卡，单击"文本"组内的"对象"按钮，弹出"插入对象"对话框，如图 5-50 所示。选中"由文件创建"单选按钮，单击"浏览"按钮，弹出"浏览"对话框，利用该对话框选中要插入的 SWF 视频文件，再选中"显示为图标"复选框。单击"确定"按钮，幻灯片中插入了一个 SWF 格式视频图标。

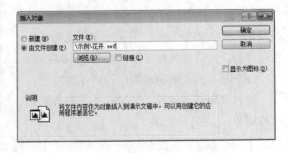

图 5-50　插入对象对话框

② 右击 SWF 格式视频图标，弹出快捷菜单，选择"包装程序外壳对象"→"激活内容"命令，即可弹出 Adobe Flash Player 对话框，同时在该对话框内播放相应的 SWF 格式视频。

③ 单击 SWF 格式视频图标，切换到"插入"选项卡，单击"链接"组内的"动作"按钮，弹出"动作设置"对话框，选择"单击鼠标"选项卡，选中"对象动作"单选按钮，在其下拉列

表中选择"激活内容"命令。

④ 单击"确定"按钮，即可完成设置，在播放幻灯片时，单击 SWF 格式视频图标，即可播放该 SWF 格式视频。

8．幻灯片放映设计与输出

为了获得更好的播放效果，在正式播放演示文稿之前，用户还需要对其进行一些前期设置，如变换幻灯片的切换效果，设置超链接和设置放映方式、进行排练计时等。在设计幻灯片时，可以加入超链接、放映方式等效果，使演示文稿更具有吸引力。我们充分发挥想象力、调动审美感官对演示文稿做必要的设置，使其发挥更好的宣传作用。设计完演示文稿后可以使用 PowerPoint 2010 的放映、打包等功能将演示文稿以多种形式保存，满足不同环境的需要。

1）设置幻灯片切换效果

幻灯片切换效果是指在播放过程中，从一张幻灯片移到下一张幻灯片时在"幻灯片放映"视图中出现的动画效果。在 PowerPoint 2010 中还为幻灯片之间的切换提供了多种效果，并且还可以为其添加声音，来增加演示文稿的趣味性和动态感。

向幻灯片添加切换效果操作如下：

① 在普通视图下，选择"切换"选项卡。

② 选中要向其中应用切换效果的幻灯片。

③ 在"切换"选项卡的"切换到此幻灯片"组中，单击要应用于该幻灯片的切换效果，如图 5-51 所示。

图 5-51　幻灯片切换选项卡

在此示例中，选择了"擦除"切换效果。若要查看更多切换效果，单击"其他"按钮。展开列表框，如图 5-52 所示。单击其中的一个图标，即可将该切换效果添加到选中的幻灯片中。

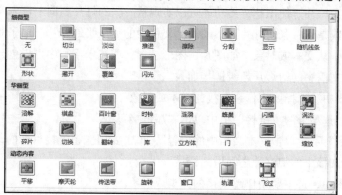

图 5-52　幻灯片切换效果列表框

2）设置切换效果的计时

若要设置上一张幻灯片与当前幻灯片之间的切换效果的持续时间，应执行下列操作：

在"切换"选项卡"计时"组中的"持续时间"文本框中，输入所需的时间，如图 5-53 所示。设置切换效果计时。

图 5-53　设计切换效果计时

若要指定当前幻灯片的换片方式，采用下列步骤之一：

① 若要单击鼠标时换片，在"切换"选项卡的"计时"组中，选中"单击鼠标时"复选框。

② 要在经过指定时间后切换幻灯片，在"切换"选项卡的"计时"组的"设置自动换片时间"文本框中输入所需的秒数。

3）幻灯片切换效果添加声音

在"切换"选项卡的"计时"组中，单击"声音"下拉按钮，然后执行下列操作之一：

① 要添加列表中的声音，选择所需的声音单击。

② 选择"其他声音"，找到要添加的声音文件，然后单击"确定"按钮。

4）修改切换的效果选项

选中要修改的切换效果所在的幻灯片，在"切换"选项卡的"切换到此幻灯片"组中，单击"效果选项"并选择所需的选项，如图 5-54 所示。

图 5-54　修改切换效果

5）删除切换效果

在普通视图中，选择"切换"选项卡，选中要删除其切换效果的幻灯片，在"切换"选项卡的"切换到此幻灯片"组中选项"无"。

6）使用超链接幻灯片

在 PowerPoint 2010 中，使用超链接功能可以实现从一张幻灯片到同一演示文稿中的另一张幻灯片的快速跳转，或是从一张幻灯片到不同演示文稿中的另一张幻灯片、电子邮件地址、网页以及文件的链接跳转。从文本或对象（如图片、图形、形状或艺术字）中可以创建超链接。

（1）同一演示文稿中的幻灯片超级链接加入

① 在普通视图中，选择要用作超链接的文本或对象。

② 在"插入"选项卡的"链接"组中单击"超链接"。

③ 在"链接到"下，单击"本文档中的位置"，单击要用作超链接目标的幻灯片

（2）不同演示文稿中的幻灯片之间做超链接

① 在普通视图中，选中要用作超链接的文本或对象。

② 在"插入"选项卡的"链接"组中单击"超链接"按钮。

③ 在"插入超链接"对话框中，选择"现有文件或网页"按钮。

④ 选择要链接到的幻灯片的标题。

注意：如果在主演示文稿中添加指向演示文稿的链接，则在将主演示文稿复制到便携计算机中时，应确保将链接的演示文稿复制到主演示文稿所在的文件夹中。如果不复制链接的演示文稿，或者如果重命名、移动或删除它，则当从主演示文稿中单击指向链接的演示文稿的超链接时，链接的演示文稿将不可用。

7）更改主题中超链接文本的颜色

① 在"设计"选项卡的"主题"组中，单击"颜色"，然后选择"新建主题颜色"命令。

② 在"新建主题颜色"对话框中的"主题颜色"下，执行下列操作之一。

a. 若要更改超链接文本的颜色，单击"超链接"旁边的箭头，然后选择一种颜色。

b. 若要更改已访问的超链接文本的颜色，单击"已访问的超链接"下拉按钮，然后选择一种颜色，如图 5-55 所示。

注意：如果标题和副标题的占位符中均显示超链接，请不要更改主题中的超链接文本。

8）将超链接文本的颜色与幻灯片上现有文本的颜色匹配

① 如果希望超链接文本使用某种颜色，选择该颜色的文本，接着右击该文本，然后选择"字体"命令。

② 在"字体"选项卡的"文字颜色"下，单击"字体颜色"下拉按钮。然后选择"其他颜色"命令。

③ 在"颜色"对话框中的"自定义"选项卡中，记下"颜色模式"和"红色""绿色"和"蓝色"的颜色配方值，如图 5-56 所示。

图 5-55　更改主题文本颜色

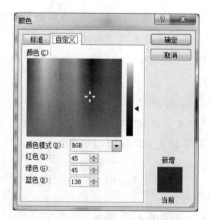

图 5-56　更改超链接文本颜色

④ 退出对话框，选择要更改颜色的超链接文本，在"设计"选项卡的"主题"组中单击"颜色"下拉按钮，选择"新建主题颜色"命令。

⑤ 在"主题颜色"下，选择"已访问的超链接"下拉列表中的"填充颜色"命令，在弹出对话框的"自定义"选项卡，输入在步骤③中记录的颜色配方值。

9）向超链接中添加声音效果

① 选择超链接。

② 在"插入"选项卡的"链接"组中单击"动作"按钮。

③ 执行下列操作之一。

a. 若要在单击超链接时应用声音效果，选择"单击鼠标"选项卡。

b. 若要在指针停留在超链接上时应用声音效果，选择"鼠标移过"选项卡。

④ 选中"播放声音"复选框，然后单击要播放的声音，如图 5-57 所示。

图 5-57　在超链接中添加声音

拓展：

（1）创建链接到"电子邮件地址"的超链接

① 在普通视图中，选中要用作超链接的文本或对象。

② 在"插入"选项卡的"链接"组中，单击"超链接"按钮。

③ 在弹出对话框的"链接到"下，选中"电子邮件地址"。

④ 在"电子邮件地址"文本框中，输入要链接到的电子邮件地址。

⑤ 在"主题"文本框中，输入电子邮件的主题。

（2）创建链接到"现有文件或网页"的超链接

① 在普通视图中，选中要用作超链接的文本或对象。

② 在"插入"选项卡的"链接"组中单击"超链接"按钮。

③ 在弹出对话框的"链接到"下，选择"现有文件或网页"，然后单击"浏览过的网页"按钮。

④ 找到并选择要链接到的页面或文件，然后单击"确定"按钮。

（3）创建链接到"新建文档"的超链接

① 在普通视图中，选中要用作超链接的文本或对象.

② 在"插入"选项卡的"链接"组中单击"超链接"按钮。

③ 在弹出对话框的"链接到"下，选择"新建文档"。

④ 在"新建文档名称"文本框中，输入要创建并链接到的文件的名称。

如果要在另一位置创建文档，可在"完整路径"下单击"更改"按钮，浏览要创建文件的位置，然后单击"确定"按钮。

10）动作按钮

PowerPoint 2010 演示文稿要想实现两张幻灯片的自由切换，可以通过添加动作按钮来完成。

在演示文稿中通过添加动作按钮可以提高整个演示文稿的交互性，在整个放映过程当中只需通过鼠标指针轻轻地单击动作按钮就可以快速地跳转到指定内容上，从而让演讲者更加灵活地控制演示文稿的播放进度.

在形状库中找到的内置动作按钮形状，包括用于"后退或前一项"、"前进或下一项"、"开始"和"结束"按钮，还有用于播放影片或声音等的符号，如图 5-58 所示。

① 在"插入"选项卡的"插图"组中单击"形状"下拉按钮，然后在"动作按钮"下单击要添加的按钮形状。

② 单击幻灯片上的一个位置，通过拖动为该按钮绘制形状，释放鼠标左键，在系统自动弹出的"动作设置"对话框中设置鼠标动作，如图 5-59 所示。

③ 若要选择单击或指针移过按钮时将发生的动作，执行下列操作之一：

a. 只使用形状，不指定相应动作，选中"无动作"单选按钮。

b. 若要创建超链接，选中"超链接到"单选按钮，然后选择超链接动作的目标对象。

c. 若要播放声音，选中"播放声音"复选框，选择要播放的声音。

提示：若要链接到其他程序创建的文件，在"超链接到"列表中选择"其他文件"命令。

图 5-58　动作按钮　　　　　　　图 5-59　"动作设置"对话框

11）设置幻灯片放映的方式

制作完演示文稿后，通过放映演示文稿可以观看到其制作的效果。在放映演示文稿之前，可以根据放映的场所不同而为演示文稿设置不同的放映方式，并且还可以为演示文稿排练计时及录入旁白，来增强演示文稿的实用性和可操作性。

① 设置放映方式。在 PowerPoint 2010 中放映演示文稿时，提供了"演讲者放映""观众自行浏览"和"在展台浏览"3 种放映方式，每种有各自的应用范围及特点，可根据需要进行设置。

单击"幻灯片放映"选项卡的"设置"组中的"设置幻灯片放映"按钮，弹出"设置放映方式"对话框，如图 5-60 所示。

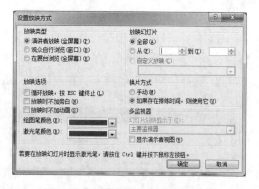

图 5-60　"设置放映方式"对话框

② 演讲者放映。演讲者放映是一种全屏幕放映方式，是最常用的默认放映方式，通常用于演讲者播放演示文稿，放映时演讲者具有完整的控制权，并可采用自动或人工方式运行放映；演讲者可以将演示文稿暂停、添加会议细节或在放映过程中录下旁白。若需要将幻灯片放映投射到大屏幕上或使用演示文稿作会议讨论发言时，也可以使用此方式。

③ 观众自行浏览。常用于运行小规模的演示。放映时演示文稿会出现在小型窗口内，并可让观众按系统提供的菜单命令进行翻页、编辑、复制和打印幻灯片等。在这种方式中，可以使用滚动条从一张幻灯片移到另一张幻灯片，同时还可以运行其他应用程序。

④ 在展台浏览。在展台浏览放映方式也是全屏幕放映方式，它是 3 种方式中最简单的放映

方式，适用于展台无人管理的情况下，自动放映演示文稿，它始终处于循环放映状态。在放映过程中，除了通过超链接或动作按钮来进行切换以外，其他的功能都不能使用，如果要停止放映，只能按【Esc】键来终止。

⑤ 设置自定义放映。若用户并不希望将演示文稿的所有部分展现给观众，而是需要根据不同的观众选择不同的放映部分，可以根据需要自主定义放映部分。

a. 打开演示文稿，选择"幻灯片放映"选项卡。

b. 单击"自定义幻灯片放映"按钮，从下拉列表中选择"自定义放映"命令。

c. 弹出"自定义放映"对话框，单击"新建"按钮。

d. 弹出"定义自定义放映"对话框，在"在演示文稿中的幻灯片"列表框中选择合适的幻灯片，单击"添加"按钮，将其添加至"在自定义放映中的幻灯片"列表框中，单击"确定"按钮，单击"放映"按钮即可开始放映自定义放映的幻灯片。

注意：在演示文稿放映过程中，如发现某些内容需要重点指出，可在右键菜单中选择"指针选项"中的某个选项，然后在画面中按住鼠标左键不放并拖动，将重点内容标记出来（称为墨迹注释）。

12）设置排练计时

① 在"幻灯片放映"选项卡"设置"组中单击"排练计时"按钮，启动排练方式。

② 用"录制"面板中的按钮来依次播放幻灯片或幻灯片中的对象，并可看到它的播放时间和总时间。

③ 当最后一张幻灯片排练完成后，会弹出提示对话框，报告本次预演幻灯片放映的总时间，单击"是"按钮保存排练时间，或单击"否"按钮放弃本次排练时间，如图 5-61 所示。

13）将演示文稿设置为循环放映效果

① 在"幻灯片放映"选项卡的"设置"组中单击"设置幻灯片放映"按钮，在弹出的对话框中选择"在展台浏览"，在"换片方式"中选择"如果存在排练时间则使用它"。

② 选择"切换"选项卡，在"计时"组中设置每隔 5 秒钟自动切换，如图 5-62 所示。

图 5-61　提示对话框

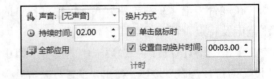

图 5-62　设置循环放映

9. 打印幻灯片或演示文稿讲义及打包演示文稿

打印幻灯片以及打印演示文稿讲义，可以让观众在用户进行演示时参考相应的演示文稿，又可以留作以后参考。

（1）设置幻灯片大小、页面方向和起始幻灯片编号

① 在"设计"选项卡的"页面设置"组中单击"页面设置"。

② 在"幻灯片大小"列表中，选择要打印的纸张的大小，在"方向"下单击"横向"或"纵向"，选择幻灯片的方向。

③ 在"幻灯片编号起始值"文本框中，输入要在第一张幻灯片或讲义上打印的编号。

注意：默认情况下，PowerPoint 2010 幻灯片布局显示为横向，虽然一个演示文稿中只能有一个方向（横向或纵向），但可以链接两个演示文稿，以便在观看演示文稿中同时显示纵向和横向幻灯片。

（2）设置打印选项

① 打开"文件"选项卡，单击"打印"按钮，如图 5-63 所示，然后在"打印"文本框中，输入要打印的份数。在"打印机"下选择要使用的打印机。

② 在"设置"下，按需求选择"打印全部幻灯片""打印所选幻灯片""当前幻灯片"或"自定义范围"。如图 5-64 所示为设置打印讲义页数。

③ 若要包括页眉和页脚，单击"编辑页眉和页脚"超链接，在弹出的"页眉和页脚"对话框中进行选择，设置完成后，单击"打印"按钮。

图 5-63　"打印"界面

图 5-64　讲义打印页数设置

（3）演示文稿打包

演示文稿在制作完成后，可能要放到其他没有与 Internet 连接的计算机上放映。这时，可以将其打包成 CD 数据包，复制到可移动磁盘上，然后，复制到要播放演示文稿的计算机中，再进行播放观看演示文稿。

① 单击"文件"选项卡"保存并发送"下的"将演示文稿打包成 CD"按钮，弹出如图 5-65 所示的对话框。

② 单击"选项"按钮，弹出"选项"对话框，如图 5-66 所示，进行设置即可。

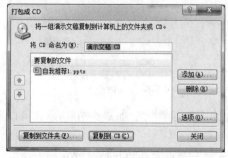

图 5-65　"打包成 CD"对话框

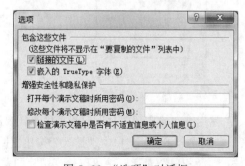

图 5-66　"选项"对话框

思考与练习

① 简述使用 PowerPoint 2010 幻灯片母版的主要作用。

② 举例说明 PowerPoint 2010 应用背景样式和自定义背景的方法？

③ 在 PowerPoint 2010 中母版和模板有何区别？

④ PowerPoint 2010 内置哪些幻灯片切换方案？

⑤ 如何设置幻灯片自定义放映？

拓展与提高

随着数码照相机的不断普及，利用计算机制作电子相册的朋友越来越多，如果你手中没有这方面的专门软件，用 PowerPoint 也能帮你轻松制作出漂亮的电子相册来。下面我们以 PowerPoint 2010 为例，讲述制作 PPT 电子相册的方法。

1. 制作一个电子相册

① 准备素材。

② 制作相册。

③ 添加声音。

④ 美化编辑。

2. 制作电子相册的步骤

① 新建一个空白的演示文稿，单击"插入"选项卡中的"相册"下拉按钮，如图 5-67 所示。

② 选择"新建相册"命令，如图 5-68 所示，新建一个相册。

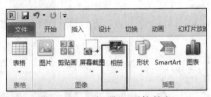

图 5-67 "相册"下拉按钮

③ 在弹出的"相册"对话框中单击"文件/磁盘"按钮，如图 5-69 所示。

图 5-68 选择"新建相册"命令

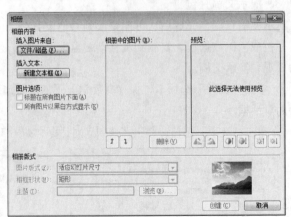

图 5-69 相册对话框

④ 然后在"插入新图片"对话框中选择要添加到相册中的图片，如图 5-70 所示，可以选择一张、多张或全部照片，单击"插入"按钮返回相册对话框。

⑤ 在"相册"对话框中可以选择图片的顺序，在"预览"框中可以调节图片的方向，以及

图片的黑白和对比度，如图 5-71 所示。

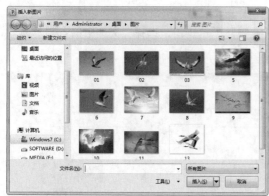 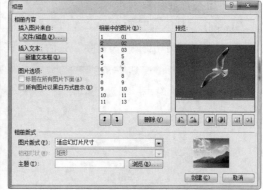

图 5-70　"插入新图片"对话框　　　　图 5-71　"相册"对话框

⑥ 在"相册版式"的"图片版式"中可以选择每页幻灯片中插入几张图片，在下面有个相框的形状可以改变相框形状，如图 5-72 所示。

⑦ 照片插入好之后，返回"相册"对话框，根据需要调整照片的顺序，选择相应的图片版式以及主题，然后再单击"创建"按钮。如图 5-73 所示，单击"创建"按钮后，图片被插入到演示文稿中去，并在第一张幻灯片中会留出相册的标题。

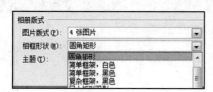 

图 5-72　"相册版式"设置

图 5-73　建立的相册

⑧ 设计标题突出主题。

3．美化版面

（1）插入背景音乐

① 单击"插入"选项卡的"媒体"组中的"音频"下拉按钮，选择"文件中的音频"命令，如图 5-74 所示。弹出"插入音频"对话框。

图 5-74　选择"文件中的音频"命令

② 定位到需要插入声音文件所在的文件夹，选中相应的声音文件，然后单击"插入"按钮。如图 5-75 所示。

图 5-75　"插入音频"对话框

③ 插入声音文件后，会在幻灯片中显示出一个小喇叭图标，在放映幻灯片时通常会显示在画面上，为了不影响播放效果，通常将该图标移到幻灯片边缘处，如图 5-76 所示。

图 5-76　音频效果显示

（2）设置动画效果

① 选中要设置动画的图片，单击"动画"选项卡的"动画"组中的"其他"按钮，打开如图 5-77 所示的下拉列表，选择动画效果。

② 选择"更多进入效果"命令，弹出如图 5-78 所示的对话框，选择其中一种进入效果，单击"确定"按钮。

③ 选择"更多强调效果"命令，弹出如图 5-79 所示的对话框，选择其中一种强调效果，单击"确定"按钮。

④ 选择"更多退出效果"，弹出如图 5-80 所示的对话框，选择其中一种退出效果，单击"确定"按钮。

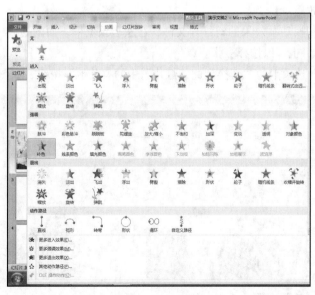

图 5-77　动画设置

图 5-78 进入效果设置　　　　　　　　图 5-79 强调效果设置

⑤ 选择"更多路径效果"命令，弹出如图 5-81 所示的对话框，选择其中一种路径效果，单击"确定"按钮。

图 5-80 退出效果设置　　　　　　　　图 5-81 动作效果设置

4．自定义切换效果

① 打开要设置切换动画效果的幻灯片文件，在左边预览框下面的列表中选择所有的幻灯片文档，可以逐一选择，也可以选择多张。

② 单击"切换"选项卡的"切换到此幻灯片"中的"其他"按钮，如图 5-82 所示。

图 5-82 单击"其他"按钮

③ 打开所有的动画切换效果，如图 5-83 所示。

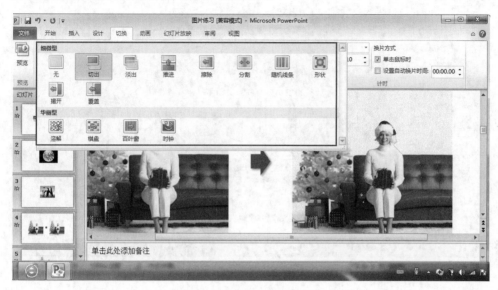

图 5-83　切换效果列表

④ 选择喜欢的动画效果，返回到 ppt 文档中，如图 5-84 所示，可预览所选择的动画效果。

5. 排练时间与打包

排练时间与打包的操作请参考之前任务中所讲述的内容，在此不再赘述。

注意： 对于制作好的演示文稿，如果希望其中的部分幻灯片在放映的时候不显示出来，我们可以将其隐藏起来。

a. 在普通视图下，在左侧的窗口中，按住【Ctrl】键，分别单击需要隐藏的幻灯片，同时选中多张不连续的幻灯片。

b. 右击，在弹出的快捷菜单中选择"隐藏幻灯片"命令即可，如图 5-85 所示。

图 5-84　效果预览

图 5-85　隐藏幻灯片

提示：

a. 进行隐藏操作后，相应的幻灯片编辑上有一条删除斜线，如图 5-86 所示。

图 5-86　隐藏幻灯片效果

b. 如果需要取消隐藏，只要选中相应的幻灯片，再次执行上述操作即可。

思考与练习

① PowerPoint 2010 幻灯片中可以有哪些多媒体元素？

② 如何实现动画按指定路径运动？

③ 如何设置幻灯片自定义放映？

④ PowerPoint 2010 可以"保存并发送"为哪些形式？

实训　"毕业答辩"演示文稿制作

实训描述

毕业答辩幻灯片不同于一般的幻灯片。做好幻灯片是毕业生答辩成功的一个重要环，答辩报告包含的内容根据事先拟定的提纲来安排。一般包括以下几个方面：

① 一般概括性内容。课题标题、答辩人、课题执行时间、课题指导教师、课题的归属、致谢等。

② 课题研究内容。研究目标、计划设计（流程图）、运行进程、研究成果、创新性、利用值、有关课题延续的新见解等。

实训要求

在毕业答辩演示文稿中不仅要有含有文字、图片、表格等基本元素，而且要有动画、超链接的应用、幻灯片的切换效果和动作按钮、幻灯片模板及母版的使用等，其中动画的设置要合理并且赏心悦目，整套幻灯片播放过程要设置背景，除了特殊需要，整套幻灯片只有一个主题背景音乐，每张幻灯片播放过程有序，可返回有交互。

实训提示

1．论文答辩幻灯片的基本要求

（1）毕业答辩幻灯片的篇幅

一般 20～30 分钟的演讲时间，除去封面和篇章标题页和致谢等无内容页面，真正需要讲解的分别为 20 张到 30 张左右。每页 8～10 行字或一幅图。只列出要点、关键技术词语。

（2）封面和封底

幻灯片封面内容一般选择特征性图片，最好是校园风景照片，用于等待答辩前播放或者回答问题时播放。

（3）正文

标题页的内容包括论文名称、毕业生和导师姓名等，由于属于学术性幻灯片，字体和编排均应适当严肃，避免花哨。

2．论文答辩幻灯片的具体要求

制作一个演示文稿，保存在 D 盘根目录下，文件名为"毕业答辩-姓名.pptx"。演示文稿的最终效果如图 5-87 所示。

（1）格式要求

① 文字：线条不小于 1.5 磅，字体不小于 20 磅，正文字体比标题稍小。文字格式应当尽量一致。

② 字体颜色和背景颜色：需要使用深色背景和浅色字。颜色黄金法则：背景深蓝色，标题金黄色，副标题采用淡蓝色，文字采用白色，项目符号为金黄色。

③ 项目符号：每张幻灯片最多 5 或 6 个项目符号，并且每段的句子要短。

④ 标题要求：幻灯片的所有标题应当采用相同的字体、大小、格式、位置和颜色。

⑤ 第一张标题字体的大小在该幻灯片中最大。标题应当放置在幻灯片的上方，副标题的字体比正标题小一些，放置的位置要合理。

（2）内容设计

编辑插入非文本对象（表格、图表、图片、图形等），并对其进行格式化，创建动画效果，对象的寓意与该幻灯片的主要内容相关，建立相关的动作设置与超链接，如图 5-87 所示。

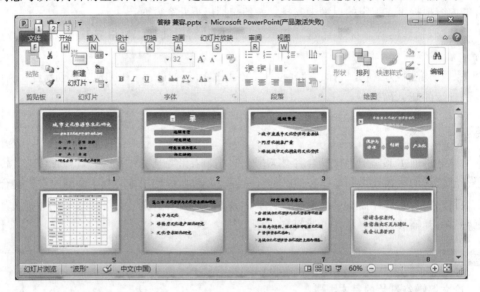

图 5-87　内容设计

（3）整体布局要求

① 第 1 张幻灯片的版式为"标题幻灯片"，第 2 张幻灯片的版式为"仅标题"，其余版式全部为"标题和内容"，所有幻灯片的主题为"波形"。

② 在第 2 张幻灯片中插入 SmartArt 图形，输入文本，为文本设置超链接。

③ 分别在第 3 张、第 4 张、第 5 张、第 6 张以后幻灯片中输入文本并设置文本的动画效果。

④ 在第 4 张幻灯片的备注区输入"非物质文化遗产资源资本化过程中的困境及产生原因"。

⑤ 插入按钮并设置相应的超链接。

⑥ 全文幻灯片的切换效果设置为"形状"，换片方式取消"单击鼠标时"。

⑦ 将演示文稿的放映类型设置为"在展台浏览（全屏幕）"放映选项。为"放映时不加旁白"，换片方式为"手动"。

🦉 实训评价

实训完成后，将对职业能力、通用能力进行评价，项目评价表如表 5-1 所示。

表 5-1 项目评价表

能力分类	测 评 项 目	评 价 等 级		
职业能力	学会幻灯片的基本制作	优秀	良好	及格
	能熟练进行各种插入对象在幻灯片中的操作			
	能对幻灯片进行美化			
	能制作符合要求的演示文稿			
通用能力	自学能力、总结能力、合作能力、创造能力等			
能力综合评价				

单元 六
计算机网络基础

　　计算机网络是将若干台独立的计算机通过传输介质相互物理连接，并通过网络软件逻辑地相互联系到一起而实现信息交换、资源共享、协同工作和在线处理等功能的计算机系统。它是计算机技术和通信技术密切结合的产物，是计算机应用的一个重要领域。

　　计算机网络给人们的生活带来了极大的方便，如网上银行、网上订票、网上查询、网上购物等。计算机网络不仅可以传输数据，更可以传输图像、声音、视频等多种媒体形式的信息，计算机网络的应用已渗透到社会生活的各个方面，改变了人们生活、学习和工作的方式，拓展和改变了人与人之间的沟通方式，颠覆了人们的传统思维，它已成为现代社会人们生活和工作中必不可少的基本工具和基本技术，在人们的日常生活和各行各业中发挥着越来越重要的作用。

学习目标：

- 了解计算机网络的定义、组成和计算机网络的分类及功能。
- 理解计算机网络的体系结构和网络协议。
- 了解组成计算机网络的硬件设备。
- 了解 Internet 的发展与连接方式。
- 掌握 IP 地址的基本知识与域名系统。
- 能进行局域网的硬件组装。
- 能进行计算机 IP 地址的设置和共享资源的使用。
- 会使用电子邮箱收发电子邮件。
- 了解电子邮件的概念与邮件服务器收发电子邮件的原理。
- 会使用 IE 浏览器浏览网页。
- 掌握网络信息安全的基本知识。
- 了解物联网、云计算、电子商务等技术。

任务一　计算机连接 Internet

任务要求

　　将计算机接入 Internet。

任务分析

为实现上述任务要求，可分为两种情况：

① 通过光猫连接无线路由器并登录 Internet。

② 通过局域网连接并登录 Internt。

任务实现

1. 通过光猫连接无线路由器并登录 Internet

（1）查看路由器背面的网络接口

通常路由器共有 5 个网线接口。大多数的路由器有一个网线接口的颜色与其他是不同的，这个接口叫做 WAN 接口（一般接口下会标有"WAN"这 3 个英语字母。）

找到 WAN 接口后，其他接口分别称为 LAN1、LAN2、LAN3、LAN4……一定要认准哪个接口是几号接口，如图 6-1 所示。

图 6-1　无线路由器接口

（2）查看光猫背面接口

通常光猫已由运营商的工作人员设置好，而我们只需连接上路由器设置即可。之所以要查看光猫的接口，是因为之后可能要用到。通常光猫共有 4 个网络接口，两个语音接口，这 4 个网络接口中，有一个便是我们需要用到的。

查看光猫有两点非常重要：

① 一定要记住光猫背面告知的光猫的 IP 地址，通常是 192.168.1.1。也有少数是 192.168.0.1 的，其他的另作别论。

② 找到光猫连接到计算机的网口并记住是几号，如图 6-2 所示。

图 6-2　光猫接口

（3）将无线路由器与设备连接

将光纤猫 LAN 用网线接路由器 WAN 口，再找一根网线，一头接计算机，一头接路由器 1/2/3/4 任意接口，常见接线方式如图 6-3 所示。

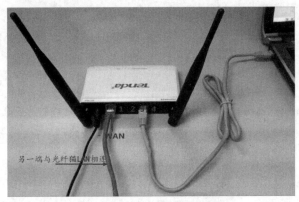

图 6-3　无线路由器的连接

（4）配置好计算机

修改本地连接为自动获取。Windows 7 系统用户右击右下角的网络图标，选择"网络和共享中心"命令，在打开的窗口中单击打开"更改适配器设置"超链接（见图 6-4）。然后修改本地 IP 地址即可，如图 6-5 所示的对话框。

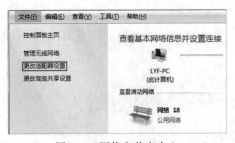

图 6-4　网络和共享中心

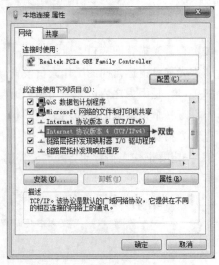

图 6-5　"本地连接 属性"对话框

（5）设置路由器上网

① 在浏览器中输入 192.168.0.1 并按【Enter】键，在跳转的页面中输入密码 admin，单击"确定"按钮。

② 选择正确的上网方式。

③ 选择网络连接方式，输入宽带的账号和密码，单击"确定"按钮即可。

2．通过局域网连接并登录 Internet

① 在计算机上装配网卡，并安装正确的驱动程序。

② 正确连接各网络硬件，确保相关协议已安装，打开"网络和共享中心"窗口，单击"更改适配器设置"超链接，弹出"本地连接 属性"对话框，如图 6-5 所示。

③ 选择"Internet 协议版本 4 (TCP/IP)"，并单击"属性"按钮，弹出图 6-6 所示的对话框。

④ 根据所分配的 IP 地址，正确填入本地计算机的 IP 地址及 DNS 服务器地址，或选择"自动获得 IP 地址""自动获得 DNS 服务器地址"单选按钮，一切设置正确后，即可通过该连接接入 Internet。

3. 测试网络

一般测试网络是否连通，是否工作正常，主要从以下两个方面来考虑：

① 通过观察集线器或交换机、网卡的工作指示灯，判断集线器或交换机、网卡是否能够正常工作。

② 利用 Ping 命令寻找网络中的其他计算机，同时，还可以测试出它与其他计算机是否连通。

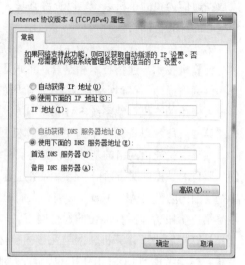

图 6-6 "Internet 协议（TCP/IP）属性"对话框

拓展与提高

1. 计算机网络的定义

所谓计算机网络，是指互连起来的能独立自主的计算机集合。计算机网络是指分布在不同地理位置上的具有独立功能的多个计算机系统，通过通信设备和通信线路相互连接起来，在网络软件的管理下实现数据传输和资源共享的系统。

更具体地说，计算机网络是由若干结点（Node）通过网络适配器（简称网卡），利用各种不同材质作为传输介质的通信线路，以各种形式的拓扑结构连接而成的网络。计算机网络中的结点可以是计算机、集线器、交换机和路由器等。

这里"互连"意味着互相连接的两台或两台以上的计算机能够互相交换信息，达到资源共享的目的。

而"独立自主"是指每台计算机的工作是独立的，任何一台计算机都不能干预其他计算机的工作，如启动、停止等，任意两台计算机之间没有主从关系。

从这个简单的定义可以看出，计算机网络涉及 3 个方面的问题：

① 两台或两台以上的计算机相互连接起来才能构成网络，达到资源共享的目的。

② 两台或两台以上的计算机连接，互相通信交换信息，需要有一条通道。这条通道的连接是物理的，由硬件实现，这就是连接介质（有时称为信息传输介质）。它们可以是双绞线、同轴电缆或光纤等"有线"介质；也可以是激光、微波或卫星等"无线"介质。

③ 计算机之间要通信交换信息，彼此就需要有某些约定和规则，这就是协议。

因此，可以把计算机网络定义为：把分布在不同地点且具有独立功能的多个计算机，通过通信设备和线路连接起来，在功能完善的网络软件运行下，以实现网络中资源共享为目标的系统。

2．计算机网络发展的阶段

计算机网络的发展经历了从简单到复杂、从低级到高级的过程，这个过程可分为 4 个阶段：以数据通信为主的单机系统、以资源共享为主的计算机网络、体系标准化的通信网络和以 Internet 为核心的计算机网络。

第一阶段：以数据通信为主的单机系统。

计算机技术与通信技术相结合，形成了初级的计算机网络模型。此阶段网络应用的主要目的是提供网络通信、保障网络连通。这个阶段的网络严格说来仍然是多用户系统的变种。美国在 1963 年投入使用的飞机订票系统 SABBRE-1 就是这类系统的代表。

第二阶段：以资源共享为主的计算机网络。

在计算机通信网络的基础上，实现了网络体系结构与协议完整的计算机网络。此阶段网络应用的主要目的是提供网络通信、保障网络连通，网络数据共享和网络硬件设备共享。这个阶段的里程碑是美国国防部的 ARPAnet。目前，人们通常认为它就是网络的起源，同时也是 Internet 的起源。

第三阶段：体系标准化的通信网络。

计算机解决了计算机联网与互连标准化的问题，提出了符合计算机网络国际标准的"开放式系统互连参考模型（OSI/ RM）"，从而极大地促进了计算机网络技术的发展。此阶段网络应用已经发展到为企业提供信息共享服务的信息服务时代。具有代表性的系统是 1985 年美国国家科学基金会的 NSFnet。

第四阶段：以 Internet 为核心的计算机网络。

计算机网络向互连、高速、智能化和全球化发展，并且迅速得到普及，实现了全球化的广泛应用。代表作是 Internet。

3．计算机网络的组成结构

计算机网络由计算机系统、网络结点和通信链路构成。计算机系统进行数据处理，通信链路和网络结点提供通信功能。计算机网络在逻辑上可作为两个子网：资源子网和通信子网。网络硬件系统和网络软件系统是计算机网络系统赖以存在的基础。

（1）计算机系统

计算机网络中的计算机系统主要负责数据处理工作，计算机网络连接的计算机系统可以是巨型机、大型机、小型机、工作站、微型机或其他数据终端设备，其任务是进行信息的采集、存储和加工处理。

（2）网络结点

结点是指一台计算机或其他设备与一个有独立地址和具有传送或接收数据功能的网络相连。结点可以是工作站、客户、网络用户或个人计算机，还可以是服务器、打印机和其他网络连接的设备。每一个工作站、服务器、终端设备、网络设备即拥有自己唯一网络地址的设备都是网络结点。网络结点主要负责网络中信息的发送、接收和转发。网络结点是计算机与网络的接口，计算机通过网络结点向其他计算机发送信息，鉴别和接收其他计算机发送过来的信息。在大型网络中，网络结点一般由一台处理机或通信控制器来担当，此时网络结点还具有存储转发和路径选择的功能，在局域网中使用的网络适配器也属于网络结点。

（3）通信链路

通信链路是连接两个结点之间的通信信道，通信信道包括通信线路和相关的通信设备。通信线路可以是双绞线、同轴电缆和光线等有线介质，也可以是微波等无线介质。相关的通信设备包括中继器、调制解调器等。中继器的作用是将数字信号放大，调制解调器则能进行数字信号和模拟信号的转换，以便将数字信号通过只能传输模拟信号的电话线来传输。

（4）通信子网

通信子网通过计算机网络的通信功能，由网络结点和通信链路构成。通信子网是由结点处理机和通信链路组成的一个独立的数据通信系统。

（5）资源子网

资源子网提供访问网络和处理数据的能力，由主机、终端控制器和终端构成。主机负责本地或全网的数据处理，运行各种应用程序或大型的数据库系统，向网络用户提供各种软硬件资源和网络服务。终端控制器用于把一组终端连入通信子网，并负责控制终端信息的接收和发送。终端控制器可以不经主机直接和网络结点相连，当然还有一些设备也可以不经主机直接和结点相连，如打印机和大型存储设备等。

4．计算机网络的分类

计算机网络的分类标准很多，如传输介质、分布距离、通信方式等，其中分布距离最能反映网络技术的本质。下面分别介绍计算机网络的主要分类。

（1）按分布距离分类

① 局域网（Local Area Network，LAN）。所谓局域网，就是在局部地区范围内的网络，它所覆盖的地区范围较小，如图6-7所示。它的突出特点就是分布距离最短，速度快，延时小（很快发送就能够接收）。一个局域网可以容纳几台至几千台计算机。按局域网的特性看，计算机局域网被广泛应用于校园、工厂及企事业单位的个人计算机或工作站的组网方面。

② 城域网（Metropolitan Area Network，MAN）。这种网络一般来说是分布在一个城市，与局域网相比扩展的距离更长，连接的计算机数量更多，在地理范围上可以说是局域网的延伸。在一个大型城市或都市地区，一个局域网通常连接着多个局域网，如图6-8所示。

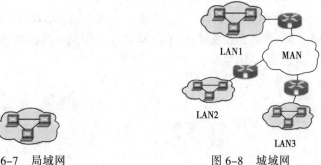

图6-7 局域网 　　　　　　图6-8 城域网

③ 广域网（Wide Area Network，WAN）。这种网络所覆盖的范围比城域网更广，它一般是在不同城市之间的局域网或者城域网的互联，地理范围可从几百千米到几千千米。

通过光缆、卫星、电缆等通信媒介将分布在各地的计算机或局域网连接起来，就构成广域网。广域网的通信子网主要使用分组交换技术。广域网是一个分布范围较大的网络。这种网络的覆盖范围可能从几km至上千或上万km，如国际互联网Internet。表6-1所示是计算机网络按分布距离分类的比较。

表6-1　计算机网络按分布距离分类比较表

分布距离	覆盖范围	网络分类	速　　度
10 m	房间	局域网	4 Mbit/s~10 Gbit/s
100 m	建筑物		
1 km	校园		
10 km	城市	城域网	50 kbit/s～100 Mbit/s
100 km	国家或地区	广域网	9.6 kbit/s～45 Mbit/s

（2）按传输介质分类

按照网络的传输介质分类，可以将计算机网络分为有线网络和无线网络两种。

① 有线网络：采用同轴电缆、双绞线、光纤等有线介质来连接的计算机网络。

② 无线网络：采用微波、红外线、无线电等电磁波作为传输介质的网络。

某个局域网通常采用单一的传输介质，比如较流行的双绞线，而城域网和广域网则可以同时采用多种传输介质，如光纤、同轴细缆、双绞线等。

（3）按网络拓扑结构分类

网络拓扑结构是指网络连线及工作站的分布形式。计算机网络拓扑结构是将构成网络的结点和连接结点的线路抽象成点和线，用几何关系表示网络结构，从而反映出网络中各实体的结构关系。拓扑结构隐去了网络的具体物理特性（如距离、位置）而抽象出结点之间的关系加以研究，所以拓扑结构是对网络的抽象的一种定义。常见的网络拓扑结构有星状结构、环状结构、总线结构、树状结构和网状结构5种。

拓扑结构设计的好坏对网络性能、通信费用与系统可靠性影响重大。下面介绍几种常用的拓扑结构。

① 星状拓扑结构。星状拓扑结构的每一个结点都有一条点到点链路与中心结点（中心交换设备即集线器）相连，信息的传输是通过中心结点的存储转发技术实现的，图6-9所示就是星状拓扑结构。在这种结构的网络中，若某台计算机停机，不会影响其他计算机间互相通信的能力。

② 环状拓扑结构。环状拓扑指网络中的计算机相互连接而形成一个环。参与连接的不是计算机本身而是环接口（一种数据收发设备，例如中继器），计算机连接环接口，环接口又逐段连接起来而形成环。图6-10所示为环状拓扑结构。

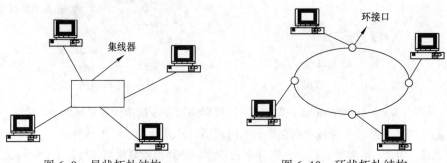

图 6-9　星状拓扑结构　　　　　　图 6-10　环状拓扑结构

③ 总线状拓扑结构。总线状拓扑结构是用一条高速公用主干电缆（即总线，Bus）作为公共传输通道连接若干结点，从而形成的网络结构。图 6-11 所示就是总线状拓扑结构。在此拓扑结构中，通

信网络只是传输媒体，没有像星状结构中的集线器或交换机，也没有像环状结构中的转发器。

④ 树状拓扑结构。树状拓扑结构是总线状拓扑结构的一般化，其结构像一棵倒置的树，如图 6-12 所示。

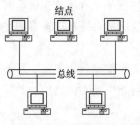

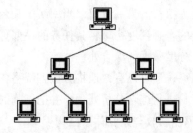

图 6-11　总线状拓扑结构　　　　　　图 6-12　　树状拓扑结构

⑤ 混合拓扑结构。计算机网络的拓扑结构有多种，不过在许多情况下，采用以上几种拓扑结构的组合，即混合拓扑结构，如图 6-13 所示。前三组站点通过 Hub 形成星状拓扑结构，最后一组站点是环状拓扑结构。在构建网络时，一般采用这样的混合拓扑结构网络，根据实际情况（距离等），取每一种拓扑结构的优点来布置。

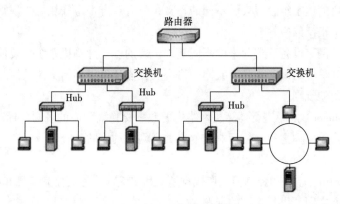

图 6-13　混合拓扑结构

5．计算机网络的功能

（1）通信功能

通信功能是计算机网络最基本的功能，用以实现计算机之间各种信息的传送，且通信功能还是计算机网络其他各种功能的基础，所以通信功能是计算机网络最重要的功能。

（2）资源共享

计算机资源主要指计算机硬件资源、软件资源和数据资源，所以计算机网络中的资源共享包括硬件资源共享、软件资源共享和数据资源共享。

总之，通过资源共享，大大地提高了系统资源利用率，使系统的整体性能价格比得到改善。

（3）提高系统的可靠性

在一个系统中，当某台计算机、某个部件或某个程序出现故障时，必须通过替换资源的办法来维持系统的继续运行，以避免系统瘫痪。而在计算机网络中，各台计算机可彼此互为后备机，每一种资源都可以在两台或多台计算机上进行备份。这样当某台计算机、某个部件或某个程序出现故障时，其任务就可以由其他计算机或其他备份的资源所代替，避免了系统瘫痪，提高了系统的可靠性。

（4）网络分布式处理与均衡负载

所谓网络分布式处理，是指把同一任务分配到网络中地理上分布的结点机上协同完成。

通常，对于复杂的、综合性的大型任务，可以采用合适的算法，将任务分散到网络中不同的计算机上去执行。另一方面，当网络中某台计算机、某个部件或某个程序负担过重时，通过网络操作系统的合理调度，可将其任务的一部分转交给其他较为空闲的计算机或资源去完成。

（5）分散数据的综合处理

网络系统还可以有效地将分散在网络各计算机中的数据资料信息收集起来，从而达到对分散的数据资料进行综合分析处理，并把正确的分析结果反馈给各相关用户的目的。

6．网络协议与网络体系结构

计算机网络是一个非常复杂的系统，因此其体系结构是用分层次的结构设计方法设计出来的。计算机网络的体系结构是计算机网络的各层及其协议的集合。

（1）网络协议

协议（Protocol）是双方为了实现交流而设计的规则。人类社会中到处都有这样的协议，人类的语言本身就可以看成一种协议，只有说相同语言的两个人才能交流。海洋航行中的旗语也是协议的例子，不同颜色的旗子组合代表了不同的含义，只有双方都遵守相同的规则才能读懂对方旗语的含义，并且给出正确的应答。

通过通信信道和网络设备互连起来的不同地理位置的多个计算机系统，要使其能协同工作实现信息交换和资源共享，之间必须具有共同的语言。交流什么、如何交流及何时交流，都必须遵循某种互相都能接受的规则。

网络协议（Protocol）是为进行计算机网络中的数据交换而建立的规则、标准或约定的集合。准确地说，它是对同等实体之间通信而制定的有关规则和约定的集合。

网络协议主要由以下 3 个要素组成：

① 语义（Semarlties）。用于控制信息和数据所代表的含义，是对控制信息和数据的具体解释。语义是解决通信双方之间"讲什么"的问题。

② 语法（Syntax）。涉及数据及控制信息的格式、编码及信号电平等。用于通信双方交换数据和控制信息的格式，如哪一部分表示数据，哪一部分表示接收方的地址等。语法是解决通信双方之间"如何讲"的问题。

③ 定时（Timing）。涉及速度匹配和定序等。详细说明事件是如何实现的。例如，通信如何发起，在收到一个数据后，下一步要做什么。时序是确定通信双方之间"讲"的步骤。

网络协议对计算机网络是不可缺少的，一个功能完备的计算机网络需要指定一整套复杂的协议集。对于结构复杂的网络协议来说，最好的组织方式是层次结构。计算机网络的协议就是分层的，层与层之间相对独立，各层完成特定的功能，每一层都为上一层提供某种服务，最高层为用户提供诸如电子邮件、文件传输、打印等网络服务。

（2）网络的体系结构

网络通信是一个非常复杂的问题，这就决定了网络协议也是非常复杂的。为了减少设计上的错误，提高协议实现的有效性和高效性，近代计算机网络都采用分层的层次结构，就是将网络协议这个庞大而复杂的问题划分成若干较小的、简单的问题，通过"分而治之"，先解决这些较小的、简单的问题，进而解决网络协议这个大问题。

　　在网络协议的分层结构中，相似的功能出现在同一层内；每一层都是建筑在它的前一层的基础上，相邻层之间通过接口进行信息交流；对等层间有相应的网络协议来实现本层的功能。这样网络协议被分解成若干相互有联系的简单协议，这些简单协议的集合称为协议栈。计算机网络的各个层次和在各层上使用的全部协议统称为计算机网络体系结构。

　　类似的思想在人类社会比比皆是。例如邮政服务，用户甲在上海，用户乙在北京，甲要寄一封信给乙。因为甲、乙相距很远，所以将通信服务划分为 3 层实现，如图 6-14 所示。用户、邮局、铁路部门三层，用户负责信的内容，邮局负责信件的处理，铁路部门负责信件的运输。

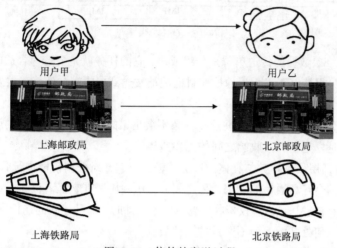

图 6-14　信件的寄送过程

（3）常用计算机网络体系结构

　　计算机网络的协议是按照层次结构模型来组织的，网络层次结构模型与计算机网络各层协议的集合称为网络的体系结构。网络体系结构最常用的分为两种：OSI 体系结构和 Internet 体系结构，它们分别使用 OSI（Open System Interconnection）参考模型和 TCP/IP 参考模型。

　　① OSI 体系结构。国际标准化组织 ISO 于 1978 年提出"开放系统互连参考模型"（Open System Interconnection，OSI），又称 OSI/RM 参考模型。"开放"这个词表示能使任何两个遵守参考模型和有关标准的系统进行互连。

　　OSI 参考模型将整个网络的功能划分为 7 个层次，从低层到高层分别为物理层、数据链路层、网络层、传输层、会话层、表示层和应用层，如图 6-15 所示。OSI 参考模型要求双方通信只能在同级进行，实际通信是自上而下，经过物理层通信，再自下而上送到对等的层次。

　　a. 物理层。位于 OSI 参考模型的最底层，提供一个物理连接，所传数据的单位是比特。

　　其功能是对上层屏蔽传输媒体的区别，提供比特流传输服务。也就是说，有了物理层后，数据链路层及以上各层都不需要考虑使用的是什么传输媒体，无论是用双绞线、光纤，还是用微波，都被看成是一个比特流管道。

　　b. 数据链路层。负责在各个相邻结点间线路上无差错地传送以帧为单位的数据。每一帧包括一定数量的数据和一些必要的控制信息。

　　其功能是对物理层传输的比特流进行校验，并采用检错重发等技术，使本来可能出错的数据链路变成不出错的数据链路，从而对上层提供无差错的数据传输。

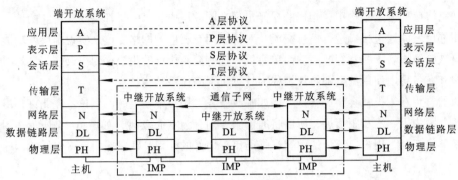

图 6-15 OSI 参考模型

c. 网络层。网络层数据的传送单位是分组或包，它的任务就是要选择合适的路由，使发送端的传输层传下来的分组能够正确无误地按照目的地址发送到接收端，使传输层及以上各层设计时不再需要考虑传输路由。

d. 传输层。在发送端和接收端之间建立一条不会出错的路由，对上层提供可靠的报文传输服务。传输层保证的是发送端和接收端之间的无差错传输。

e. 会话层。会话层虽然不参与具体的数据传输，但它却对数据传输进行管理。

会话层建立在两个互相通信的应用进程之间，组织并协调其交互。例如，在半双工通信中，确定在某段时间谁有权发送，谁有权接收；或当发生意外时（如已建立的连接突然断了），确定在重新恢复会话时应从何处开始，而不必重传全部数据。

f. 表示层。表示层主要为上层用户解决用户信息的语法表示问题，其主要功能是完成数据转换、数据压缩和数据加密。

表示层将要交换的资料从适合于某一用户的抽象语法变换为适合于 OSI 系统内部使用的传送语法。有了这样的表示层，用户就可以把精力集中在他们所要交谈的问题本身，而不必更多地考虑对方的某些特性。

g. 应用层。应用层是 OSI 参考模型中的最高层。应用层确定进程之间的通信性质以满足用户的需要，负责用户信息的语义表示，并在两个通信者之间进行语义匹配。

这就是说，应用层不仅要提供应用进程所需要的信息交换等操作，而且还要作为互相作用的进程的用户代理，来完成一些为进行语义上有意义的信息交换所必需的功能。

② TCP/IP 参考模型。TCP/IP（Transmission Control Protocol/Internet Protocol）是为美国 ARPA 网设计的，目的是使不同厂家生产的计算机能在共同网络环境下运行。目前 Internet 上的计算机均采用 TCP/IP，是互联网中普遍使用的网络协议。Internet 网络结构以 TCP/IP 协议层次模型为核心，共分 4 层结构，从低层到高层分别为网络接口层、网际层、传输层、应用层，如表 6-2 所示。

表 6-2 TCP/IP 参考模型与各层对应的协议

TCP/IP 分层	协 议					OSI 分层
应用层	FTP	Telnet	SNMP	DNS	SMTP	7
传输层	TCP				UDP	4
网际层	IP ICMP IGMP（RIP OSPF）					3

续表

TCP/IP 分层	协 议					OSI 分层
网际层	ARP RARP					3
网络接口层	Ethernet	Token Ring	Frame Relay	ATM	WLAN	2
						1

　　TCP/IP 协议是网络中使用的基本的通信协议，是一系列协议和服务的总集。虽然从名字上看 TCP/IP 包括两个协议——传输控制协议（TCP）和网际协议（IP），但 TCP/IP 实际上是一组协议，包括了上百个各种功能的协议，如远程登录、文件传输和电子邮件（PPP、ICMP、ARP/RARP、UDP、FTP、HTTP、SMTP、SNMP、RIP、OSPF）等协议，而 TCP 协议和 IP 协议是保证数据完整传输的两个最基本的重要协议。通常说 TCP/IP 是指 TCP/IP 协议族，而不单单是 TCP 和 IP。TCP/IP 依靠 TCP 和 IP 这两个主要协议提供的服务，加上高层应用层的服务，共同实现了 TCP/IP 协议族的功能。

　　a. 文件传输协议（FTP）。FTP 允许用户将远程主机上的文件复制到自己的计算机上，是用于访问远程机器的专门协议，它使用户可以在本地机与远程机之间进行有关文件的操作。FTP 工作时建立两条 TCP 连接，一条用于传送文件，另一条用于传送控制。

　　FTP 采用客户/服务器模式，它包含 FTP 客户端和 FTP 服务器。客户启动传送过程，而服务器对其做出应答。客户 FTP 大多有交互式界面，使客户可以方便地上传或下载文件。

　　b. 远程终端访问（Telnet）。Telnet（Remote Login）提供远程登录功能，用户可以登录到远程的另一台计算机上，如同在远程主机上直接操作一样。设备或终端进程交互的方式，支持终端到终端的连接及进程到进程分布式计算的通信。

　　c. 域名服务（DNS）。DNS 是一个域名服务的协议，提供域名到 IP 地址的转换，允许对域名资源进行分散管理。

　　d. 简单邮件传送协议（SMTP）。SMTP（Simple Mail Transfer Protocol）用于传输电子邮件。

　　e. 超文本传输协议（HTTP）。HTTP 用来传送制作的万维网（WWW）网页文件。

　　③ OSI 参考模型与 TCP/IP 参考模型的比较。OSI 参考模型与 TCP/IP 参考模型尽管都采用了层次结构的概念，但两者在层次划分与使用的协议上有很大的区别，如表 6-3 所示。

表 6-3　TCP/IP 与 OSI 参考模型的对比

OSI	TCP/IP
应用层（Application Layer）	应用层（Application Layer）
表示层（Presentation Layer）	
会话层（Session Layer）	
传输层（Transport Layer）	传输层（Transport Layer）
网络层（Internet Layer）	网际层（Internet Layer）
数据链路层（Data Link Layer）	网络接口层（Network Access Layer）
物理层（Physical Layer）	

7. 网络的有关设备介绍

　　网络传输介质指的是用来传输信息的通信线路，作为计算机互连的通信介质可以是有线的，如双绞线、同轴电缆、光纤、电话线等；也可以是无线的，如卫星、微波等。另外，在计算机互联网络中，还需要一定的网络设备，如集线器、网卡、调制解调器、路由器、交换机等硬件设备。

（1）网卡

网卡（Network Interface Card，NIC）也称网络适配器，是连接计算机与网络的硬件设备。网卡上面装有处理器和存储器（包括 RAM 合 ROM）。网卡和局域网之间的通信是通过电缆或双绞线以串行传输方式进行的，而网卡和计算机之间的通信则是通过计算机主板上的 I/O 总线以并行传输方式进行。因此，网卡的一个重要功能就是要进行串行/并行转换。

选购网卡需考虑的几个因素：

① 速度。网卡的速度描述网卡接收和发送数据的快慢，10 Mbit/s 的网卡价格较低，就目前的应用而言能满足普通小型共享式局域网传输数据的要求，考虑性价比的用户可以选择 10 Mbit/s 的网卡；在传输频带较宽的信号或交换式局域网中，应选用速度较快的 100 Mbit/s 网卡。

② 总线类型。常见网卡按总线类型可分为 ISA 网卡、PCI 网卡等。ISA 网卡以 16 位传送数据，标称速度能够达到 10 Mbit/s。PCI 网卡以 32 位传送数据，速度较快。目前市面上大多是 10 Mbit/s 和 100 Mbit/s 的 PCI 网卡。

③ 接口。常见网卡接口有 BNC 接口和 RJ-45 接口（类似电话的接口），也有两种接口均有的双口网卡。接口的选择与网络布线形式有关。在小型共享式局域网中，BNC 接口网卡（见图 6-16）通过同轴电缆直接与其他计算机和服务器相连；RJ-45 接口网卡（见图 6-17）通过双绞线连接集线器，再通过集线器连接其他计算机和服务器。

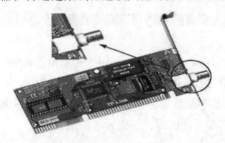

图 6-16　BNC 接口网卡

图 6-17　RJ-45 接口网卡

（2）集线器

集线器（Hub）属于数据通信系统中的基础设备。它和双绞线等传输介质一样，是一种不需任何软件支持或只需很少管理软件管理的硬件设备。它被广泛应用到各种场合。集线器工作在局域网环境，像网卡一样，应用于 OSI 参考模型的第一层，因此又被称为物理层设备。集线器内部采用了电器互连，当维护局域网的环境是逻辑总线或环状结构时，完全可以用集线器建立一个物理上的星形或树形网络结构。在这方面，集线器所起的作用相当于多端口的中继器。其实，集线器实际上就是中继器的一种，其区别仅在于集线器能够提供更多的端口服务，所以集线器又称多口中继器。

选择集线器主要从网络容量考虑端口数（8 口、16 口或 24 口），图 6-18 和图 6-19 所示分别是 8 口和 16 口的集线器。

图 6-18　8 口集线器

图 6-19　16 口集线器

（3）交换机

交换机（Switch）是指按照通信两端传输信息的需要，用人工或者设备自动完成信息的传输。交换机外观上类似集线器，如图 6-20 所示。广义的交换机是指一种在通信系统中完成信息交换功能的设备。通俗地讲，就是一个立交桥，数据沿着指定的或预先知道的路径来传输数据信息。

图 6-20　交换机

交换机和集线器的区别如下：

① 从 OSI 体系结构来看，集线器属于 OSI 的第一层物理层设备，而交换机属于 OSI 的第二层数据链路层设备。这就意味着集线器只是对数据的传输起到同步、放大和整形的作用，对数据传输中的短帧、碎片等无法有效处理，不能保证数据传输的完整性和正确性；而交换机不但可以对数据的传输做到同步、放大和整形，而且可以过滤短帧、碎片等。

② 从工作方式来看，集线器是一种广播模式，也就是说集线器的某个端口工作时其他所有端口都有可能收听到信息，容易产生广播风暴。当网络较大时网络性能会受到很大的影响。交换机工作时只有发出请求的端口和目的端口之间相互响应而不影响其他端口，所以交换机能够隔离冲突域和有效地抑制广播风暴的产生。

③ 从带宽来看，集线器不管有多少个端口，所有端口都共享一条带宽，在同一时刻只能有两个端口传送数据，其他端口只能等待；同时集线器只能工作在半双工模式下。而对于交换机而言，每个端口都有一条独占的带宽，两个端口工作时并不影响其他端口的工作，同时交换机不但可以工作在半双工模式下，也可以工作在全双工模式下。

（4）中继器

中继器是局域网环境下用来延长网络距离的最简单、最廉价的互连设备，操作在 OSI 的物理层，中继器对在线路上的信号具有放大再生的功能。中继器用于扩展局域网网段的长度，仅用于连接相同的局域网网段。中继器如图 6-21 所示。

图 6-21　中继器

（5）网桥

网桥将两个相似的网络连接起来，并对网络数据的流通进行管理。它工作于数据链路层，不但能扩展网络的距离或范围，而且可提高网络的性能、可靠性和安全性。网络 1 和网络 2 通过网桥连接后，网桥接收网络 1 发送的数据包，检查数据包中的地址，如果地址属于网络 1，它就将其放弃，相反，如果是网络 2 的地址，它就继续发送给网络 2。这样可利用网桥隔离信息，将同一个网络号划分成多个网段（属于同一个网络号），隔离出安全网段，防止其他网段内的用户非法访问。由于网络的分段，各网段相对独立（属于同一个网络号），一个网段的故障不会影响到另一个网段的运行。

网桥可以是专门硬件设备，也可以由计算机加装的网桥软件来实现，这时计算机上会安装多个网络适配器（网卡）。

（6）路由器

路由器（Router，见图 6-22）用于连接多个逻辑上分开的网络，所谓逻辑网络是代表一个单独的网络或者一个子网。当数据从一个子网传输到另一个子网时，可通过路由器来完成。因此，路由器具有判断网络地址和选择路径的功能，它能在多网络互连环境中建立灵活的连接，可用完全不同的数据分组和介质访问方法连接各种子网，路由器只接受源站或其他路由器的信息，属于网络层的一种互连设备。它不关心各子网使用的硬件设备，但要求运行与网络层协议相一致的软件。

图 6-22　路由器

（7）网关

网关（Gateway）又称网间连接器、协议转换器。网关在传输层上以实现网络互连，是最复杂的网络互连设备，仅用于两个高层协议不同的网络互连。网关既可以用于广域网互连，也可以用于局域网互连。网关是一种充当转换重任的计算机系统或设备。在使用不同的通信协议、数据格式或语言甚至体系结构完全不同的两种系统之间，网关是一个翻译器。与网桥只是简单地传达信息不同，网关对收到的信息要重新打包，以适应目的系统的需求。同时，网关也可以提供过滤和安全功能。大多数网关运行在 OSI 7 层协议的顶层——应用层。

（8）网络传输介质

网络传输介质是网络中发送方与接收方之间的物理通路，它对网络的数据通信具有一定的影响。常用的传输介质有双绞线、同轴电缆、光纤、无线传输媒介。

网络传输介质是指在网络中传输信息的载体，常用的传输介质分为有线传输介质和无线传输介质两大类。

① 有线传输介质。有线传输介质是指在两个通信设备之间实现的物理连接部分，它能将信号从一方传输到另一方，有线传输介质主要有双绞线、同轴电缆和光纤。双绞线和同轴电缆传输电信号，光纤传输光信号。

a. 双绞线。双绞线简称 TP，将一对以上的双绞线封装在一个绝缘外套中，为了降低信号的干扰程度，电缆中的每一对双绞线一般是由两根绝缘铜导线相互扭绕而成，也因此把它称为双绞线。双绞线分为分为非屏蔽双绞线（UTP）和屏蔽双绞线（STP）。

双绞线适合于短距离通信，如图 6-23 所示。

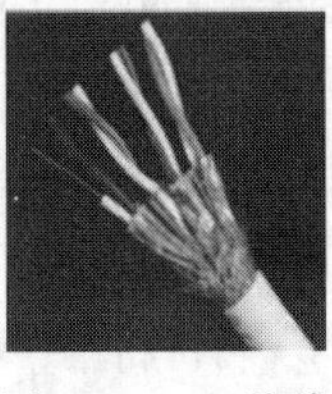

图 6-23　双绞线

双绞线的两端连接 RJ-45 接头，连接方法可以遵循两种标准：EIA/TIA 568A 的标准和 EIA/TIA 568B 的标准。两种标准中双绞线颜色、编号及连接 RJ-45 的引脚号的情况如表 6-4 所示。

直接将双绞线 4 对 8 芯网线按 568A 或者 568B 的顺序插入到 RJ-45 接头中，再用专用压线钳压紧即可。若一根网线的两头分别采用了 568A 和 568B 的标准，则这根网线是交叉线，若网线的两头采用了相同的标准，则是直通线。在这里做的是直通线。

表 6-4 双绞线颜色、编号及连接 RJ-45 的引脚号

RJ-45 引脚号		1	2	3	4	5	6	7	8
EIA/TIA 568B	颜色	橙白	橙	绿白	蓝	蓝白	绿	棕白	棕
	编号	T2	R2	T3	R1	T1	R3	T4	R4
	功能	发送	接收	发送	空	空	接收	空	空
EIA/TIA 568A	颜色	绿白	绿	橙白	蓝	蓝白	橙	棕白	棕
	编号	T3	R3	T2	R1	T1	R2	T4	R4
	功能	发送	接收	发送	空	空	接收	空	空

b. 同轴电缆。同轴电缆由绕在同一轴线上的两个导体组成，具有抗干扰能力强，连接简单等特点，信息传输速度可达每秒几百兆位，是中、高档局域网的首选传输介质，如图 6-24 所示。

同轴电缆由一根空心的外圆柱导体和一根位于中心轴线的内导线组成，内导线和圆柱导体及外界之间用绝缘材料隔开。按直径的不同，可分为粗缆和细缆两种；根据传输频带的不同，可分为基带同轴电缆和宽带同轴电缆两种类型。

c. 光纤。光纤又称为光导纤维，由光导纤维纤芯、玻璃网层和能吸收光线的外壳组成，是由一组光导纤维组成的用来传播光束的、细小而柔韧的传输介质（见图 6-25）。应用光学原理，由光发送机产生光束，将电信号变为光信号，再把光信号导入光纤，在另一端由光接收机接收光纤上传来的光信号，并把它变为电信号，经解码后再处理。与其他传输介质比较，光纤的电磁绝缘性能好、信号衰减小、频带宽、传输速度快、传输距离大。光纤主要用于要求传输距离较长、布线条件特殊的主干网连接，具有不受外界电磁场的影响、无限制的带宽等特点，可以实现每秒几十兆位的数据传送，尺寸小、重量轻，数据可传送几百千米，但价格昂贵。

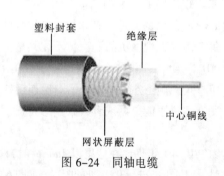

塑料封套　绝缘层
中心铜线
网状屏蔽层

图 6-24 同轴电缆　　　　　图 6-25 光纤

② 无线传输介质。利用无线电波在自由空间的传播可以实现多种无线通信。在自由空间传输的电磁波根据频谱可分为无线电波、微波、红外线、激光等，信息被加载在电磁波上进行传输。

无线传输的主要形式有无线电频率通信、红外线通信、微波通信和卫星通信。

思考与练习

① 什么是计算机网络？计算机网络是如何分类的？计算机网络的功能是什么？

② 什么是计算机网络协议？常用的计算机网络体系结构有哪些？简述其工作原理。

③ 常用的计算机网络设备有哪些？

任务二 局域网的设置及其应用

任务要求

对构建成的局域网进行网络设置与软、硬件资源的共享。

任务分析

在配置局域网之前首先要检查联网的各台计算机的配置，确定做好以下准备工作：

① 所有计算机已安装好网卡及其驱动，并确保网络线路连通。

② 每台计算机安装有 TCP/IP 协议、IE 8 以上的微软浏览器。

③ 主机采用 Windows 7 以上的操作系统，这里使用 Windows 7 操作系统。

为实现上述任务要求，需要完成以下工作：

① 设置网络适配器。

② 设置共享资源。

任务实现

1. 设置网络适配器

① 打开"网络和共享中心"窗口，单击"更改适配器"设置，打开"网络连接"窗口，右击"本地连接"图标，选择"属性"命令，打开"本地连接 属性"对话框。

② 要将计算机连接到网络，必须在机器上安装相应的网络组件。"Microsoft 网络客户端""Microsoft 网络的文件和打印机共享"等组件，用于实现不同的网络的功能。安装了"Microsoft 网络客户端"组件，计算机才能访问网络资源；"Microsoft 网络的文件和打印机共享"组件可以使其他计算机能够通过网络访问本机的文件和打印机等资源，否则本机的资源将不能共享。要将计算机连接到 Internet，必须安装"Internet 协议（TCP/IP）"组件，并进行相应的配置。

③ 如果选择"连接后在通知区域显示图标"复选框，则任务栏中将显示本地连接的图标；选择"此连接被限制或无连接时通知我"复选框，则在本机不能上网或者被限制时将提示信息显示在任务栏。

④ 双击"Internet 协议版本 6（TCP/IPv6）/4（TCP/IPv4）组件，在这里以 Internet 协议版本 4（TCP/IPv4）为例，打开"Internet 协议 4（TCP/IPv4）属性"对话框，进行 IP 地址的配置，如图 6-6 所示。

⑤ 配置好 IP 地址后，可以利用 ping 命令检查配置是否成功。

Ping 命令的格式：Ping 要连接的主机的 IP 地址或域名。

选择"开始"→"运行"命令，弹出"运行"对话框，在"打开"文本框中输入上述的命令格式，检查本机是否能与 IP 地址上计算机进行通信。

2. 设置共享资源

要设置文件夹和打印机的共享，首先允许文件和打印机共享。在"控制面板"窗口中双击"Windows 防火墙"图标，在打开的窗口中选中"允许的程序"，在"允许程序通过 Windows 防火墙通信"的列表中选中"文件和打印共享"复选框。然后在"网络和共享中心"窗口，单击"更改高级共享设置"超链接，打开"高级共享设置"窗口，如图 6-26 所示。

图 6-26 "高级共享设置"窗口

在"网络发现"中，选择"启用网络发现"单选按钮；在"文件和打印机共享"中，选择"启用文件和打印机共享"单选按钮。

（1）设置共享文件夹

① 打开"计算机"或 Windows 资源管理器窗口，在设置共享的文件夹上右击，在弹出的快捷菜单中选择"属性"命令，此时屏幕上会弹出选中对象的属性对话框。在该对话框中，选择"共享"选项卡，如图 6-27 所示。

② 单击"共享"按钮，弹出文件共享对话框，如图 6-28 所示，添加"Guest"（注释：选择"Guest"是为了降低权限，以方便于所有用户都能访问），单击"共享"按钮。

图 6-27 文件夹属性对话框

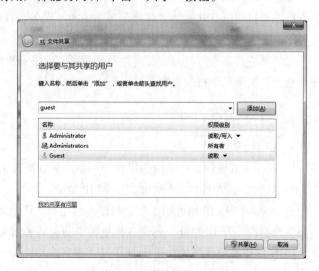

图 6-28 "文件共享"对话框

③ 单击"高级共享"按钮，选择"共享此文件"复选框"确定"按钮，如图 6-29 所示。其他用户，通过在"运行"对话框中输入 IP 可访问共享的文件。

（2）设置共享驱动器

① 在桌面上双击"计算机"图标，打开"计算机"窗口。

② 右击要设置成共享的驱动器的图标，如驱动器 D，在弹出的快捷菜单中单击"属性"命令，弹出图 6-30 所示的对象的属性对话框。

图 6-29 "高级共享"对话框

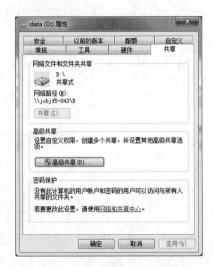

图 6-30 本地磁盘（D:）属性对话框

③ 选择"共享"选项卡，单击"共享"按钮。

④ 单击"高级共享"按钮，选择"共享此文件夹"复选框，设置共享名权限等。

（3）共享本地打印机

如果要使自己的计算机上的打印机能供网络中的其他用户使用，就需要将其设置为共享打印机。设置共享打印机的操作步骤与共享文件夹的操作步骤类似，只不过共享文件夹打开的是计算机，而共享打印机打开的是"开始"菜单中的"设备和打印机"命令。

（4）安装网络共享打印机

安装网络共享打印机与安装本地打印机类似。在安装打印机向导中，原来选择"本地打印机"现在选为"网络打印机"即可。

🪩 拓展与提高

1. IP 地址

Internet 由数量众多的不同网络和不同类型的计算机组成。在 Internet 信息传递过程中，需要给 Internet 上的计算机命名一个地址，即 IP 地址。

在 Internet 中，IP 地址用于唯一指定某台主机。这个地址在全世界是唯一的。在 Internet 上进行信息交换离不开 IP 地址，就像日常生活中朋友间通信必须知道对方的通信地址一样。

按照 TCP/IP 协议规定，IP 地址用二进制来表示，每个 IP 地址长 32 位，换算成字节，就是 4 个字节。例如一个采用二进制形式的 IP 地址是"00001010000000000000000000000001"，这么长的地址，人们处理起来也太费劲。为了方便人们的使用，IP 地址经常被写成十进制的形式，中间使用符号"."分开不同的字节。于是，上面的 IP 地址可以表示为"10.0.0.1"。IP 地址的这种表示法叫做"点分十进制表示法"，这显然比 1 和 0 容易记忆得多。IP 地址是一种具有层次结构的地址，它由网络号和主机号两部分组成。网络号用来区分 Internet 上互连的网络，主机号用来区分同一网络上的不同计算机（即主机）。通常，IP 地址分为 A、B、C、D、E5 类，如图 6-31 所示。

A 类：	|0|+ 网络号7位+主机号24位	0.0.0.0 ——127.255.255.255
B 类：	|1 0|+ 网络号14位+主机号16位	128.0.0.0—191.255.255.255
C 类：	|1 1 0|+ 网络号21位+主机号8位	192.0.0.0—223.255.255.255
D 类：	|1 1 1 0|+ 网络号28位多播组号	224.0.0.0—239.255.255.255
E 类：	|1 1 1 1 0 |+27位留待后用	

图 6-31　IP 地址及其地址分类

A 类网：网络号为 1 个字节，定义最高比特为 0，余下 7 比特为网络号，主机号则有 24 比特编址。用于超大型的网络，每个网络有 16 777 216（2^{24}）台主机（边缘号码如全"0"或全"1"的主机有特殊含义，这里没有考虑）。全世界总共有 128（2^{7}）个 A 类网络，早已被瓜分完了。A 类地址的子网掩码位为 255.0.0.0。

B 类网：网络号为 2 字节，定义最高比特为 10，余下 14 比特为网络号，主机号则可有 16 比特编址。B 类网是中型规模的网络，总共有 16 384（2^{14}）个网络，每个网络有 65 536（2^{16}）台主机（也忽略边缘号码）。B 类地址的子网掩码位为 255.255.0.0。

C 类网：网络号为 3 字节，定义最高 3 比特为 110，余下 21 比特为网络号，主机号仅有 8 比特编址。C 类地址适用的就是较小规模的网络了，总共有 2 097 152（2^{21}）个网络号码，每个网络有 256（2^{8}）台主机（忽略边缘号码）。C 类地址的子网掩码位为 255.255.255.0。

D 类网：不分网络号和主机号，定义最高 4 比特为 1110，表示一个多播地址，即多目的地传输，可用来识别一组主机。

E 类地址，暂未使用。

以上 IP 地址结构又称 IPv4，由于 IPv4 地址性能、安全性和分配不足等原因，把 32 位地址空间扩展到了 128 位的 IPv6 的地址结构。

IPv6 地址用一个 128 位的二进制数表示，分成 8 组十六进制数字段，表示成 S:T:U:V:W:X 形式，每组字段数字在 0000H ~ FFFFH 之间，中间用":"隔开。

2．局域网中的几个概念

（1）网络地址和广播地址

组建局域网时还要注意，IP 地址范围的两个边界地址被保留为该局域网的网络地址和广播地址。应用程序可以使用网络地址来表示整个本地网络，而广播地址则可用来将同样的消息同时发送给网络上所有主机。

例如，要使用的地址范围为 192.168.1.0～192.168.1.128，则第一个 IP 地址（192.168.1.0）被保留为网络地址，而最后一个地址（192.168.1.128）被保留成广播地址。因此，给这个局域网上的计算机分配 IP 地址时，只能在 192.168.1.1～192.168.1.127 之间选择。

（2）子网掩码

局域网上的每个主机都有一个子网掩码。例如，子网掩码 255.255.255.0 可以用来决定主机所处的局域网，子网掩码最后的 0 则决定该主机在局域网中的位置。

（3）DNS 服务器

DNS 服务器负责解析工作站向主机发出的 IP 地址查询请求，把域名"翻译"成相应的 IP 地址。设置 DNS 服务器时，必须在 DNS 管理器中添加 DNS 服务器，输入主机名或 IP 地址均可。

（4）主机名

组建局域网时的另一个重要步骤是为局域网上所有的计算机分配主机名。为了识别局域网中的主机，主机名必须是唯一的。同时，主机名也不能包含空格或标点符号。例如 Morpheus、Trinity、Tank、Oracle 以及 Dozer 这 5 个名字都是合法的主机名，可以将它们分配给局域网上的 5 个主机。此外，选择主机名时还有一些技巧，例如，简短的主机名能够减少录入量、容易记忆的名字便于日后通信。

局域网上所有的主机都应当拥有同样的网络地址、广播地址、子网掩码和域名，因为这些地址标志出一个局域网的全部内容。局域网上所有的计算机都各拥有一个主机名和 IP 地址作为识别它们的唯一标志。若某个局域网的网络地址是 192.168.1.0，广播地址是 192.168.1.128。则其他主机的 IP 地址就在 192.168.1.1～192.168.1.127 之间。

3．IP 地址的分配

在局域网中分配 IP 地址的方法有两种。可以为局域网上所有主机都手工分配一个即静态 IP 地址；也可以使用一个特殊服务器来动态分配，即当一个主机登录到网络上时，服务器就自动为该主机分配一个即动态 IP 地址。

（1）静态 IP 地址分配

静态 IP 地址分配意味着为局域网上的每台计算机都手工分配唯一的 IP 地址。同一局域网中所有主机 IP 地址的前三个字节都相同，但最后一个字节却是唯一的。并且，每个计算机都必须分配一个唯一的主机名。局域网上的每个主机将拥有同样的网络地址（192.168.1.0）、广播地址（192.168.1.128）、子网掩码（255.255.255.0）和域名。最好在分配时记录下局域网上所有主机的主机名和 IP 地址，以便日后扩展网络时参考。

（2）动态 IP 地址分配

动态 IP 地址分配通过 DHCP（Dynamic Host Configuration Program，动态主机配置程序）服务器或主机来完成，当计算机登录到局域网上时，DHCP 服务器就会自动为它分配一个唯一的 IP 地址。路由器可以看作是一个 DHCP 设备的例子，它的一端充当以太网集线器，另一端则可以连接到互联网上。另外，DHCP 服务器也需要分配网络和广播地址。在动态分配 IP 地址的网络系统中，不需要手工分配主机名和域名。

4．域名系统

由于数字形式的 IP 地址难以记忆和理解，为此引入一种字符型的主机命名机制——域名系统，用来表示对应主机的 IP 地址。

（1）域名系统 DNS

域名系统主要由域名空间的划分、域名管理和地址转换 3 部分组成。

TCP/IP 采用分层结构方法命名域名，使整个域名空间形如一个倒立的分层树形结构，每个结点上都有一个名字。一台主机的名字就是该树形结构从树叶到树根路径上各个结点名字的一个序列，如图 6-32 所示。

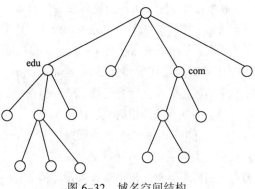

域名的写法类似于点分十进制的 IP 地址写法，用点号将各级子域名分隔开来，域的层次次序由右到左（即由高到低或由大到小），分别称为顶级域名、二级域名、三级域名等。典型的域名结构为主机名.单位名.机构名.国家或地区名。

图 6-32 域名空间结构

例如，域名 www.wuyiu.edu.cn 表示中国（cn）教育机构（edu）武夷学院（wuyiu）校园网上的一台主机（www）。

Internet 上几乎在每一子域都设有域名服务器，服务器中包含有该子域的全体域名和对应 IP 地址信息。Internet 中每台主机上都有地址转换请求程序，负责域名与 IP 地址之间的转换。域名与 IP 地址的转换工作称为域名解析，整个过程是自动进行的。有了域名系统 DNS，凡域名空间中有定义的域名都可以有效地转换成 IP 地址，反之，IP 地址也可转换成域名。因此，用户可以等价地使用域名或 IP 地址。

（2）顶级域名

为了保证域名系统的通用性，Internet 规定了一些正式的通用标准，分为区域名和类型名两类。区域名用两个字母表示国家和地区，如表 6-5 所示。

表 6-5　以国别或地区区分的域名

域	含 义	域	含 义	域	含 义
au	澳大利亚	gb	英国	nl	荷兰
br	巴西	in	印度	nz	新西兰
ca	加拿大	jp	日本	pt	葡萄牙
cn	中国	kr	韩国	se	瑞典
de	德国	lu	卢森堡	sg	新加坡
es	西班牙	my	马来西亚	us	美国
fr	法国				

机构域名共有 14 个，如表 6-6 所示。

表 6-6　机构域名

域 名	意 义	域 名	意 义	域 名	意 义
com	商业类	edu	教育类	gov	政府部门
int	国际机构	mil	军事类	net	网络机构
org	非营利性组织	arts	文化娱乐	arc	康乐活动
firm	公司企业	info	信息服务	nom	个人
stor	销售单位	web	与 WWW 有关单位		

在域名中，除了美国的顶级域名代码 us 可省略外，其他国家或地区的主机若要按区域型申请登记域名，则顶级域名必须先采用该国家或地区的域名代码后再申请二级域名。按类型名登记域名的主机，其地址通常源自于美国（俗称国际域名，由美国商业部授权的国际域名及 IP 地址分配机构 ICANN 负责注册和管理）。例如，cernet.edu.cn 表示一个在中国登记的域名，而 163.com 表示该网络的域名是在美国登记注册的，但网络的物理位置在中国。

（3）中国互联网络的域名体系

中国互联网络的域名体系顶级域名为 cn。二级域名共 40 个，分为类别域名和行政区域名两类，其中类别域名共 6 个，如表 6-7 所示。行政区域名 34 个，对应我国的各省、自治区和直辖市，采用两个字符的汉语拼音表示。例如，bj 表示北京市，sh 表示上海市，fj 表示福建省等。

表 6-7　中国互联网络二级域名

域　名	意　义	域　名	意　义	域　名	意　义
ac	科研机构	edu	教育机构	net	网络机构
com	商业机构	gov	政府部门	org	非赢利性组织

中国互联网络信息中心（CNNIC）作为我国的国家顶级域名 cn 的注册管理机构，负责 cn 域名根服务器的运行。

5. 网络的连通性测试

网络配置好后，测试它是否畅通是十分必要的。通常可采用 Windows 中的 Ping 命令来检查网络是否连通，其命令格式为"Ping 目标计算机的 IP 地址或计算机名"。

常用的检测方法有 4 种。

（1）检查本机的网络设置是否正常

① Ping 127.0.0.1。

② Ping localhost。

③ Ping 本机的 IP 地址。

④ Ping 本机的计算机名。

（2）检查本机与相邻计算机是否连通

命令格式：Ping 相邻计算机的 IP 地址或计算机名。

（3）检查本机到默认网关是否连通

命令格式：Ping 默认网关 IP 地址。

（4）检查本机到 Internet 是否连通

命令格式：Ping Internet 上某台服务器的 IP 地址或域名。

说明：① Ping 命令自动向目标计算机发送一个 32 B 的测试数据包，并计算目标计算机的响应时间。该过程默认情况下独立进行 4 次，并统计 4 次的发送情况，响应时间低于 400 ms 为正常，超过 400 ms 则较慢。

② 如果 Ping 返回 request time out 信息，意味着目标计算机在 1 s 内没有响应。若返回 4 个 request time out 信息，则说明该计算机拒绝 Ping 请求。

③ 在局域网内执行 Ping 不成功，可能故障出现在以下几个方面：网络是否连通、网卡配置是否正确、IP 地址是否可用等；如果 Ping 成功而网络无法使用，则问题可能出在网络系统的软件

配置方法上。

思考与练习

① 如何 IP 地址？

② 如何设置网络打印机？

③ IP 地址的含义是什么？它是如何划分的？

④ 如何设置文件夹的共享以及使用共享的资源？

任务三　资料搜索与下载

上网需要在计算机上安装浏览器。浏览器软件是一种可以检索、展示 WWW 信息资源，让用户实现网络应用的平台。用户可以使用集成在 Windows 中的 IE 浏览器连接到 Internet，也可以使用其他浏览器访问互联网上的计算机资源信息。

任务要求

上网搜索、浏览、查阅、保存自己所需的资料。

任务分析

为了实现上述的任务要求，需要完成以下工作：

① 启动 IE 浏览器。

② 浏览网页。

③ 保存网页。

④ 利用搜索引擎搜索信息资源。

⑤ 下载文件。

⑥ 使用 FTP 上传文件。

任务实现

1. 启动 Internet Explorer

Internet Explorer 是操作系统自带的浏览器软件，简称 IE。可在桌面上双击 IE 快捷图标或单击快速启动栏工具中的 IE 快捷图标，即可启动 Internet Explorer。此外还可通过"开始"→"所有程序"菜单启动 Internet Explorer。Internet Explorer 启动后将可进入预先设定的主页（可能为空，也可以重新设置），如图 6-33 所示。

2. IE 窗口及其组成

IE 浏览器和其他 Windows 的窗口组成大致相同，主要包括地址栏、标签栏、菜单栏、收藏夹栏、命令栏、常用工具按钮、浏览区和状态栏。表 6-8 描述了 Internet Explorer 的常用按钮及用途。菜单栏、收藏夹栏、命令栏和状态栏可以显示或隐藏，右击标签栏空白处，在弹出的快捷菜单中可选择相应命令将其显示或隐藏。

图 6-33　Internet Explorer 窗口

表 6-8　Internet Explorer 工具栏按钮及用途

按　　钮	用　　　　途
后退	移到上次查看过的 Web 页
前进	移到下一个 Web 页
停止✕	停止 Web 页下载
刷新C	更新当前显示 Web 页（重新下载当前显示的页面）
转至➜	在地址栏输入地址后，打开这个地址的网页
主页	跳转到主页
搜索𝒫	搜索 Web 页
收藏☆	查看收藏夹、源和历史记录
历史	工具

3．浏览 Internet

（1）正常浏览网页

启动 IE 后，要浏览 Internet 上的网页，首先要在地址栏输入 Web 站点的 URL 地址（或 IP 地址），然后按【Enter】键。也可单击地址栏右侧黑三角箭头 "▾"，从弹出的地址列表中选择曾经访问过的 Web 地址。

地址栏中输入的 URL 地址，准确地描述了信息所在的位置，其格式为 "（数据传输协议名）://<Internet 服务器域名地址>/<路径及文件名>"。

例如，http://news.sina.com.cn/z/snow2009/index.shtml，"www.sina.com" 中包含该站点各类资源的分类名称，通过相应的超链接即可访问感兴趣的内容。

在浏览 Web 页时，那些带下画线的文本或与周围文字颜色明显不同的文本都是超链接，另外一些图标或图像也被设计为超链接，将鼠标指针移到超链接文本或图形上时，鼠标指针变为手的形状🖑，此时单击即可进入其指向的 Web 页。WWW 上的信息资源相当丰富，而且时效性强，还有丰富的图像、声音、视频等多媒体信息。

（2）快速进入网站

在 IE 浏览器的地址栏中输入网址，例如 "http://www.tyutyqc.edu.cn"。在输入的过程中，地址栏会自动显示出部分网址，这些显示出来的网址都是以前浏览过的，并且与现在正在输入的网址相匹配。选定相应的网址，按【Enter】键就能打开网页。

（3）使用超链接

① 如图 6-34 所示，将鼠标指针指向 "澳际全球名校留学专家"，当鼠标指针变成小手形状时单击，IE 就可以打开新的一页，从中可以查看有关内容。

② 观察地址栏发生的变化，发现已经跳到了另一页。

图 6-34 使用超链接

（4）快速访问 Web 站点

浏览了一段时间网页后，如果遇到一些喜欢的 Web 站点或者需要经常访问的 Web 站点，可以保存这些网址，以便以后能够快速地访问这些站点。

IE 浏览器提供了 4 种站点快速访问方式：将 Web 页设置为主页、使用链接栏、使用收藏夹和使用历史记录。通过它们可以保存曾经访问过的 Web 站点地址，并为快速找到自己要访问的站点提供方便。

① 将 Web 页设置为主页。

a. 在网上找到要设置为主页的 Web 页。

b. 单击 "工具" → "Internet 选项" 命令，打开 "Internet 选项" 对话框。

c. 选择 "常规" 选项卡，如图 6-35 所示，在 "主页" 选项区域中单击 "使用当前页" 按钮。

图 6-35 "常规" 选项卡

说明：主页是每次打开 IE 浏览器时默认显示的 Web 页。如果经常访问某一个站点，就可以将这个站点设为主页。这样，以后每次启动 I E 浏览器时，该站点就会第一个显示出来，或者在单击工具栏的 "主页" 按钮时立即显示。

② 使用链接栏。

a. 单击 "查看" → "工具栏" → "链接" 命令，打开链接栏。

b. 或者右击菜单栏或工具栏，在弹出的快捷菜单中选择"链接"命令，打开"链接"工具栏，如图 6-36 所示。

图 6-36 "链接"工具栏

c. 在地址栏中，将鼠标指针指向网址前面的网页图标，然后按住鼠标左键拖动到链接栏上时释放鼠标，将该网址添加到链接栏上。

说明：添加时，工具栏必须处于"非锁定"状态：单击"查看"→"工具栏"命令，在弹出的子菜单中，观察"锁定工具栏"命令前面是否有"√"。如果有，表示工具栏处于"锁定"状态，单击"锁定工具栏"命令，去掉其前面的"√"。

③ 使用收藏夹.

a. 将 Web 页添加到收藏夹。

● 找到要添加到收藏夹列表的 Web 页，单击"收藏"→"添加到收藏夹"命令。

● 或者单击工具栏上的"收藏夹"按钮，弹出的列表如图 6-37 所示。单击其标题栏上的"添加"按钮，弹出"添加到收藏夹"对话框，如图 6-38 所示。

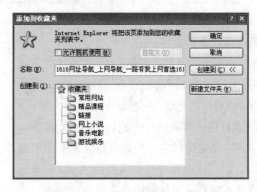

图 6-37 "收藏夹"列表　　　图 6-38 "添加到收藏夹"对话框

● 在"名称"文本框中显示了当前 Web 页的名称，或者直接输入一个新的 Web 页名称。

● 在"创建到"列表框中选定目标文件夹，单击"创建到"按钮。

● 或者单击"新建文件夹"按钮，弹出"新建文件夹"对话框，如图 6-39 所示。

● 在"文件夹名"文本框中输入文件夹名"学习网站"，单击"确定"按钮。返回"添加到收藏夹"对话框。单击"确定"按钮。

b. 整理收藏夹。

● 单击"收藏"→"整理收藏夹"命令，或者单击"收藏夹"列表标题栏上的"整理"按钮，弹出"整理收藏夹"对话框，如图 6-40 所示。

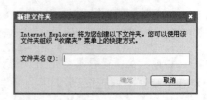

图 6-39 "新建文件夹"对话框

- 单击"创建文件夹"按钮，在列表中创建新文件夹，将添加的网站名称按类放到相应文件夹中。
- 在列表中选定需要放入文件夹的网站名称，单击"移至文件夹"按钮，弹出"浏览文件夹"对话框，如图 6-41 所示。在其中选定一个文件夹，单击"确定"按钮。

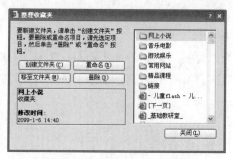

图 6-40 "整理收藏夹"对话框

图 6-41 "浏览文件夹"对话框

- 在列表中选定一个文件夹或网站名称，单击"重命名"按钮，更改文件夹或页面的名称。
- 在列表中选定一个文件夹或网站名称，单击"删除"按钮，删除不用的文件夹或页面。

c. 使用收藏夹。

单击"收藏"→"精品课程"文件夹，或者单击工具栏上的"收藏夹"按钮 ，打开"收藏夹"列表，在列表中单击要访问的 Web 站点，打开要浏览的网页。

④ 使用历史记录。

a. 打开历史记录。单击工具栏上的"历史"按钮，打开"历史记录"列表，单击星期名称中的选项"今天"，将其展开。单击"网址"文件夹将其展开，其中显示了各个 Web 页，单击 Web 页图标，打开该 Web 页。

b. 排序历史记录。

- 单击"历史记录"标题栏中"查看"旁边的下三角按钮，打开下拉菜单，如图 6-42 所示。
- 单击"按日期"命令，Web 站点按访问时间顺序进行排列。

c. 更改在历史记录列表中保留 Web 页的天数。

- 单击"工具"→"Internet 选项"命令，弹出"Internet 选项"对话框。
- 在"历史记录"选项区域中，调整"网页保存在历史记录中的天数"数值框中的数值为"6"，如图 6-43 所示。

说明：在数值框中指定的天数越多，保存该信息所需的磁盘空间就越大。

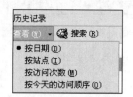

图 6-42 "查看"下拉菜单

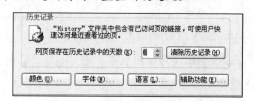

图 6-43 "历史记录"选项区域

4. Web 信息的保存

浏览 Web 页时，通常会找到许多有用的信息，可以将这些信息保存起来，以便日后使用。可以保存整个 Web 页，或者只保存其中的部分内容（如文本、图片或链接等）。

（1）将正在浏览的网页保存到磁盘中

① 在当前网页中单击"文件"→"另存为"命令，弹出"保存网页"对话框，如图 6-44 所示。

② 在"保存在"下拉列表中选择保存 Web 页的文件夹。

③ 在"文件名"下拉列表中输入 Web 页的名称。

④ 在"保存类型"下拉列表。选择文件类型为"网页，全部（*.htm;*.html）"。

⑤ 单击"保存"按钮，弹出"保存网页"对话框，如图 6-45 所示显示了保存网页的进度。

图 6-44　"保存网页"对话框

图 6-45　"保存网页"对话框

（2）保存网页中的图形

① 右击图形对象，在弹出的快捷菜单中选择"图片另存为"命令，如图 6-46 所示。

② 弹出"保存图片"对话框，如图 6-47 所示。

图 6-46　选择"图片另存为"命令　　　　图 6-47　"保存图片"对话框

③ 在对话框中选择保存类型、输入文件名、选择保存位置，单击"保存"按钮。

（3）保存文字

① 打开网页。

② 拖动鼠标选定需要保存的文字内容，使其呈高亮选定状态，如图 6-48 所示。

③ 在选定内容上右击，在弹出的快捷菜单中选择"复制"命令，如图 6-49 所示。

图 6-48 选定文字内容

图 6-49 选择"复制"命令

④ 打开文字编辑软件(记事本或 Word 2010 等),在其中的工作区右击,在弹出的快捷菜单中选择"粘贴"命令,如图 6-50 所示。

⑤ 单击"文件"→"保存"命令。

5. 利用搜索引擎搜索信息资源

搜索引擎是用来搜索网上资源,提供所需信息的工具。它通过分类查询方式或主题查询方式获取特定的信息,当用户查找某个关键词时,所有的页面内容中包含了该关键词的网页都将作为搜索结果被展示出来。在经过复杂的算法排序后,将结果按照与搜索关键词的相关

图 6-50 在 Word 2010 中粘贴

性依次排列,呈现给用户的是到达这些网页的超链接。常见搜索引擎如表 6-9 所示。

表 6-9 常见搜索引擎

搜索引擎名称	URL 地址	说 明
百度	http://www.baidu.com	全球最大的中文搜索引擎
Google	http://www.google.hk	全球最大的搜索引擎
中国雅虎全能搜索	http://www.yahoo.cn	一个涵盖全球 120 多亿网页的强大数据库
搜狗	http://www.sogou.com	搜狐公司推出的全球首个第三代互动式中文搜索引擎
SOSO	http://www.soso.com	QQ 推出的独立搜索网站
有道	http://www.yodao.com	网易自主研发的搜索引擎

Baidu 搜索引擎就是广泛使用的搜索引擎之一。

(1)搜索网页

打开 IE 浏览器,打开百度网站, 在文本框中输入需要搜索的关键字"计算机应用",单击文本框右边的"百度一下"按钮,出现搜索结果页面。搜索的结果很多,这些结果会分页显示。 单击相应的页码超链接,显示其他页的搜索结果。

（2）搜索图片

打开百度网页,在文本框上方单击"图片"超链接,在文本框中输入要查找的信息关键字"CPU",单击"百度一下"按钮,显示搜索结果,可以看到搜索的结果均为图片。单击需要的图片超链接,在新窗口中显示新的图片网页。搜索多媒体资料的操作与搜索图片类似。

6．下载文件

如果网页中的文字和图片比较小,采用前面讲到的知识进行保存即可。如果文件比较大,就要采用下载功能。

（1）音频的下载

以 MP3 音乐为例, 首先找到音乐下载地址, 比如打开 www.baidu.com 网页, 单击"音乐"选项, 在搜索栏中输入"致青春", 在出现的页面中单击歌曲名, 出现音乐的链接地址, 单击"下载"按钮对话框。选择保存路径, 单击"保存"按钮, 音乐文件开始下载至完毕。

（2）视频的下载

以优酷网为例, 先把要保存的视频缓冲完毕, 单击"工具"→"Internet 选项"命令, 弹出如图 6-51 所示的对话框。单击"设置"按钮, 在弹出的对话框中, 单击"查看文件"按钮, 打开临时文件夹窗口, 如图 6-52 所示。临时文件夹的默认路径为 C:\Users\Administrator\AppData\Local\Microsoft\Windows\Temporary Internet Files。在空白处右击, 按大小排列图标的方式排列文件, 因为视频较大, 按大小排序后, 容易找到。优酷网视频扩展名为.mp4, 可以根据扩展名判别是否是要保存的文件, 复制视频文件, 粘贴到本地计算机即可。

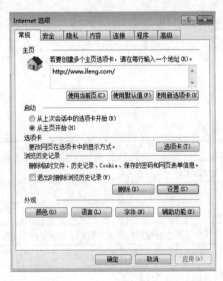

图 6-51　"Internet 选项"对话框

图 6-52　Internet 临时文件夹窗口

（3）使用迅雷下载资源

在下载高清电影和电视剧时, 使用普通的下载方式效率很低, 而通过迅雷下载, 各种数据文件能够以较快的速度进行传输下载。迅雷还兼容目前各种下载方式。

进入电影天堂, 站内搜索到想要下载的电影, 比如《北京遇上西雅图》, 单击相关下载地址, 如图 6-53 所示。

【下载地址】

ftp://dygod1:dygod1@d079.dygod.org:9086/[电影天堂-www.dy2018.net].北京遇上西雅图.BD.720p.mkv

图 6-53 下载地址

单击此下载地址后，系统弹出迅雷下载对话框，如图 6-54 所示。选择本地机的下载文件路径之后，单击立即下载，已经安装好的迅雷下载工具将自动打开，并开始进行磁盘空间检测，如果磁盘空间足够大，迅雷将开始下载文件，并在对话框中显示下载速度等信息，如图 6-55所示。

图 6-54 迅雷下载对话框　　　　　　图 6-55 迅雷下载窗口

7. 认识不同的下载方式

互联网上有很多可以下载各种资源的站点。在这些站点下载文件时，用户可以根据需要选择不同的方式下载，下面介绍 HTTP、FTP、P2P 的相关知识。

（1）HTTP 下载

HTTP 是一种将位于全球各个地方的 Web 服务器中的内容发送给不特定的各种用户而制定的协议。也可以把 HTTP 看作向不特定各种用户"发放"文件的协议。

HTTP 使用方式是使用 Web 浏览器或其他工具从 Web 服务器读取制定的文件，如果使用的是 Web 浏览器，同时 Web 浏览器发现所读取的文件是 HTML 的网页文件或可显示的图像文件等，浏览器会在自己的窗口上把该文件的内容显示出来，否则会提示用户保存该文件到计算机中。

（2）FTP 下载

FTP（File Transfer Protocol）是 TCP/IP 协议簇中的协议之一，用来在计算机之间传输文件。它允许用户从远程计算机中获取文件，或将本地计算机中的文件传到远程计算机，并且文件的类型不限，可以是文本文件也可以是二进制可执行文件、声音文件、图像文件、数据压缩文件等。在进行工作前必须首先登录到对方的计算机上，登录后才能进行文件的搜索和文件传送的有关操作。在进行文件传输时，远程计算机会要求用户输入有效的账号和口令，检验无误后才允许操作。但是，许多公司为了公开发布信息，在网上设置"匿名(Anonymous)FTP"服务器，允许任何用户通过 Internet 下载该服务器中的公用文件。

例如，使用 FTP 上传和下载。操作步骤如下：

① 启动 IE 浏览器。

② 在地址栏中输入要访问的 FTP 服务器地址（如 ftp：//192.168.0.1），按【Enter】键，如果不允许匿名登录，需要输入用户名和密码，登录后显示 FTP 服务器上的文件。

③ 如果是上传本机的文件到服务器，只需先在本机复制该文件，然后在 IE 窗口中右击，在弹出的快捷菜单中选择"粘贴"命令。如果要从服务器下载文件到本机，只需在 IE 窗口中选择需要下载的文件右击，选择"复制"命令，然后在本机磁盘中粘贴该文件。

（3）P2P 下载

P2P（Point to Point）是点对点下载的意思，是用户在下载对方文件的同时也向对方上传所需的文件，直接将两个用户连接起来，让人们通过互联网直接交互，使共享和互联沟通变得更加方便，无须专用服务器，消除了中间环节。另外，如果下载同一资源的人越多，P2P 下载的速度就越快，相反，如果采用 FTP 的方式下载，人越多，速度就越慢。

8．使用 FTP 上传文件

在访问网络时，不但可以使用 IE 浏览器下载文件，还可以使用 IE 浏览器上传文件。

① 打开 IE 浏览器，在地址栏中输入 FTP 服务器的地址，例如输入"FTP://"。或者单击"开始"→"运行"命令，在"运行"对话框中输入"ftp:// xxx.xxx.xxx.xxx"。

② 在确认输入无误后按【Enter】键，IE 浏览器自动连接到 FTP 服务器，在其中输入用户名和密码，即可将文件上传至 FTP 服务器。

③ 可以使用 CuteFTP 或者 8uFTP 等工具软件进行文件的上传下载。CuteFTP 如图 6-56 所示。在主机后输入 FTP 的 IP 地址，输入用户名和密码，按【Enter】键即进入 FTP。

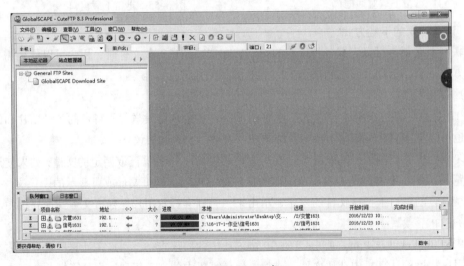

图 6-56　CuteFTP 窗口

拓展与提高

1．Internet 的起源与现状

Internet 网络是目前世界上最大的计算机互联网络，它最初是由美国国防部高级研究计划署在 1969 年资助建成的 ARPAnet 网。最初的 ARPAnet 网络只连接了美国西部四所大学的计算机，使用分散在广域地区内的计算机来构成网络，主要目标是研究用于军事目的的分布式计算机系统。

1982 年，ARPAnet 与 MILnet 网络合并，组成了 Internet 雏形。1985 年，美国国家科学基金会

NSF（National Science Foundation）建立了基于 TCP/IP 的 NSFnet 网络，NSFNET 网络是将全国划分为若干个计算机区域网，通过路由器把区域网上的计算机与该地区的超级计算机相连，最后再将各超级计算机中心互连。由于 NSFNET 的成功，1986 年由 NSFnet 取代 ARPAnet 成为今天的 Internet 的基础。

20 世纪 80 年代，大量的 PC 连成了众多局域网，局域网又陆续连入 Internet，这样就使众多的 PC 用户具有了访问 Internet 网络的能力。目前，连接到 Internet 上的网络过百万，主机超过亿台，用户达数十亿，遍及近 180 多个国家和地区。

因此 Internet（因特网）是由全世界各国、各地区、各部门和机构的不同类型的广域网使用 TCP/IP 协议族与网关（路由器）相互连接所构成的网络集合，是由世界上大大小小的计算机网络互连起来的一个庞大的计算机网络，人们通过 Internet 可以方便地进行交流信息，共享网络资源。

从网络的组织结构形式看，Internet 具有以下主要特点：

① 在 Internet 中，一些超级的服务器通过高速主干网络（光缆、微波或卫星）相连，而一些较小规模的网络则可通过众多的子干线与这些超级服务器连接。

② Internet 本身没有控制中心，连接 Internet 的各子网络都以自愿原则连接起来，并通过彼此合作运行。网络上的每一个使用者都是完全平等的，没有地域的限制和计算机型号等的差别。

③ 在 Internet 上，信息交流是通过一个公共的通信协议来完成的。该协议使 Internet 上的不同计算机可以无障碍地进行交流。

④ 接入 Internet 上的每台计算机都必须有一个确定的地址且该地址不允许重复，以确保信息的准确传递。

2. 万维网

万维网（World Wide Web）也可称为 3W、WWW、Web、全球信息网等。WWW 是一种网络服务，它是建立在因特网上的全球性的、交互的、动态的、多平台的、分布式的、超文本超媒体信息查询系统。最主要的概念是超文本（Hyper Text），遵循超文本传输协议（Hyper Text Transmission Protocol，HTTP）。WWW 网站中包含很多网页，又称 Web 页。网页是用超文本置标语言（Hyper Text Markup Language，HTML）编写的，并在 HTTP 协议支持下运行。一个网站的第一个 Web 页称为主页或首页，它主要体现这个网站的特点和服务项目。每一个 Web 页都由一个唯一的地址（URL）来表示。

3. 超文本和超链接

超文本（Hyper Text）中不仅包含有文本信息，而且还可以包含图形、声音、图像和视频等多媒体信息，因此称之为 "超"文本，更重要的是超文本中还可以包含指向其他网页的链接，这种链接叫做超链接（Hyper Link）。在一个超文本文件中可以包含多个超链接，他们把分布在本地或远程服务器中的各种形式的超文本文件链接在一起，形成一个纵横交错的链接网。用户可以从一个网页跳转到另一个网页进行阅读。当鼠标指针移动到含有超链接的文字或图片时，指针会变成一个手形指针，文字也会改变颜色或添加一下画线，表示此处有一个热点，单击它可以跳转到另一个相关的网页。

4. Internet 在中国

Internet 在中国的发展可以大致分为两个阶段：第一阶段是 1987—1993 年，一些科研机构通过 X.25 实现了与 Internet 的电子邮件转发的连接；第二阶段是从 1994 年开始，实现了和 Internet

的 TCP/IP 连接，从而开始了 Internet 全功能服务，几个全国范围的计算机信息网络相继建立，Internet 在我国得到迅猛发展。目前，我国的 Internet 主要由九大骨干互联网组成，而其中又以公用计算机互联网（CHINANET、中国教育科研网（CRNET）、中国科学技术网（China Science and Technology Network，CSTNET）、公用经济信息通信网络（金桥网，CHINAGBN）四大网络为代表，如图 6-57 所示。中国四大网络如表 6-10 所示。

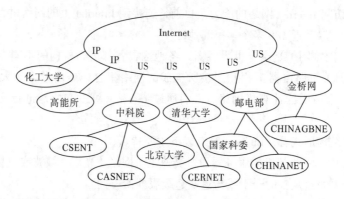

图 6-57　我国的 Internet 主要构成

表 6-10　中国四大网络

网 络 名 称	运行管理单位	加入国际联网时间	业 务 性 质
CSTNET	中国科学院	1994 年 4 月	科技
CHINANET	邮电部	1995 年 5 月	商业
CRNET	国家教育部	1995 年 11 月	教育科研
CHINAGBN	信息产业部	1996 年 9 月	商业

5. Internet 连接方式

计算机和 Internet 连接有多种方式，通常有电话线拨号方式、专线方式、局域网方式和无线方式。

提供 Internet 接入、访问和信息服务的公司或机构，称为 Internet 服务提供商（Internet Service Provider，ISP）。无论是专线接入还是拨号接入，都要选择接入 Internet 的 ISP。ISP 能配置它的用户与 Internet 相连所需的设备，并建立通信连接，提供信息服务。

目前，我国较大的 ISP 有中国电信、中国联通、中国移动等。

现在室内光纤宽带接入是主流，是指用光纤作为主要的传输媒质，实现室内接入网的信息传送功能。通过光线路终端（OLT）与业务结点相连，通过光网络单元（ONU）与用户连接，其速度较快，约 10 ~ 20 Mbit/s，价格较低。

无线方式是指从用户终端到网络的交换结点采用或部分采用无线手段的接入技术，其中又包括无线接入局域网（WLAN）、无线接入个人网络（WPAN）和无线接入广域网等技术。无线连接将成为未来网络发展的热点。

Wi-Fi 是一个无线网络通信技术的品牌，由 Wi-Fi 联盟（WiFi Alliance）所持有。目的是改善基于 IEEE802.11 标准的无线网络产品之间的互通性。

无线移动网络最突出的优点是提供随时随地的网络服务，常用的无线网络传输技术 Wi-Fi 是一种可以将计算机、手持设备（如 PDA、手机）等终端以无线方式互相连接的技术。

Wi-Fi 上网可以简单的理解为无线上网，几乎所有智能手机、平板电脑和笔记本电脑都支持，是当今使用最广的一种无线网络传输技术。实际上就是把有线网络信号转换成无线信号，使用无线路由器提供给支持其技术的相关计算机、手机、平板电脑等设备。在有 Wi-Fi 无线信号的时候就可以不通过移动联通的网络上网，节省流量费。但是 Wi-Fi 信号也是由有线网 ISP 提供的。例如：家庭 ADSL、小区宽带，只要接一个无线路由器，就可以把有线信号转换成 Wi-Fi 信号。国外很多发达国家城市里到处覆盖着由政府或大公司提供的 Wi-Fi 信号供居民使用，我国也不断开始普及实施"无线城市"工程，使 Wi-Fi 信号覆盖大部分公共场所。

6．微博

微博实际上是博客的一种，博客（Blog）的英文原称是 Web log，中文译名"博客"，其基本定义是：一种拥有通用标准并按照该标准发布内容摘要的网站内容管理系统。人们通过博客日志将自己日常的心得体会发布到网上，和别人互相交流各自的信息。

微博是微型博客（MicroBlog）的简称，是一个基于用户关系的信息分享、传播以及获取平台，用户可以通过 Web、WAP 以及各种客户端组建个人社区，以 140 字左右（这是它被冠以微型的原因）的文字更新信息，并实现即时分享。

7．即时通信

即时通信（Instant Messaging，IM）通常是指应用在计算机网络平台上，利用点对点（P2P）的协议，能够实现用户之间即时的文本、音频和视频交流的一种通信方式。与电话、手机、E-mail 等诸多传统的通信方式相比，即时通信不但节省通信费用，还具有实时性、跨平台性、高效率等诸多优势，如腾讯 QQ、微信和淘宝旺旺等。

① QQ。其交流功能丰富，除了个人对个人的交流，还有 QQ 群多人交流的服务，实现了多人一起讨论、一起聊天的群体交流模式，群内成员之间可以方便地交流，或提问答疑，或讨论通知，而且群外的成员看不到群内的消息，保密性好。创建群以后，群主可以邀请朋友，或是有共同兴趣爱好的用户到一个群里聊天。如同学同事群、学习群、导购群、家校联系群等。除了聊天，腾讯还提供了"群空间"服务，用户可以使用论坛、相册、共享文件等多种交流方式。

把手机和 QQ 结合起来，在智能手机上安装手机版的 QQ 客户端软件，可以实现与网络上好友的移动聊天。

② 微信。是腾讯公司于 2011 年初推出的一款快速发送文字和照片、支持多人语音对讲，为智能手机提供即时通讯服务的免费应用程序。用户可以通过手机或平板设备快速发送语音、视频、图片和文字。微信提供公众平台、朋友圈、消息推送等功能，用户可以通过"摇一摇""搜索号码""附近的人"、扫二维码等方式添加好友和关注公众平台，同时微信将内容分享给好友以及将用户看到的精彩内容分享到微信朋友圈。

❓ 思考与练习

① 什么是 Internet？

② WWW 的含义是什么？IP 地址与域名的区别与联系是什么？

③ 常见 Internet 的接入方式有哪几种？

④ 常见的搜索引擎有哪些？有何功能？

任务四　收发电子邮件

任务要求

电子邮箱的使用和 Foxmail 软件的使用。

任务分析

为实现上述任务要求，需要完成以下工作：

① 注册电子邮箱。

② 登录电子邮箱。

③ 编写电子邮件。

④ 发送电子邮件。

任务实现

1. 注册电子邮箱

① 打开网站"www.163.com"，页面如图 6-58 所示。

② 单击"注册免费邮箱"超链接，打开注册免费邮箱页面，如图 6-59 所示。

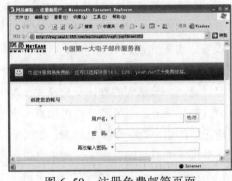

图 6-58　网易页面　　　　　　　　　　　图 6-59　注册免费邮箱页面

③ 在"用户名"文本框中输入用户名"hongmeil66"，单击"检测"按钮，出现"请选择您想要的邮箱账号"列表，如图 6-60 所示。

④ 选中"hongmeil66@163.com"单选按钮，"检测"按钮变为"更改"按钮。单击"更改"按钮，"更改"按钮变为"检测"按钮，可以重新更改邮箱账号。

⑤ 在"密码"文本框中输入密码"112233"，在"再次输入密码"文本框中输入密码"112233"，如图 6-61 所示。按照页面提示输入相关的信息，单击"创建账号"按钮，进入"注册成功"页面。页面中显示注册成功的电子邮箱地址。

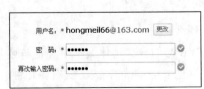

图 6-60　单击"检测"按钮　　　　　　　　　图 6-61　输入密码

⑥ 单击"进入邮箱"按钮，进入免费邮箱，如图 6-62 所示。

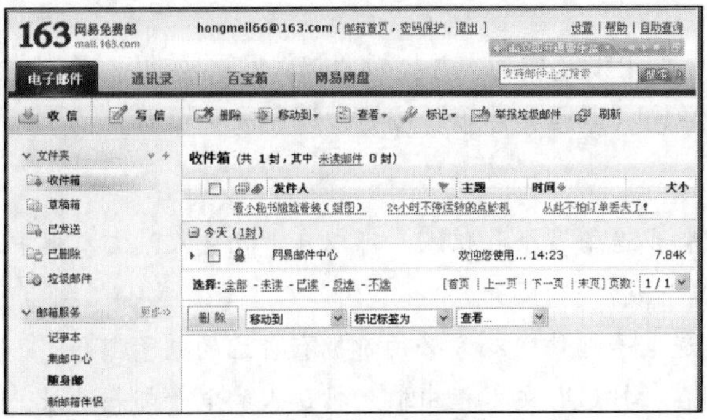

图 6-62　进入免费邮箱

2．登录电子邮箱

在 163 主页上方的"用户名"文本框中输入"hongmeil66"，在"密码"文本框中输入"112233"，在邮箱下拉列表中选择"163 邮箱"选项，如图 6-63 所示。单击"登录"按钮，打开"安全警报"对话框，如图 6-64 所示。单击"确定"按钮，进入 163 免费邮箱，如图 6-65 所示。

图 6-63　输入信息开始登录

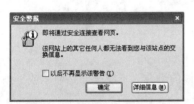

图 6-64　"安全警报"对话框

图 6-65　电子邮箱页面

3．编写电子邮件

在图 6-71 所示的电子邮箱页面中单击"写信"按钮，打开图 6-66 所示的页面。

在"发件人"文本框中输入收信人的电子邮箱"hongmeil66@163.com"，在"收件人"文本框中输入"hongmeil66@sina.com"，在"主题"文本框中输入电子邮件的简要信息"小明课程设计"，在中文编辑区输入电子邮件的正文内容。单击"添加附件"文字链接，打开"选择文件"对话框，选择要发送的文件"设计说明.doc"，单击"打开"按钮，将附件添加到邮箱中。选择要发送的文件"设计说明.doc"，单

图 6-66　写信页面

击"打开"按钮，将附件添加到邮箱中。

4．发送电子邮件

单击"发送"按钮，如果发送成功，并提示"邮件发送成功"。单击"继续写信"按钮，返回写信页面，继续写信。单击"返回收件箱"按钮，返回邮箱页面。

说明：

- 如果要将电子邮件发送给多个收信人，可以在"收件人"文本框中连续输入多个电子邮箱地址，中间用","或";"隔开。
- 要与他人互相发送电子邮件，双方必须都拥有自己的电子邮箱。
- 若添加抄送，则在"抄送"文本框中输入抄送人的电子邮箱地址。
- 若添加密送，则在"密送"文本框中输入密送人得电子邮箱地址。需要强调的是，密送与发送和抄送是不一样的，抄送人和收件人是看不见发件人曾将此信件发给密送人的。

🌐 拓展与提高

1．什么是电子邮件

电子邮件（Electronic Mail，E-mail）又称电子邮箱，是因特网上使用最广泛、最受欢迎的网络功能之一。电子邮件就好像平时生活中写的邮件，可以通过它与商业伙伴、朋友或家人交流。与传统的邮政信件相比，电子邮件更快捷，费用更低廉，所邮寄的内容也更丰富，如可以收发文本、图片、声音和视频等多媒体信息。利用因特网，可以足不出户地随时收发邮件。如果没有电子邮件的应用，可能就不会有因特网如此迅猛的发展。

2．电子邮件地址

要发送电子邮件，就必须拥有一个合法的电子邮件地址。

一个电子邮件地址的格式是：用户名@注册的网站.com（.cn）。

① 用户名：一般是 6～18 位的英文小写、数字、下画线的组合，不能全部是数字或下画线。

② 必须包含一个并且只有一个符号"@"。

③ 第一个字符不得是"@"或者"."。

④ 不允许出现"@."或者.@。

⑤ 结尾不得是字符"@"或者"."。

⑥ 允许"@"前的字符中出现"+"。

⑦ 不允许"+"在最前面。

3．电子邮件与邮件服务器

电子邮件是因特网上最为流行的应用之一。如同邮递员分发投递传统邮件一样，电子邮件也是异步的，也就是说人们是在方便时发送和阅读邮件，无须预先与别人协同。与传统邮件不同的是，电子邮件既迅速，又易于分发，而且成本低廉。另外，现代的电子邮件消息可以包含超链接、HTML 格式文本、图像、声音甚至视频数据。

图 6-67 展示了因特网邮件系统的高层概貌。我们看到，该系统由 3 类主要部件构成：用户、邮件服务器和简单邮件传送协议（Simple Mail Transfer Protocol，SMTP）。我们将在这样的上下文中说明每类部件：发信人 Alice 给收信人 Bob 发送一个电子邮件消息。用户计算机上允许用户阅

读、回复、转寄、保存和编写邮件消息。Alice 写完电子邮件后，她把这个邮件发送给邮件服务器，再由该邮件服务器把这个消息发送给 Bob 的电子邮箱所在的邮件服务器。当 Bob 想阅读电子邮件消息时，他将从他在其邮件服务器上的邮箱中取得邮件。当前流行的电子邮件管理软件包括 Outlook、Foxmail 等。公共域中还有许多基于文本的电子邮件管理软件，包括 mail、pine 和 elm。

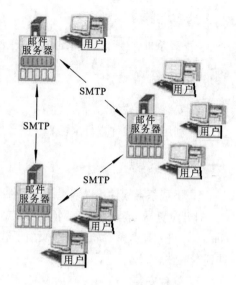

图 6-67　电子邮件与邮件服务器的关系

　　邮件服务器构成了电子邮件系统的核心。每个收信人都有一个位于某个邮件服务器上的邮箱（mailbox）。Bob 的邮箱用于管理和维护已经发送给他的邮件消息。一个邮件消息的典型旅程是从发信人的计算机开始，游经发信人的邮件服务器，中转到收信人的邮件服务器，然后投递到收信人的邮箱中。当 Bob 想查看自己邮箱中的邮件时，存放该邮箱的邮件服务器将以他提供的用户名和口令认证。Alice 的邮件服务器还得处理 Bob 的邮件服务器出故障的情况。如果 Alice 的邮件服务器无法把邮件消息立即递送到 Bob 的邮件服务器，Alice 的服务器就把它们存放在消息队列（message queue）中，以后再尝试递送。这种尝试通常每 30 分钟执行一次：若是过了若干天仍未尝试成功，该服务器就把这个消息从消息队列中去除掉，同时以另一个邮件消息通知发信人（即 Alice）。

　　简单邮件传送协议（SMTP）是因特网电子邮件系统首要的应用层协议。它使用由 TCP 提供的可靠的数据传输服务把邮件消息从发信人的邮件服务器传送到收信人的邮件服务器。与大多数应用层协议一样，SMTP 也存在两个端：在发信人的邮件服务器上执行的客户端和在收信人的邮件服务器上执行的服务器端。SMTP 的客户端和服务器端同时运行在每个邮件服务器上。当一个邮件服务器在向其他邮件服务器发送邮件消息时，它是作为 SMTP 客户在运行。当一个邮件服务器从其他邮件服务器接收邮件消息时，它是作为 SMTP 服务器在运行。

思考与练习

　① 在互联网上申请一个免费邮箱，与同学互发电子邮件练习电子邮件收发、阅读与附件的下载。
　② 简述收发电子邮件的原理。

任务五　网络安全与计算机病毒

　　随着计算机及网络技术的发展，人们的日常工作变得越来越方便，但伴随而来的计算机安全问题（如计算机病毒、木马、黑客等）也越来越引起人们的注意。随着因特网的流行，有些计算机病毒借助网络，其传播速度更快、危害性更大。使用杀毒软件可以对计算机进行实时监控，可以预防病毒的入侵，也可对已经感染了病毒的计算机进行查杀。

任务要求

会下载杀毒软件和使用杀毒软件查杀病毒。

任务分析

① 安装杀毒软件。

② 利用杀毒软件进行杀毒。

任务实现

1. 下载杀毒软件（以瑞星杀毒软件为例）

打开浏览器，登录瑞星官网（http://www.rising.com.cn），进入瑞星杀毒软件下载页面下载安装文件到本地磁盘。

2. 软件安装

双击瑞星杀毒软件安装文件 ravf.exe，进入安装界面并按提示操作即可完成安装。

3. 软件使用

启动瑞星杀毒软件，进入主界面，如图 6-68 所示，即可使用瑞星杀毒软件的病毒查杀和电脑防护等功能。

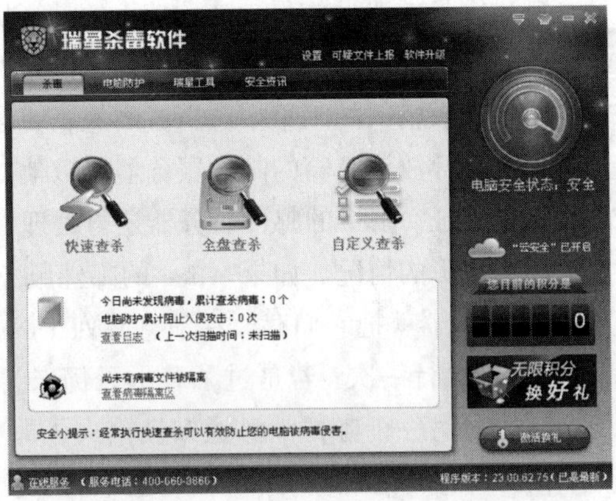

图 6-68　瑞星杀毒软件工作界面

拓展与提高

1. 网络信息安全

网络信息安全是一个关系国家安全和主权、社会稳定、民族文化继承和发扬的重要问题。其重要性正随着全球信息化步伐的加快越来越重要。网络信息安全是一门涉及计算机科学、网络技术、通信技术、密码技术、信息安全技术、应用数学、数论、信息论等多种学科的综合性学科。它主要是指网络系统的硬件、软件及其系统中的数据受到保护，不受偶然的或者恶意的原因而遭到破坏、更改、泄露，系统连续可靠正常地运行，网络服务不中断。

信息安全有五大特征：

① 完整性。指信息在传输、交换、存储和处理过程保持非修改、非破坏和非丢失的特性，即保持信息原样性，使信息能正确生成、存储、传输，这是最基本的安全特征。

② 保密性。指信息按给定要求不泄露给非授权的个人、实体或过程，或提供其利用的特性，即杜绝有用信息泄露给非授权个人或实体，强调有用信息只被授权对象使用的特征。

③ 可用性。指网络信息可被授权实体正确访问，并按要求能正常使用或在非正常情况下能恢复使用的特征，即在系统运行时能正确存取所需信息，当系统遭受攻击或破坏时，能迅速恢复并能投入使用。可用性是衡量网络信息系统面向用户的一种安全性能。

④ 不可否认性。指通信双方在信息交互过程中，确信参与者本身以及参与者所提供的信息的真实同一性，即所有参与者都不可能否认或抵赖本人的真实身份，以及提供信息的原样性和完

成的操作与承诺。

⑤ 可控性。指对流通在网络系统中的信息传播及具体内容能够实现有效控制的特性，即网络系统中的任何信息要在一定传输范围和存放空间内可控。除了采用常规的传播站点和传播内容监控这种形式外，最典型的如密码的托管政策，当加密算法交由第三方管理时，必须严格按规定可控执行。

2. 网络信息安全面临的威胁

信息安全所面临的威胁来自于很多方面。这些威胁大致可分为自然威胁和人为威胁。自然威胁指那些来自于自然灾害、恶劣的场地环境、电磁辐射和电磁干扰、网络设备自然老化等的威胁。自然威胁往往带有不可抗拒性，因此这里主要讨论人为威胁。

① 人为攻击。人为攻击是指通过攻击系统的弱点，以便达到破坏、欺骗、窃取数据等目的，使得网络信息的保密性、完整性、可靠性、可控性、可用性等受到伤害，造成经济上和政治上不可估量的损失。

② 安全缺陷。如果网络信息系统本身没有任何安全缺陷，那么人为攻击者即使本事再大也不会对网络信息安全构成威胁。但是，遗憾的是现在所有的网络信息系统都不可避免地存在着一些安全缺陷。有些安全缺陷可以通过努力加以避免或者改进，但有些安全缺陷是各种折中必须付出的代价。

③ 软件漏洞。由于软件程序的复杂性和编程的多样性，在网络信息系统的软件中很容易有意或无意地留下一些不易被发现的安全漏洞。软件漏洞同样会影响网络信息的安全。

下面介绍一些有代表性的软件安全漏洞。

a. 陷门。陷门是在程序开发时插入的一小段程序，目的可能是测试这个模块，或是为了连接将来的更改和升级程序，也可能是为了将来发生故障后为程序员提供方便。通常应在程序开发后期去掉这些陷门，但是由于各种原因，陷门可能被保留，一旦被利用将会带来严重的后果。

b. 数据库的安全漏洞。某些数据库将原始数据以明文形式存储，这是不够安全的。实际上，入侵者可以从计算机系统的内存中导出所需的信息，或者采用某种方式进入系统，从系统的后备存储器上窃取数据或篡改数据，因此，必要时应该对存储数据进行加密保护。

c. TCP/IP协议的安全漏洞。TCP/IP协议在设计初期并没有考虑安全问题。现在，用户和网络管理员没有足够的精力专注于网络安全控制，操作系统和应用程序越来越复杂，开发人员不可能测试出所有的安全漏洞，因而连接到网络的计算机系统受到外界的恶意攻击和窃取的风险越来越大。

d. 还可能存在操作系统的安全漏洞以及网络软件与网络服务、口令设置等方面的漏洞。

④ 结构隐患。结构隐患一般指网络拓扑结构的隐患和网络硬件的安全缺陷。网络的拓扑结构本身有可能给网络的安全带来问题。作为网络信息系统的躯体，网络硬件的安全隐患也是网络结构隐患的重要方面。

3. 计算机犯罪

所谓计算机犯罪，是指行为人以计算机作为工具或以计算机资产作为攻击对象实施的严重危害社会的行为。由此可见，计算机犯罪包括利用计算机实施的犯罪行为和把计算机资产作为攻击对象的犯罪行为。

（1）计算机犯罪的特点。

① 犯罪手段智能化、隐蔽性强。大多数计算机犯罪都是行为人经过狡诈而周密的安排，运

用计算机专业知识所从事的智力犯罪行为。进行这种犯罪行为时，犯罪分子只需要向计算机输入错误指令，篡改软件程序，作案时间短且对计算机硬件和信息载体不会造成任何损害，作案不留痕迹，使一般人很难觉察到计算机内部软件上发生的变化。

另外，有些计算机犯罪，经过一段时间之后犯罪行为才能发生作用而达犯罪目的。如计算机"逻辑炸弹"，行为人可设计犯罪程序在数月甚至数年后才发生破坏作用。也就是行为时与结果时是分离的，这对作案人起了一定的掩护作用，使计算机犯罪手段更趋向于隐蔽。

② 国际化趋势日益严重。由于网络具有"时空压缩比"的特点，网络犯罪冲破了地域限制，国际化趋势日益严重。这种跨国界、跨地域作案不易破案，危害性更大。

③ 匿名性。罪犯对网络中的文字或图像信息进行窃取，不需要任何登记，因而对其实施的犯罪行为也很难控制。罪犯可以反复匿名登录，加大了对计算机犯罪的侦查和破案的难度。

④ 侦查取证困难，破案难度加大，存在较高的犯罪黑数。所谓"犯罪黑数"，是指司法机关没有发现、没有统计的犯罪的数字。据统计，83%以上的计算机犯罪不能被人们发现。另外，在受理的这类案件中，侦查工作和犯罪证据的采集相当困难。

⑤ 犯罪目的多样化。计算机犯罪作案动机多种多样，从最先的攻击站点以泄私愤到早期的盗用电话线、破解用户账号非法敛财，再到如今入侵政府官方网站的政治活动，犯罪目的五花八门。

⑥ 犯罪分子低龄化。犯罪实施人以青少年为主体，而且年龄越来越低，低龄人占罪犯比例越来越高。其平均年龄为 25 岁左右。

⑦ 犯罪后果严重。据统计，仅在美国因计算机犯罪造成的损失每年就有 150 多亿美元，德国、英国的损失额也有几十亿美元。

（2）计算机犯罪的手段

① 制造和传播计算机病毒。计算机病毒是隐蔽在可执行程序或数据文件中，在计算机内部运行的一种干扰程序。它可能会夺走大量的资金、人力和计算机资源，甚至破坏各种文件及数据，造成机器的瘫痪，带来难以挽回的损失。

② 数据欺骗。这是一种最简单、最普遍、最常用的犯罪手段，是指非法篡改计算机输入数据、输出数据和输入假数据，从而实现犯罪目的的手段。

③ 特洛伊木马。特洛伊木马程序可以直接侵入用户的计算机进行破坏，它常被伪装成工具程序或者游戏等诱使用户打开带有特洛伊木马的邮件或从网上直接下载，一旦用户打开了这些邮件或者执行了这些程序之后，它们就会像古特洛伊人在敌人城外留下的藏满士兵的木马一样留在计算机中，并在计算机系统中隐藏一个可以在 Windows 启动时悄悄执行的程序。特洛伊木马程序不依附于任何载体而独立存在，而病毒须依附于其他载体而存在并且具有传染性。

④ 意大利香肠战术。意大利香肠战术是指行为人通过逐渐侵吞少量财产的方式来窃取大量财产的犯罪行为。

⑤ 超级冲杀。Superzap 大多是由 IBM 计算机中心使用的公用程序（共享程序）。它是一个仅在特殊情况下（当计算机出现故障、停机或其他需要人工干预时）方可使用的高级计算机系统干预程序。若被非授权用户使用，就可能从事非法存取或破坏数据及系统功能的犯罪活动。

⑥ 活动天窗。它是一种由程序开发者有意安排的指令语句。该种语句利用人为设置的窗口侵入系统，在程序查错、修改或是再启动时通过这些窗口访问有关程序。窗口的操作只有程序开发者掌握其秘密，而别人则往往会进入死循环或其他歧路。

⑦ 逻辑炸弹。计算机中的"逻辑炸弹"是指在特定逻辑条件满足时，实施破坏的计算机程序，该程序触发后造成计算机数据丢失、计算机不能从硬盘或者软盘引导，甚至会使整个系统瘫痪，并出现物理损坏的虚假现象。逻辑炸弹引发时的症状与某些病毒的作用结果相似，与病毒相比，它强调破坏作用本身，而实施破坏的程序不具有传染性。

⑧ 清理垃圾与数据泄露。清理垃圾是指有目的、有选择地从废弃的资料、磁带、磁盘中搜寻具有潜在价值的数据、信息和密码等，用于实施犯罪的行为。数据泄露是一种有意转移或窃取数据的手段。如有的犯罪将一些关键数据混杂在一般性的报表之中，然后予以提取。有的犯罪在系统的中央处理器上安装微型无线发射机，将计算机处理的内容传送给几千米以外的接收机。

⑨ 电子嗅探器与冒名顶替。电子嗅探器是用来截取和收藏在网络上传输的信息的软件或硬件。它不仅可以截取用户的账号和口令，还可以截获敏感的经济数据（如信用卡号）、秘密信息（如电子邮件）和专有信息并可以攻击相邻的网络。冒名顶替是指通过非法手段获取他人口令或许可证后，冒充合法用户使用计算机系统的行为。

⑩ 蠕虫。计算机蠕虫是一个程序或程序系列，它采取截取口令并在系统中试图做非法动作的方式直接攻击计算机。一般通过网络来进行传播。

4. 计算机病毒

计算机病毒是指编制或者在计算机程序中插入的破坏计算机功能或者毁坏数据，影响计算机使用，并能自我复制的一组计算机指令或者程序代码。计算机病毒有独特的复制能力。

（1）计算机病毒的特点

从计算机病毒的表现形式和分类可以发现，计算机病毒具有如下特点：

① 可执行性。计算机病毒可以直接或间接地运行，可以隐藏在可执行程序和数据文件中而不易被察觉。病毒程序在运行时与合法程序争夺系统的控制权和资源，从而降低计算机的工作效率。

② 破坏性。指病毒在触发条件满足时，立即对计算机系统的文件、资源等运行进行干扰破坏。一是占有系统的时间、空间资源；二是干扰或破坏系统的运行，破坏或删除程序或数据文件。

③ 传染性。指计算机病毒在一定条件下可以自我复制，能对其他文件或系统进行一系列非法操作，并使之成为一个新的传染源。这是病毒的最基本特征。

④ 潜伏性。计算机系统被病毒感染之后，病毒在触发条件满足前没有明显的表现症状，不影响系统的正常工作，一旦触发条件具备就会发作，给计算机系统带来不良的影响。病毒的触发是由病毒表现及破坏部分的判断条件来确定的。

⑤ 针对性。通常病毒的设计具有一定的针对性，一种计算机病毒并不能传染所有的计算机系统或程序。例如，有传染 Windows 系统的，有传染 Linux 系统的。

⑥ 衍生性。计算机病毒由安装部分、传染部分、破坏部分等组成。这种设计思想使病毒在发展、演化过程中对自身的几个模块进行修改，会产生不同于源病毒的变种。

⑦ 抗反病毒软件性。有些病毒具有抗反病毒软件的功能，这种病毒的变种可以使检测、消除该变种源病毒的反病毒软件无能为力。

（2）计算机病毒的分类

计算机病毒可以根据下面的属性进行分类。

① 按病毒存在的媒体。根据病毒存在的媒体，病毒可以划分为网络病毒、文件病毒、引导区型病毒。网络病毒通过计算机网络传播，感染网络中的可执行文件；文件病毒感染计算机中的

文件（如.com、.exe、.doc 等）；引导区型病毒感染启动扇区（Boot）和引导扇区（MBR）。还有这 3 种情况的混合型，例如多型病毒（文件和引导）感染文件和引导扇区两种目标，这样的病毒通常都具有复杂的算法，它们使用非常规的办法侵入系统，同时使用了加密和变形算法。

② 按病毒传染的方法。根据病毒传染的方法可分为驻留型病毒和非驻留型病毒。驻留型病毒感染计算机后，把自身的内存驻留部分放在内存（RAM）中，这一部分程序挂接系统调用并合并到操作系统中去，它处于激活状态，一直到关机或重新启动。非驻留型病毒在得到机会激活时并不感染计算机内存。

③ 按病毒的破坏力。

a. 无害型。除了传染时减少磁盘的可用空间外，对系统没有其他的影响。

b. 无危险型。这类病毒仅仅是减少内存、显示图像、发出声音及同类音响。

c. 危险型。这类病毒在计算机系统操作中造成严重的错误。

d. 非常危险型。这类病毒删除程序、破坏数据、清楚系统内存区和操作系统中重要信息。这类病毒对系统造成的危害，并不是本身的算法中存在危险的调用，而是当它们传染时会引起无法预料的和灾难性的破坏。由病毒引起的其他的程序产生的错误也会破坏文件和扇区。

④ 按病毒的算法。

a. 伴随型病毒。这一类病毒病不改变文件本身，它们根据算法产生 EXE 文件的伴随体，具有同样的名字和不同的扩展名（.COM），例如 XCOPY.EXE 的伴随体是 XCOPY_COM。病毒把自身写入 COM 文件并不改变 EXE 文件，当 DOS 加载文件时，伴随体优先被执行，再由伴随体加载执行原来的 EXE 文件。

b. "蠕虫"型病毒。通过计算机网络传播，不改变文件和资料信息，利用网络从一台机器的内存传播到其他机器的内存，计算网络地址，将自身的病毒通过网络发送。有时它们在系统存在，一半除了内存不占用其他系统资源。

c. 寄生型病毒。除了伴随和"蠕虫"型，其他病毒均可称为寄生型病毒，它们依附在系统的引导扇区或文件中，通过系统的功能进行传播，按其算法不同可分为：

● 练习型病毒。病毒自身包含错误，不能进行很好地传播，例如一些病毒在调试阶段。

● 诡秘型病毒。它们一般不直接修改 DOS 中断和扇区数据，而是通过设备技术和文件缓冲区等 DOS 内部修改不易看到资源，使用比较高级的技术、利用 DOS 空闲的数据区进行工作。

● 变型病毒（又称幽灵病毒）。这一类病毒使用一个复杂的算法，使自己每传播一份都具有不同的内容和长度。

（3）计算机病毒的危害

计算机资源的损失和破坏，不但会造成资源和财富的巨大浪费，而且会造成社会性的灾难。伴随着信息化社会的发展，计算机病毒的威胁日益严重，反病毒的任务也更加艰巨。1988 年下半年，我国在统计局系统首次发现了"小球"病毒，它对统计系统影响极大。此后由计算机病毒发作而引起的"病毒"事件接连不断，著名的 CIH、美丽莎（Mecissa）等病毒更是给社会造成了很大损失。下面列举几种计算机病毒。

1982 年的 Elk Gloner 病毒，它被看作是攻击个人计算机的第一款全球病毒。这个病毒被放在一个游戏磁盘上，在被第 50 次使用时发作，它并不运行游戏，取而代之的是打开一个空白屏幕，并显示一首短诗。

　　1998 年的 CIH 病毒是迄今为止破坏性最严重的病毒，也是世界上首例破坏硬件的病毒。它发作时不仅破坏硬盘的引导区和分区表，而且破坏计算机系统 BIOS，导致主板损坏。此病毒是由台湾大学生陈盈豪研制的。

　　1999 年的 Melissa 是最早通过电子邮件传播的病毒之一；2007 年的熊猫烧香病毒会使所有程序图标变成熊猫烧香，并使他们不能使用。2009 年的木马下载器会产生 1 000～2 000 不等的木马病毒，导致系统崩溃。2010 年的鬼影病毒成功运行后，在进程、系统加载项里发现不了任何异常，同时即使格式化重装系统，也无法彻底清除该病毒。2010 年的极虎病毒感染后会在计算机进程中莫名其妙的有 ping.exe 和 rar.exe 进程，并且 CPU 占用很高，风扇转的很响很频繁，并且这两个进程无法结束。2017 年众所周知的勒索病毒（WannaCry），俨然是一场全球性互联网灾难，给很多用户造成了巨大损失。大量实验室数据和毕业设计被锁定加密，部分企业的应用系统和数据库文件被加密，无法正常工作。

　　（4）计算机中毒症状

　　计算机系统运行减慢；系统经常无故发生死机；计算机系统中的文件长度发生变化；计算机存储容量异常减少；系统引导速度减慢；丢失文件或文件损坏；计算机显示器出现异常显示；计算机系统的蜂鸣器出现异常声响；磁盘卷标发生变化；系统不识别硬盘；对存储系统异常访问；键盘输入异常；文件的日期、时间、属性阿生变化；文件无法正常读取、复制或打开；命令执行出现错误；虚假报警；当前盘；异常要求输入密码等。

　　（5）计算机病毒的防治。

　　计算机病毒已经泛滥成灾，几乎无孔不入，同时病毒在网络中的传播速度越来越快，其破坏性越来越强，为此必须了解必要的病毒防治方法和技术手段，尽可能做到防患于未然。计算机病毒防治的关键在于预防，首先要在思想上予以足够的重视，采取"预防为主、防治结合"的方针。

　　① 计算机病毒的预防。

　　a. 打补丁。由于计算机病毒的传播大多利用了操作系统中存在的安全漏洞，为此应该定期更新操作系统，安装相应的补丁程序。

　　b. 安装杀毒软件。一般可以利用杀毒软件清除计算机中已有的病毒程序，利用实时监控功能监控所有打开的磁盘文件、从网络上下载的文件或收发的邮件等，一旦检测到计算机病毒，会立即给出警报提醒用户并采取相应的防护措施。

　　c. 安装防火墙。防火墙可以监控进出计算机的信息，保护计算机的信息不被非授权用户访问、非法窃取或破坏等。

　　d. 切断病毒入侵的途径：

- 不运行来历不明的程序。
- 不安装来源不清的插件程序。
- 不随便单击具有诱惑性的恶意网页，不随意单击聊天软件发送来的超链接。
- 不随意打开来历不明的电子邮件及附件，外来磁盘使用前先查毒，尽量不使用 U 盘的自动打开功能。
- 不使用盗版游戏软件、关闭局域网下不必要的文件共享功能、及时关闭 P2P 下载软件等。

　　② 计算机病毒的查杀。

　　a. 计算机病毒的清除。如果计算机感染了病毒，病毒发作以后一般会出现一些异常现象，例如以下几点：

- 计算机响应速度明显变慢。
- 某些软件不能正常使用。
- 浏览器中输入的访问地址被重定向到其他网站，浏览网页时不断弹出某些窗口等。
- 文件操作出现异常：文件被破坏打不开、文件不允许删除、文件夹打不开等。
- 不能正常使用某些设备：如屏幕显示异常、键盘按键紊乱、打印机总显示缺纸等。
- 计算机出现异常：莫名其妙地死机或不断重启等。
- 一旦怀疑计算机感染了病毒，可利用一些反病毒公司提供的"免费在线查毒"功能或杀毒软件尽快确认计算机系统是否感染了病毒，如有病毒应将其彻底清除，一般有以下几种清除病毒的方法。

b. 使用杀毒软件。使用杀毒软件来检测和清除病毒，用户只需按照提示来操作即可完成，简单方便，常用的杀毒软件有：360、瑞星、金山毒霸、诺顿防毒软件等软件。

说明：

- 若内存中已经存在病毒进程，杀毒软件一般无法清除这样的病毒。由于这些病毒是在计算机启动时就自动被执行了，所以应打开任务管理器进程页，首先终止病毒进程，然后再进行杀毒。但是有些病毒进程即使被终止了，它还会不断地自动创建，这种情况下就必须通过其他工具软件将病毒进程彻底杀死再杀毒，如超级兔子魔法设置、wsyscheck 等免费的系统检测维护工具软件。
- 由于病毒的防治技术总是滞后于病毒的制作，所以并不是所有病毒都能得以马上清除，如果杀毒软件暂时还不能清除该病毒，一般会将该病毒文件隔离起来，以后升级病毒库时将提醒用户是否继续该病毒的清除。
- 使用专杀工具。现在一些反病毒公司的网站上提供了许多病毒专杀工具，用户可以免费下载这些专杀工具对某种特定病毒进行清除。

说明：杀毒软件是针对所有病毒的，体积大、运行时间长，一般病毒库的更新滞后于病毒的发现；专杀工具是针对某种特殊病毒的，体积小、运行时间短，一般在某个新病毒发现时抢先发布，以便尽快控制病毒蔓延。

c. 手动清除病毒。这种清除方法要求操作者具有一定的计算机专业知识，利用一些工具软件找到感染病毒的文件，手动清除病毒代码。一般用户不适合采用此方法。

5. 黑客

黑客一词源于英文 Hacker，原指热心于计算机技术、水平高超的计算机专家，尤其是程序设计人员。但到了今天，黑客一词已被用于泛指那些专门利用计算机搞破坏或恶作剧的人。目前黑客已成为一个广泛的社会群体，其主要观点是：所有信息都应该免费共享；信息无国界，任何人都可以在任何时间地点获取他认为有必要了解的任何信息；通往计算机的路不止一条；打破计算机集权；反对国家和政府部门对信息的垄断和封锁。黑客的行为会扰乱网络的正常运行，甚至会演变为犯罪。

① 黑客行为特征。

a. 恶作剧型。喜欢进入他人网站，通过删除某些文字或图像、篡改网址主页信息来显示自己高超的网络侵略技巧。

b. 隐蔽攻击型。躲在暗处以匿名身份对网络发动攻击性行为，往往不易被人识破，或者干脆冒充网络合法用户侵入网络，该种行为由于是在暗处实施的主动攻击性，因此对社会危害极大。

c. 定时炸弹型。网络内部人员故意在网络上布下陷阱或在网络维护软件内安插炸弹或后门程序，在特定的时间或特定条件下，引发一系列具有连锁反应性质的破坏行为。

d. 制造矛盾型。非法进入他人网络，修改其电子邮件的内容或厂商签约日期，进而破坏甲乙双方交易。有些黑客还利用政府上网的机会，修改公众信息，制造社会矛盾和动乱，严重者可颠覆国家政权。

e. 职业杀手型。经常以监控方式将他人网址内由国外传来的资料迅速清除，使得原网址使用者无法得知国外最新资料或订单，或者将计算机病毒植入他人网络内，使其网络无法正常运行。更有甚者，进入军事情报机关电费内部网络，干扰军事指挥系统的正常工作，从而导致严重后果。

f. 窃密高手型。利用高技术手段窃取网络上的加密信息，使高度敏感信息泄露。

g. 业余爱好型。计算机爱好者受到好奇心的驱使，往往在技术上追求精益求精，属于无意性攻击行为。

② 防御黑客入侵的方法。为了降低被黑客攻击的可能性，要注意以下几点：

a. 提高安全意识，如不要随便打开来历不明的邮件。

b. 使用防火墙是抵御黑客程序入侵的非常有效的手段。

c. 尽量不要暴露自己的 IP 地址。

d. 要安装杀毒软件并及时升级病毒库。

e. 作好数据的备份。

总之，我们应认真制定有针对性的策略；明确安全对象，设置强有力的安全保障体系；在系统中层层设防，使每一层都成为一道关卡，从而让攻击者无隙可钻、无计可使。

6. 密码技术

密码技术是保障网络信息安全的关键和核心技术。

采用密码技术可以隐蔽和保护需要发送的信息，使得未授权者不能读取信息。发送方要发送的消息称为明文，明文被变换成看似无意义的随机消息，称为密文。这种由明文到密文的变换过程称为加密。反过来，由合法接收者从密文恢复出明文的过程称为解密。非法接收者试图从密文分析出明文的过程称为破译。对明文进行加密时采用的一组规则称为加密算法。对密文解密时采用的一组规则称为解密算法。加密算法和解密算法是在一组公用合法用户知道的秘密信息的控制下进行的，该密码信息称为密钥，加密和解密过程中使用的密钥分别称为加密密钥和解密密钥。

以密钥为标准，可将密码系统分为单钥密码（又称为对称密码或私钥密码）体系和双钥密码（又称为非对称密码或公钥密码）体系。

在单钥体制下，加密密钥和解密密钥是一样的，最有影响的单钥密码是 1977 年美国国家标准局颁布的 DES 算法。

双钥体制下，加密密钥与解密密钥是不同的，采用双钥体制的每个用户都有一对选定的密钥：一个是可以公开的，另一个则是秘密的。最有名的双钥密码体系是 1977 年由 Rivest、Shamir 和 Adleman 等人提出的 RSA 密码体制。

7. 防火墙

防火墙是近年发展起来的一种保护计算机网络安全的访问控制技术。它是一个用以阻止网络中的黑客访问某个机构网络的屏障，在网络边界上，通过建立起网络通信监控系统来隔离内部和外部网络，以阻挡通过外部网络的入侵。

防火墙是用于在企业内部网和因特网之间实施安全策略的一个系统或一组系统。它决定网络内部服务中哪些可被外界访问，外界的哪些人可以访问哪些内部服务，同时还决定内部人员可以访问哪些外部服务。所有来自和去往因特网的业务流都必须接受防火墙的检查。防火墙必须只允许授权的业务流通过，并且防火墙本身也必须能够抵抗渗透攻击，因为攻击者一旦突破或绕过防火墙系统，防火墙就不能提供任何保护。

① 防火墙的基本功能。一个有效的防火墙应该能够确保：所有从 Internet 流出或流入的信息都将经过防火墙；所有流经防火墙的信息都应接受检查。设置防火墙的目的是在内部网与外部网之间设立唯一的通道，简化网络的安全管理。

从总体上看，防火墙应具有如下基本功能：过滤进出网络的数据包；管理进出网络的访问行为；封堵某些禁止的访问行为；记录通过防火墙的信息内容和活动；对网络攻击进行检测和告警。

② 防火墙存在的缺陷。防火墙可能存在如下一些缺陷：防火墙不能防范不经由防火墙的攻击；防火墙不能防止感染了病毒的软件或文件的传输；防火墙不能防止数据驱动式攻击。

思考与练习

① 什么是计算机安全？计算机安全的范围包括哪几个方面？
② 什么是计算机病毒？计算机病毒的特点是什么？它有哪几种类型？什么是黑客？
③ 计算机病毒如何分类？如何防范计算机病毒？
④ 简述防火墙的概念、功能与体系结构。

任务六　Internet 的现代信息服务

任务要求

了解现代 Internet 的新技术。

任务分析

① 电子商务。
② 云计算。
③ 物联网。

任务实现

1. 电子商务购物实例

以淘宝网购物为例，商品购买简单流程如下：

拍下宝贝→付款→等待卖家发货→确认收货。

操作详解如下：

第一步：选择购买前如对商品信息有任何疑问，可通过阿里旺旺聊天工具联系卖家咨询，确认无误后，单击"立刻购买"按钮，如图6-69所示。

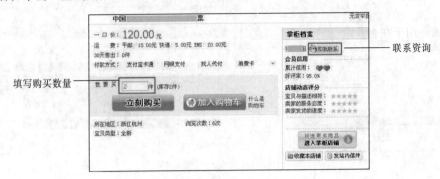

图6-69 购买页面

第二步：确认收货地址、购买数量、运送方式等要素，单击"提交订单"按钮。

2. 团购

团购即为团体采购，又称集体采购。最早的团购是公司为了降低成本而集合所有子公司进行采购。而发展到目前个人层面的团购，团购网是团购的网络组织平台，就是互不认识的消费者，借助互联网的"网聚人的力量"来聚集资金，加大与商家的谈判能力，以求得最优的价格。根据薄利多销、量大价优的原理，商家可以给出低于零售价格的团购折扣和单独购买得不到的优质服务。目前，团购类网站是电子商务领域的一个热点。常见团购网有Groupon、美团网、拉手网、满座网等。

拓展与提高

1. 电子商务

（1）电子商务的概念

通俗地说，电子商务就是在计算机网络（主要指Internet）平台上，按照一定标准开展的商务活动。电子商务是"计算机网络技术"和"商务"两个子集的交集，电子商务的本质是商务活动。

（2）电子商务的分类

电子商务按照交易对象分类，一般可以分为B2B、B2C、C2C等几种。

① 企业与消费者之间的电子商务（B2C）。B2C类似于联机服务中进行的商品买卖，是利用计算机网络使消费者直接参与经济活动的高级形式。这种形式随着网络的普及迅速地发展，现已形成大量的网络商业中心，提供各种商品和服务。例如销售图书的当当网（www.dangdang.com）、销售数码产品的京东商城（www.360buy.com）等，如图6-70所示。

② 企业与企业之间的电子商务（B2B）。B2B包括特定企业间的电子商务和非特定企业间的电子商务。比如支持中小企业的阿里巴巴网站www.alibaba.com，如图6-70所示。

③ 个人与个人之间的电子商务（B2C）。C2C电子商务企业采用的运作模式是通过为买卖双方搭建拍卖平台，按比例收取交易费用，或者提供平台方便个人在上面开店铺，以会员制的方式收费。此类网站由于面对消费者，由提供服务的消费者与需求服务的消费者私下达成交易的方式，出售者享有标价和出售的绝对权力。而一般B2C电子商务网站多由企业建立，需要投入较大的成

本，而 C2C 网站具有门槛低、费用低等特点。比如亚洲最大的购物网站淘宝网（www.taobao.com），如图 6-71 所示。

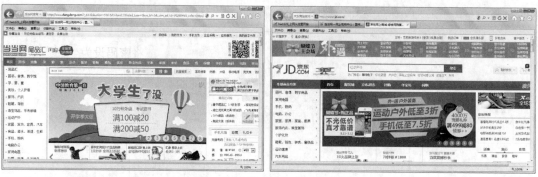

图 6-70　当当网与京东商城

图 6-71　阿里巴巴与淘宝网

随着第三方支付平台的出现和信用评价体系的建立，C2C 更灵活和自由的购物模式也得到越来越多用户的认可。

从目前应用来看，B2B、B2C、C2C 这 3 种网站模式的数量最多，参与的企业和用户基数也是最大的，是目前主要电子商务的主流形式。

2．电子支付

电子支付是指从事电子商务交易的当事人，包括消费者、厂商和金融机构，通过信息网络，使用安全的信息传输手段，采用数字化方式进行的货币支付或资金流转。电子支付从早期的电子汇款、电子支票等开始，逐步发展到网络银行、电子钱包。目前第三方支付、手机支付等更加便捷的支付方式也在迅速崛起。

（1）网络银行

网络银行又称在线银行，是指银行利用 Internet 技术，通过 Internet 向客户提供开户、销户、查询、对账、行内转账、跨行转账、信贷、网上证券、投资理财等传统服务项目，使客户可以足不出户就能够安全便捷地管理活期和定期存款、支票、信用卡及个人投资等。可以说，网络银行是在 Internet 上的虚拟银行柜台。

目前常用的网络银行安全个人认证介质有：

① 密码。

② 文件数字证书。

③ 动态口令卡。

④ 动态手机口令。

⑤ 移动口令牌。

⑥ 移动数字证书。

目前，我国银行卡持有人安全意识普遍较弱：不注意密码保密，或将密码设为生日等易被猜测的数字。一旦卡号和密码被他人窃取或猜出，用户账号就可能在网上被盗用。

另一种情况是，客户在公用的计算机上使用网络银行，可能会使数字证书等机密资料落入他人之手，从而直接使网上身份识别系统被攻破，网上账户被盗用。

（2）第三方支付

所谓第三方支付，就是具备一定实力和信誉保障的第三方独立机构提供的交易支持平台。

通过第三方支付平台的交易中，买方选购商品后，使用第三方平台提供的账户进行货款支付，由第三方通知卖家货款到达、进行发货；买方检验物品后，就可以通知付款给卖家，第三方再将款项转至卖家账户。这样的交易模式相比通过网络银行直接支付更加安全，能更好地保护买家的利益，所以在推出后受到广大买家的欢迎，也提高了网络交易的安全性。

第三方机构与各个主要银行之间要签订有关协议，使得第三方机构与银行可以进行某种形式的数据交换和相关信息确认。这样第三方机构就能实现在持卡人或消费者与各个银行，以及最终的收款人或者是商家之间建立一个支付的流程。

目前中国国内的第三方支付产品主要有 PayPal（易趣公司产品）、支付宝（阿里巴巴旗下）、财付通（腾讯公司，腾讯拍拍）、快钱（完全独立的第三方支付平台）、百付宝（百度 C2C）等，其中用户数量最大的是 PayPal 和支付宝。

① 微信支付。微信支付是由腾讯公司知名移动社交通信软件微信及第三方支付平台财付通联合推出的移动支付创新产品，旨在为广大微信用户及商户提供更优质的支付服务，微信的支付和安全系统由腾讯财付通提供支持。财付通是持有互联网支付牌照并具备完备的安全体系的第三方支付平台。用户只需在微信中关联一张银行卡，并完成身份认证，即可将装有微信 APP 的智能手机变成一个全能钱包，之后即可购买合作商户的商品及服务，用户在支付时只需在自己的智能手机上输入密码，无须任何刷卡步骤即可完成支付，整个过程简便流畅。

② 支付宝支付。要成为支付宝的用户，必须经过注册流程，用户须有一个私人的电子邮件地址，以便作为在支付宝的账号，然后填写个人的真实信息（也可以公司的名义注册），包括姓名和身份证号码。在接受支付宝设定的"支付宝服务协议"后，支付宝会发电子邮件至用户提供的邮件地址，然后用户在单击邮件中的一个激活链接后，可激活了支付宝账户，通过支付宝进行下一步的网上支付步骤。

作为买家，用户可以预先给支付宝充值再购买，也可以按照购物金额一步完成充值和购买流程。作为卖家，用户还必须将其支付宝账号绑定一个实际的银行账号或者信用卡账号，与支付宝账号相对应，以便完成从支付宝转账到银行的流程。

3. 云盘

云盘是互联网存储工具，是互联网云技术的产物，它通过互联网为企业和个人提供信息的存储、读取和下载等服务。云盘相对于传统的实体磁盘来说更方便，用户不需要把存储重要资料的实体磁盘带在身上，却一样可以通过互联网轻松地从云端读取自己所存储的信息。云盘具有安全稳定、海量存储、友好共享等特点。

比较知名而且好用的云盘服务商有百度云盘、360 云盘、金山快盘等。

4. 云笔记

云笔记是一款跨平台的简单快速的个人记事备忘工具，通过登录云笔记网站可在浏览器上直接编辑管理个人记事，实现与移动客户端的高效协同操作。

常见的云笔记有有道云笔记、Evernote、麦库记事、wiz 笔记等。

5. 云计算技术

（1）云计算概念

云计算（Cloud Computing）掀开了 IT 产业第四次革命的大幕。美国政府把云计算上升到国家战略层面，美国国防信息系统部门（DISA）正在其数据中心内部搭建云环境，而美国宇航局（NASA）下设的埃姆斯研究中心也推出了一个名为"星云"（Nebula）的云计算环境。我国政府也高度重视云计算机及其发展，将云计算视为下一代信息技术的重要内容，促进云计算的研发和示范应用。

狭义的云计算指的是一种 IT 基础设施的交付和使用的模式，通常是指通过网络以按需、易扩展的方式获得所需的资源（硬件、平台、软件）。提供资源的网络被称为"云"。"云"中的资源在使用者看来是可以无限扩展的，并且可以随时获取，按需使用，按使用付费，随时扩展。这种特性经常被称为像水电一样使用 IT 基础设施和软件服务。

广义的云计算是服务的交付和使用的模式，指通过网络以按需、易扩展的方式获得所需的服务。这种服务可以是基于互联网的软件服务、宽带服务、也可以是任意其他的服务。所有这些网络服务我们可以理解为网络资源，众多资源形成所谓"资源池"。

我们把这种资源池称为"云"。"云"是一些可以自我维护和管理的虚拟计算资源，通常为一些大型服务器集群，包括计算服务器、存储服务器、带宽资源等。云计算将所有的计算资源集中起来，并由软件实现自动管理，无需人为参与。这使得应用提供者无需为烦琐的细节而烦恼，能够更加专注于自己的业务，有利于创新和降低成本。有人打了个比方，这就好比是从古老的单台发电机模式转向了电厂集中供电的模式，它意味着计算机能力也可以作为一种商品进行流通，就像煤气、水电一样，取用方便，费用低廉。最大的不同在于，它是通过互联网进行传输的。

无论是狭义概念还是广义概念，我们都不难看出，云计算是分布式计算（Distributed Computing）和网格计算（Grid Computing）的发展，或者说是这些计算机科学概念的商业实现。云计算是一种基于因特网的超级计算模式，在远程的数据中心里，成千上万台计算机和服务器连接成一片云。用户通过计算机、手机等方式接入数据中心，按自己的需求进行运算。

（2）云计算服务形式

云计算的表现形式是多样的，主要包括软件服务（Software as a Service，SaaS）、平台服务（Platform as a Service，PaaS）和基础设施服务（Infrastructure as a Service，IaaS）。

（3）云计算核心技术

云计算系统中应用了许多技术，其中以编程模型、数据管理、数据存储、虚拟化和平台管理最为关键。

（4）云计算面临的问题

尽管云计算模式有许多的优点，但是在部署和应用中也面临一些技术问题，如用户隐私问题、数据安全性问题、软件许可证问题、网络传输问题和用户使用习惯问题等。

6．移动计算技术

移动计算是随着移动通信、互联网、数据库、分布式计算等技术的发展而兴起的新技术。移动计算技术将使计算机或其他信息智能终端设备在无线环境下实现数据传输及资源共享。它的作用是将有用、准确、用户及时的信息提供给任何时间、任何地点的任何客户。这将极大地改变人们的生活方式和工作方式。

与固定网络上的分布计算相比，移动计算具有以下一些主要特点：

① 移动性。移动计算机在移动过程中可以通过所在无线单元的 MSS 与固定网络的结点或其他移动计算机连接。

② 网络条件多样性。移动计算机在移动过程中所使用的网络一般是变化的，这些网络既可以是高带宽的固定网络，也可以是低带宽的无线广域网（CDPD），甚至处于断接状态。

③ 频繁断接性。由于受电源、无线通信费用、网络条件等因素的限制，移动计算机一般不会采用持续联网的工作方式，而是主动或被动地间连、断接。

④ 网络通信的非对称性。一般固定服务器节点具有强大的发送设备，移动节点的发送能力较弱。因此，下行链路和上行链路的通信带宽和代价相差较大。

⑤ 移动计算机的电源能力有限。移动计算机主要依靠蓄电池供电，容量有限。经验表明，电池容量的提高远低于同期 CPU 速度和存储容量的发展速度。

⑥ 可靠性低。这与无线网络本身的可靠性及移动计算环境的易受干扰和不安全等因素有关。

由于移动计算具有上述特点，构造一个移动应用系统，必须在终端、网络、数据库平台以及应用开发上做一些特定考虑，应用上则须考虑与位置移动相关的查询和计算的优化。

移动计算是一个多学科交叉、涵盖范围广泛的新兴技术，是计算技术研究中的热点领域，并被认为是对未来具有深远影响的四大技术方向之一。

7．物联网技术

（1）物联网的概念

物联网（The Internet of Things）是新一代信息技术的重要组成部分。顾名思义，物联网就是"物物相连的互联网"。这有两层意思：第一，物联网的核心和基础仍然是互联网，是在互联网基础上的延伸和扩展的网络；第二，其用户端延伸和扩展到了任何物体与物体之间，进行信息交换和通信。因此，物联网的定义是：通过射频识别（RFID）、红外感应器、全球定位系统、激光扫描器等信息传感设备，按约定的协议，把任何物体与互联网相连接，进行信息交换和通信，以实现对物体的智能化识别、定位、跟踪、监控、管理和控制的一种网络。

与传统的互联网相比，物联网有其鲜明的特征。首先，它是各种感知技术的广泛应用。物联网上部署了海量的多种类型传感器，每个传感器都是一个信息源，不同类别的传感器所捕获的信息内容和信息格式不同。其次，它是一种建立在互联网上的泛在网络。物联网技术的重要基础和核心仍旧是互联网，通过各种有线和无线网络与互联网融合，将物体的信息实时准确地传递出去。再次，物联网不仅仅提供了传感器的连接，其本身也具有智能处理的能力，能够对物体实施智能控制。物联网将传感器和智能处理相结合，利用云计算、模式识别等各种智能技术，扩充其应用领域。从传感器获得的海量信息中分析、加工和处理出有意义的数据，以适应不同用户的不同需求，发现新的应用领域和应用模式。

（2）物联网的关键技术

通过对物联网的实质性分析，发现物联网的真正实现需要信息采集、近程通信、信息传播、海量信息智能分析与处理等技术的相互配合和完善。

（3）物联网面临的问题

当前物联网在其发展过程中仍然面临以下 5 个技术问题：技术标准问题、安全问题、协议问题、IP 地址问题和终端问题。

（4）物联网的应用

目前，物联网在行业信息化、家庭保健、城市安防、物流跟踪等方面有着广泛应用。

思考与练习

① 计算机网络的体系结构。

② 如何接入 Internet。

③ 常见的搜索引擎有哪些。

④ 注册自己的邮箱，收发、查看电子邮件。

⑤ 如何保存网页中的图片、文本与网页。

⑥ 如何下载文件。

⑦ 常见的网络支付。

⑧ 什么是物联网？什么是云计算？

实训　局域网的组装与网络的使用

实训描述

使用提供的计算机与工具组装一个局域网，使之能连上 Internet；安装网络打印机；使用浏览器浏览网页内容，将首页上的某个图片作为桌面背景。使用百度搜索引擎搜索计算机文化基础往年的考试题，复制到一个文件里保存。发送有附件的电子邮件。

实训要求

① 制作网线，组装局域网。

② 安装本地打印机与网络打印机。

③ 将网页上的图片保存为桌面背景，并作为一个文件保存下来；保存网页上的内容。

④ 将 Word 实训的内容作为邮件的附件发送给任课老师。

实训提示

组装局域网时注意网线的顺序，制作的是直通线还是交叉线，测试网线是否连通，设置好 IP 地址，使用 IE 浏览器或者 360 浏览器浏览网页，发送电子邮件最好使用 Foxmail，练习 Foxmail 的使用。

实训评价

实训完成后，将对职业能力、通用能力进行评价，如表 6-11 所示。

表 6-11 实训评价表

能力分类	测 评 项 目	评 价 等 级		
		优秀	良好	及格
职业能力	掌握局域网的简单组装			
	能熟练设置 IP 地址			
	能安装和使用网络打印机			
	会网页中图片的存储与文字的复制和存储			
	会收发电子邮件			
通用能力	自学能力、总结能力、合作能力、创造能力等			
能力综合评价				

参 考 文 献

[1] 郑勇，高霞. 计算机应用基础[M]. 北京：清华大学出版社，2015.

[2] 王爱赪，沈大林. 全国计算机等级考试一级教程：计算机基础及 MS Office 应用[M]. 北京：中国铁道出版社，2015.

[3] 王爱赪，沈大林. 全国计算机等级考试二级教程：MS Office 高级应用[M]. 北京：中国铁道出版社，2015.

[4] 王津. 计算机应用基础：新编教程[M]. 4 版. 北京：中国铁道出版社，2014.

[5] 高林，陈承欢. 计算机应用基础（Windows 7+Office 2010）[M]. 北京：高等教育出版社，2014.

[6] 王宇. 计算机应用基础[M]. 长沙：湖南师范大学出版社，2015.

[7] 叶刚，刘生. 计算机组装与维护实战入门与提高[M]. 2 版. 北京：科学出版社，2013.

[8] 赵旭辉. 计算机应用基础[M]. 北京：中国铁道出版社，2014.